电工实用技术
问答丛书

GAODIYA DIANQI
SHIYONG JISHU 300WEN

高低压电器实用技术

300 问

方大千　刘　梅　等编著

化学工业出版社

·北京·

图书在版编目（CIP）数据

高低压电器实用技术300问/方大千等编著. —北
京：化学工业出版社，2016.7
（电工实用技术问答丛书）
ISBN 978-7-122-27004-7

Ⅰ.①高… Ⅱ.①方… Ⅲ.①高压电器-实用技术-问
题解答②低压电器-实用技术-问题解答 Ⅳ.①TM5-44

中国版本图书馆CIP数据核字（2016）第095433号

责任编辑：高墨荣　　　　　　　　文字编辑：徐卿华
责任校对：边　涛　　　　　　　　装帧设计：刘丽华

出版发行：化学工业出版社（北京市东城区青年湖南街13号　邮政编码100011）
印　　刷：北京云浩印刷有限责任公司
装　　订：三河市骥发装订厂
850mm×1168mm　1/32　印张11½　字数306千字
2016年8月北京第1版第1次印刷

购书咨询：010-64518888（传真：010-64519686）　售后服务：010-64518899
网　　址：http://www.cip.com.cn
凡购买本书，如有缺损质量问题，本社销售中心负责调换。

定　　价：39.00元　　　　　　　　　　版权所有　违者必究

前 言 FOREWORD

　　随着我国电力事业的快速发展，新技术、新产品、新工艺的不断涌现，电气化程度的日益提高，电气工作者必须努力提高自己的技术水平，才能适应当今时代的需要。为了让读者能够掌握新知识、新技术，并学会快速地解决实际工作中经常遇到的各种技术问题，提高动手能力，我们组织编写了"电工实用技术问答丛书"。本套丛书内容涉及初、中级电工在实际工作中必须掌握的各种实用技术和新知识、新技术。

　　本套丛书包括：《输配电及照明实用技术 250 问》、《变电所及变压器实用技术 250 问》、《电动机实用技术 260 问》、《高低压电器实用技术 300 问》、《继电保护及二次回路实用技术 300 问》、《电子及晶闸管实用技术 300 问》、《变频器、软启动器及 PLC 实用技术 260 问》、《小型发电实用技术 200 问》、《安全用电实用技术 230 问》、《节约用电实用技术 230 问》，共十种。

　　本套丛书有如下特点。

　　特点一：实用、便捷。本套丛书紧密结合实际，重点突出，实用性强，查阅方便，拿来即可使用，利于读者节省时间，提高工作效率。

　　特点二：全面、新颖。本套丛书内容十分丰富、新颖，涉及面广，几乎涵盖电工技术的各个专业。书中不仅介绍了传统电工技术知识，同时还介绍了新技术、新产品、新工艺。读者通过本套丛书的学习，能快速提高自己的技术水平和动手能力。

　　《高低压电器实用技术 300 问》一书以工厂、农村常用的高低压电器为主要对象，紧紧围绕高低压电器的选择、安装、使用、维护保养、故障处理和检修试验等内容来编写，旨在提高读者处理实际问题的能力和动手能力。笔者长期从事电气设备的维修管理工作，并负责过许多国内外电气设备及多条生产线的安装、调试工作，熟悉高低压电器的选用、维护及检修方法，具有丰富的实践经验，可保证本书的实用性、先进性。

在本书的编写过程中，力求做到简明、实用、先进和新颖。书中所涉及的标准和规定，采用最新颁布的国家标准和规定，技术数据力求最新。

本书由方大千、刘梅等编著，参加和协助编写工作的还有方成、方立、朱征涛、郑鹏、朱丽宁、方欣、方亚平、张正昌、许纪秋、张荣亮、那宝奎。全书由方大中审校。

由于水平有限，不妥之处在所难免，望广大读者批评指正。

编著者

目/录 CONTENTS

第 4 章   (103)
高压熔断器和避雷器

第5章
低压电器的安装与修理　　　　　　　　　　　　　129

第6章
低压断路器　　　　　　　　　　　　　　　　　　151

第 7 章
刀开关、组合开关和熔断器 ⑱⑴

第8章

接触器、继电器和电磁铁 ㉘

第9章

漏电保护器、 热继电器、 行程开关和按钮　　　　　　　　(292)

第 10 章

启动器和制动器

参考文献

第1章

高低压电器的使用条件与选用

1. 高压电器的分类及基本使用环境条件是怎样的?

（1）高压电器的分类

高压电器种类很多，按照它在电力系统中的作用可以分为以下几种。

① 开关电器，如断路器、隔离开关、负荷开关、接地开关以及操动机构等。

② 保护电器，如熔断器、避雷器等。

③ 测量电器，如电压互感器、电流互感器等。

④ 限流电器，如电抗器、电阻器等。

⑤ 其他，如电力电容器、绝缘子、绝缘套管等。

另外，高压开关柜和组合电器也属于高压电器。

（2）高压电器基本使用环境条件

① 海拔：1000m、2500m。

② 周围空气温度：

上限：+40℃。

下限：户内-5℃；户外-30℃，高寒地区-40℃。

日温差：15℃。

③ 户内产品相对湿度：90%（+25℃时）。

④ 户外产品风速：35m/s。

⑤ 地震烈度：8度。

2. 高压电器的允许工作条件是怎样规定的?

高压电器的允许工作条件见表 1-1。

表 1-1 说明如下。

① 环境温度的选取，对于不同地点各有不同，见表 1-2。

② 表 1-1 仅为一般允许条件，不包括个别设备的特殊要求，如互感器需满足准确度要求，电抗器需限制用户的短路容量，变压器需考虑年平均温度等。

③ $K_i = I_\infty / I_e$，K_d 为动稳定倍数，由产品样本查出；i_{ch} 为短

表 1-1 高压电器的允许工作条件

项目＼设备	绝缘子 支柱	绝缘子 穿墙	隔离开关	断路器	电流互感器	电压互感器	变压器	电抗器	熔断器	电力电容器
最高工作电压 3~3.5kV			$1.15U_e$				$1.1U_e$		$1.15U_e$	$1.15U_e$
最高工作电压 110kV							$1.1U_e$			
最大工作电流 低于 t_e 时	—	—	每低于1℃可加0.5%至 $0.2I_e$ 止		$I_e\sqrt{(75-t)/(75-t_e)}$	—	按1%及3%制	I_e	I_e	—
最大工作电流 高于 t_e 时	—	—	$I_e\sqrt{(75-t)/(75-t_e)}$			—	$\dfrac{I_e(t-t_e)}{100}$	同电流互感器	—	—
环境温度/℃ 额定 t_e			40	40		40		40		25
环境温度/℃ 最高			40	40		40		40		40
环境温度/℃ 最低			−40	−40		−30	−30	—	−40	−40
按动稳定校验	$P \leq 0.6P_g$	—	$i_h \leq i_{gf}$	$i_h \leq i_{gf}$	$K_d \geq \dfrac{i_{ch}}{\sqrt{2}I_e}$			$i_{ch} \leq i_{gf}$		
按热稳定校验	—		$I_t^2 t \geq I_\infty^2 t_j$	$I_t^2 t \geq I_\infty^2 t_j$			$I_\infty < 25I_e$ $t \leq \dfrac{900}{K_i^2}$	$I_t^2 t \geq I_\infty^2 t_j$		
按断路容量校验	—			$S_{de} \geq S_{0.2}$ 或 $\geq S''$	—		—		$I_{de} \geq I''$ 或 $\geq I_{ch}$	

路冲击电流；I'' 为超瞬变短路电流有效值；I_∞ 为稳态短路电流有效值；I_{ch} 为短路全电流最大有效值。

④ U_e、I_e 分别为设备的额定电压和额定电流。

⑤ P_g 为绝缘子抗弯破坏负荷。

⑥ P 为在短路时作用于绝缘子的力。

⑦ i_{gf} 为设备极限通过电流峰值。

⑧ t_j 为假想时间，s。

⑨ I_t 为设备在时间 t（s）内的热稳定电流，kA。

⑩ S_{de} 为设备额定断流容量，MV·A。

⑪ I_{de} 为设备额定短路开断电流，A。

⑫ t 为电器的热稳定试验时间（s），通常是 1s、5s 或 10s。

表 1-2　计算用周围空气温度

装置地点及配电装置型式	计算用温度
屋外配电装置	当地的月平均最高气温
发热量较小的屋内配电装置，如 35～110kV 屋内配电装置	当地的月平均最高气温
发热量较大的屋内配电装置，如大容量的 6～10kV 配电装置	通风设计时采用的最高室温
在主厂房内的配电装置，如发电机出线小间、厂用配电装置、厂用变压器小间等	通风设计时采用的最高室温
电缆隧道	当地的月平均最高气温

注：如无法取得通风设计时的最高室温，则可按月平均最高气温加 5℃ 计算。

3. 怎样选择高压电器？

高压电器按正常工作条件选择，按短路条件进行热稳定和动稳定校验。

（1）按正常工作条件选择

正常工作的选择条件是额定电压和额定电流。

① 按额定电压选择，即

$$U_e \geqslant U_g$$

式中　U_e——电器的额定电压，kV；

U_g——电器的工作电压，即电网电压，kV。

② 按额定电流选择，即

$$I_e \geqslant I_g$$

式中　I_e——电器的额定电流，A；

　　　I_g——电器的（最大）工作电流，A。

电器的额定电流是指在一定周围空气温度下电器能长期允许通过的电流。我国目前生产的电器，设计时取周围空气温度为 40℃ 作为计算值。如果电器安装地点的气温高于 40℃，则电器允许通过的最大连续工作电流应按下式降低为

$$I_{yx} = I_e \sqrt{\frac{\theta_{yx} - \theta_0}{\theta_{yx} - 40}}$$

式中　I_{yx}——气温为 θ_0 时电器允许通过的最大连续工作电流，A；

　　　θ_0——周围空气温度，℃；

　　　θ_{yx}——电器某部分的长期最高允许温度，℃。

如果气温低于 40℃，则每低 1℃，允许电流增加 0.5%，但增加总数不得大于额定电流的 20%。

（2）按短路条件校验电器产品的动、热稳定

计算公式见表 1-1。其中，假想时间 t_j 可根据短路延续时间 t 求得，即

$$t = t_b + t_{fd}$$

式中　t_b——装置中故障元件的主要继电保护的动作时间，s；

　　　t_{fd}——断路器的分断时间，s。

短路电流作用的计算时间，取离短路点最近的继电保护装置的主保护动作时间与断路器分断时间之和。如主保护装置有未被保护的死区，则需根据保护该区短路故障的后备保护装置的动作时间校验热稳定。

当保护装置为速动时，短路延续时间 t 可按以下范围估算：对于快速及中速动作的断路器，$t = 0.11 \sim 0.16s$；对于低速动作的断路器，$t = 0.18 \sim 0.26s$。

表 1-3 开关设备性能及稳定度计算

设备名称	型号	额定电压/kV	额定电流/A	额定断流容量/MV·A	额定断开电流/kA	动稳定校验		热稳定校验					
						冲击电流峰值 i_{ch}/kA	全电流有效值 I_{ch}/kA	稳态短路电流 I_d/kA 假想时间 t_j/s					
								0.1~1	1.25	1.5	1.75	2	2.5
户内少油断路器	SN8-10	10	600 / 600,1000	200 / 350		65	37.5	37.5	37.5	37.5	34.8	32.5	29.1
	SN10-10	10	600	350		52	30	30	30	30	30	28.3	25.5
		10	1000	500		74	43	43	43	43	43	43	36.7
户内多油断路器	DN3-10 I	10	400	75(3kV) / 150(6kV) / 200(10kV)		37	21.5	21.5	21.5	21.5	21.5	20.5	18.3
户内空气断路器	CN2-10	10	600	150(6kV) / 200(10kV)		37	22	22	22	22	22	20.5	18.3
负荷开关	FN2-10	10	400			25	14.5	14.5	14.5	14.5	14.3	13.4	12
	FN3-10	10	400			25.5	14.7			14.7			14.1
户内隔离开关	GN$_8^6$-6T	6	200 / 400			52	30	30	28	25.6	28.6	22.1	19.8
	GN$_8^6$-10T	10	600			52	30			30			28.3
		10	1000			75	43			43			42.4
	GN2-10	10	2000			85	49				49		
		10	3000			100	58				58		
户外隔离开关	GW1-$_{10}^6$	6	200			15	9			9			
		6	400			25	15			15			
		10	600			35	21			21			

当缺乏该断路器分断时间数据时，可按以下平均值估算：对于快速及中速动作的断路器，$t=0.15s$；对于低速动作的断路器，$t=0.20s$。

开关设备的性能及稳定度计算见表 1-3。

用熔断器保护的电气设备可以不校验热稳定度。

4. 常用高压电器的电流密度是多少？

套管、少油断路器和户内隔离开关等电流密度的选择见表 1-4。

表 1-4　常用高压电器电流密度的选择

载流导体	材料	额定电流范围/A	电流密度/(A/mm^2)
充油套管内的圆截面导体	铜	200～4000	2.5～1.5
纯瓷套管内的矩形或圆形截面导体	铜	200～3000	3.3～1.5
	铝	200～3000	2～1
少油断路器的动触头导电杆	铜或铜镀银	600～1250	3.3～2.4①
	铜包银	1500～2000	4～3②
户内隔离开关的动触头闸刀	铜	400～1000	2.2～1.8③
		1000～2000	1.8～1.1③

① 当电器内部发热量较小而油温较低时，可选较大电流密度。
② 可选用较大的电流密度，但应加强导电杆的轴向热传导及触头的散热能力。
③ 表中所列为触头部分的电流密度，导电杆可比此数值增大 30%。

5. 普通型高压电器的允许温升是多少？

额定电压为 3kV 及以上、交流 50Hz、长期工作制的电器，如断路器、隔离开关、负荷开关、开关柜、组合电器、自然气冷电抗器等的允许温升见表 1-5。

下列电器不受本规定限制：熔断器、避雷器、电力电容器、电流及电压互感器、附加电阻等。

表 1-5 普通型高压电器的允许温升

序号	电器各部分的名称	最大允许发热温度/℃		在环境温度为+40℃时的允许温升/℃	
		在空气中	在油中	在空气中	在油中
1	不与绝缘材料接触的金属部分 (1)需要考虑发热对机械强度影响的 　①铜 　②铜镀银 　③铝 　④钢、铸铁及其他 (2)不需要考虑发热对机械强度影响的 　①铜或铜镀银 　②铝	110 120 100 110 145 135	90 90 90 90 90 90	70 80 60 70 105 95	50 50 50 50 50 50
2	与绝缘材料接触的金属部分以及由绝缘材料制成的零件,当绝缘材料等级为: Y A E B、F、H 和 C	85 100 110① 110①	90 90 90	45 60 70① 70①	50 50 50
3	最上层变压器油 (1)作为灭弧介质时 (2)只作为绝缘介质时	80 90		40 50	
4	接触连续 (1)用螺栓、螺纹、铆钉或其他形式紧固的 　①铜或铝,无镀层 　②铜或铝镀(搪)锡 　③铜镀银 　④铜镀银厚度大于 50μm 或镶银片 (2)用弹簧压紧的 　①铜或铜合金②,无镀层 　②铝或铝合金②,无镀层 　③铜或铜合金②,镀银 　④银或银合金②,铜镀银厚度大于 50μm 或镶银片	80 90 105 120 75 105 (120)	85 90 90 90 80 80 90 90	40 50 65 80 35 65 (80)	45 50 50 50 40 40 50 50

续表

序号	电器各部分的名称	最大允许发热温度/℃		在环境温度为+40℃时的允许温升/℃	
		在空气中	在油中	在空气中	在油中
5	铜编织线（包括紫铜带）	(80)	(85)	(40)	(45)
6	起弹簧作用的金属零件	见注1.			

① 对需要考虑发热对机械强度影响的铝，最大允许发热温度取100℃；对不需要考虑发热对机械强度影响的铜、铝，最大允许发热温度可以适当提高，但应比绝缘零件允许发热温度低10℃，且不得高于表中1项（2）条所规定的值。

② 这里所说的铜合金、铝合金和银合金是指铜基、铝基与银基合金，均不包括粉末冶金制件。

注：1. 最大允许温度不应达到丧失材料弹性，对于纯铜，此温度为75℃。

2. 具有银镀层的接触连接，若接触表面的银镀层被电弧烧灼（露铜），或者在进行机械寿命试验后银镀层被擦掉，则其发热温度按没有银镀层时处理。

3. 粉末冶金制件接触的允许发热温度，由制造厂在各种产品技术条件中加以规定。

4. 表中括号内的数值作为推荐使用值。

6. 低压电器的分类及基本使用环境条件是怎样的？

低压电器通常是指工作在额定电压交流1200V或直流1500V及以下的电器。

（1）低压电器的分类

① 按它在电气线路中所处的地位和作用分

a. 配电电器。如断路器、熔断器、刀开关和转换开关等。

b. 控制电器。如接触器、继电器、启动器、控制器、主令电器、电磁铁、电阻器和变阻器等。

② 按工作条件分

a. 一般工业用电器；b. 船用电器；c. 化工电器；d. 矿用电器；e. 牵引电器；f. 航空电器等。

③ 按防污等级分　一般分为以下四级

1级：无污染或仅有干燥的非导电性污染。

2级：一般情况下仅有非导电性污染，但必须考虑到偶然由于凝露造成的短暂导电性。

3级：有导电性污染，或由于预期的凝露，干燥的非导电性污染变成导电性污染。

4级：造成持久的导电性污染，例如由导电粉尘或雨雪造成的污染。

此外，低压电器还可根据使用环境分为一般工业用电器和热带电器、干热带电器、湿热带电器和高原（海拔2500m及以上）电器。

（2）低压电器基本使用环境条件

1）海拔不超过2500m。

2）周围空气温度符合下列条件。

① 不同海拔高度的最高空气温度见表1-6。

表1-6 不同海拔高度的最高空气温度

海拔高度 h/m	$h\leqslant1000$	$1000<h\leqslant1500$	$1500<h\leqslant2000$	$2000<h\leqslant2500$
最高空气温度/℃	40	37.5	35	32.5

② 最低空气温度：

a. +5℃（适用于水冷电器）；

b. -10℃（适用于某些特定条件的电器，如电子式电器及部件等）；

c. -25℃；

d. -40℃（订货时指明）。

3）空气相对湿度：最湿月份的月平均最大相对湿度为90%，同时该月的平均最低温度为25℃，并考虑到温度变化时发生在产品表面上的凝露。

4）对安装方法有规定或动作性能受重力影响的电器，其安装倾斜度不大于5°。

5）无显著摇动和冲击振动的地方。

6）在无爆炸危险的介质中，且介质中无足以腐蚀金属和破坏绝缘的气体与尘埃（含导电尘埃）。

7）在没有雨雪侵袭的地方。

7. 怎样选择低压电器？

低压电器品种繁多，选择时应遵循以下两个基本原则。

① 安全性。所选设备必须保证电路及用电设备的安全可靠运行，保证人身安全。

② 经济性。在满足安全要求和使用需要的前提下，尽可能采用合理、经济的方案和电气设备。

为了达到上述两个原则，选用时应注意以下事项。

① 了解控制对象（如电动机或其他用电设备）的负荷性质、操作频率、工作制等要求和使用环境。如根据操作频率和工作制，可选定低压电器的工作制式。

② 了解电器的正常工作条件，如环境空气温度、相对湿度、海拔高度、允许安装方位角度和抗冲击振动、有害气体、导电粉尘、雨雪侵袭的能力，以正确选择低压电器的种类、外壳防护以及防污染等级。

③ 了解电器的主要技术性能，如额定电压、额定电流、额定操作频率和通电持续率、通断能力和短路通断能力、机械寿命和电寿命等。

a. 操作频率是指每小时内可能实现的最多操作循环次数；通电持续率是指电器工作于断续周期工作制时，有载时间与工作周期之比，通常以百分数表示，符号为 TD。

b. 通断能力是指开关电器在规定条件下能在给定电压下接通和分断的预期电流值；短路通断能力是指开关电器在短路时的接通和分断能力。

c. 机械寿命是指开关电器需要修理或更换机械零部件以前所能承受的无载操作循环次数；电寿命是指开关电器在正常工作条件下无修理或更换零部件以前的负载操作循环次数。

低压电器的选择条件见表 1-7。

表 1-7　低压电器的选择条件

选择条件 设备名称		额定电压不小于回路工作电压 $U_e \geq U_g$	额定电流不小于回路计算工作电流 $I_e \geq I_g$	设备遮断电流不小于短路电流 $I_{zh} \geq I''$或I_{ch}	设备动、热稳定保证值不小于计算值	按回路启动情况选择
刀闸及组合开关		√	√		√	
熔断器		√	√	√		√
自动空气开关	DZ	√	√	$\geq I_{ch}$		√
	DW			$\geq I''$		
交流接触器及磁力启动器		√	按电动机容量或电流选择等级及型号		√	

注：1. 低压设备的动、热稳定及最大断流能力见产品技术数据，当采用的电源变压器为560kV·A（$u_d\% = 8\%$）或320kV·A（$u_d\% = 5.5\%$）及以下时，缺乏技术资料的刀闸（200A及以上）、组合开关、接触器，可不校验动、热稳定。

2. 国产熔断器极限遮断电流系指超瞬变短路电流有效值I''，如用I''校验后，可不用短路全电流最大有效值I_{ch}校验。

8. 常用低压电器的电流密度是多少？

断路器、接触器和电磁线圈等的电流密度的选择见表1-8。

表 1-8　常用低压电器电流密度的选择

名称	部位	额定电流范围/A	电流密度/（A/mm²）
断路器	载流体	63～4000	0.8～6,详见图1-1
小容量接触器	触桥 接触板	10～25	4～6 0.8～1.5
中大容量接触器	触桥 接触板	140～630	3～6.6 1～3.5
转动式单断点接触器	接触板 磁吹线圈	100～630	1.3～1.9 2～3.3
电磁线圈	长期工作制　铜 　　　　　　铝		2～4 1.3～2.5
	短时工作制　铜 　　　　　　铝		13～30 8.2～19

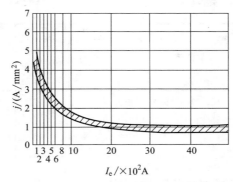

图 1-1 断路器载流导体（母线）的电流密度

9. 普通型低压电器零部件的极限允许温升是多少？

普通型低压电器零部件的极限允许温升见表 1-9。

表 1-9 普通型低压电器零部件的极限允许温升（环境温度为 40℃）

不同材料和零部件名称		极限允许温升/℃		备注
		长期工作制	间断长期或反复短时工作制	
绝缘线圈及包有绝缘材料的金属导体	A 级绝缘	65	80	电压线圈及多层电流线圈用电阻法测量,金属导体用热电偶法测量
	E 级绝缘	80	95	
	B 级绝缘	90	105	
	F 级绝缘	115	130	
	H 级绝缘	140	155	
各类触头或插头	铜及铜基合金的自力式触头、插头	35		用热电偶法测量
	铜及铜基合金的他力式触头、插头	45	65	
	铜及铜基合金的他力式触头、插头,有 6～8μm 的镀银防蚀层	80	—	
	铜及铜基合金的他力式触头、插头,有 6～8μm 的锡防蚀层	60	—	
	银及银基合金触头	以不损害相邻部件为限		

续表

不同材料和零部件名称		极限允许温升/℃		备注
		长期工作制	间断长期或反复短时工作制	
与外部连接的接线端头	接线端头有锡（或银）防蚀层,当指明引入导体为铝（也有锡或银）防蚀层时	55		用热电偶法测量
	接线端头为铜及铜基合金材料,无防蚀层,当指明引入导体为铜或有防蚀层的铝时	45		
	接线端头为铜及铜基合金材料,有锡防蚀层,当指明引入导体为铜,也有锡防蚀层时	60		
	接线端头为铜及铜基合金材料,有锡防蚀层,当指明引入导体为铜,也有银防蚀层时	80,但以不损害相邻部件为限		
产品内部的导体连接处	铝对铝、铜对铝紧固接合处,二者均有锡防蚀层	55		用热电偶法测量
	铝对铝、铜对铝紧固接合处,二者均有银防蚀层	60		
	铜对铜,紧固接合处均有锡防蚀层	60		
	铜对铜,紧固接合处无防蚀层	45		
	铜对铜,紧固接合处均有银防蚀层	以不损害相邻部件为限		
	铝对铝、铝对铜、铜对铜焊接导体	以不损害相邻部件为限		
其他	浸入有机绝缘油中工作的部件	60		用温度计法或热电偶法测量

续表

不同材料和零部件名称			极限允许温升/℃		备注
			长期工作制	间断长期或反复短时工作制	
其他	操作时手接触的部件	金属材料	15		用温度计法或热电偶法测量
		绝缘材料	25		
	起弹簧作用的部件		以不损害材料的弹性和相邻部件为限		
	电阻元件		由所用材料决定，且以不损害相邻部件为限		

注：1. 主要用于间断长期或反复短时工作制的电器。如用于长期工作制时，其线圈温升按间断长期或反复短时工作制允许温升值考核。

2. 自力式触头指由触头（包括触桥）本身弹力作接触压力的触头；他力式触头指依靠其他弹性材料产生接触压力的触头。

3. 如相邻部件为绝缘材料，极限温升按表中相应等级的线圈极限允许温升，电压线圈的温升是指额定电压下的温升。

4. 高发热元件（如电阻元件、熔断器、热元件等）连接处的极限允许温升由电器标准或电器技术条件另行规定。当相邻绝缘材料的耐热等级低于 A 级（如热塑性塑料）时，其极限允许温升为该材料连续耐热温度与 40℃ 之差。

10. 高原型高压电器的技术要求是怎样的？

（1）极限允许温升

产品如在 1000m 及以下试验时，其温升不得超过表 1-5 所规定的数值。当高压电器在高海拔地区使用时，由于气温降低值足够补偿海拔对温升的影响，故其额定电流值可保持不变。

如产品试验地点的海拔超过 1000m 时，其允许温升按海拔 1000m 为基准每升高 100m，增加 0.4℃。

（2）绝缘要求

安装使用在海拔 1000～4000m 的产品，其内部绝缘试验电压与普通型产品相同，外部绝缘的工频和冲击试验电压如在使用地点的海拔试验时，不得低于表 1-10 所规定的数值。

表 1-10　普通型高压电器绝缘的电气强度一般要求

试验项目	试验要求	试验电压	试验部位	试验条件
冲击试验	1.5/40 微波 ①全波三次 ②截波三次	要求见 GB 311	①载流部分和接地部分之间（合闸位置及分闸位置） ②相邻各极的载流部分之间（合闸位置及分闸位置） ③分闸位置下同极各分离触头之间	①标准大气条件：气压 101.32kPa，温度 20℃，绝对湿度 11g/m³，如试验时大气条件和标准条件不符，应对试验电压进行校正。校正方法见 GB 311 ②湿试验时淋雨强度为 3mm/min
工频试验	①内部绝缘干试三次① ②外部绝缘干试三次、湿试三次②	要求见 GB 311		

① 如主要是瓷或液体的，则试验 1min，如主要是由固体有机材料或电线胶构成的，则试验 5min。对混合绝缘，如装配前由固体绝缘材料制成的零件已进行 5min 试验，则只做 1min 试验。

② 外部绝缘干试和湿试时，电压均匀上升，不维持时间。仅对户外产品外部绝缘进行湿试验。

如试验地点的海拔低于 1000m，则对工频和冲击试验电压作适当校正。

校正公式为

$$U = \frac{U_0}{1.1\alpha}$$

式中　U——应选用的试验电压（工频时为有效值，冲击条件下为最大值），kV；

　　　U_0——额定耐压试验电压，kV；

　　　α——校正系数，见图 1-2。

例如，对于 10kV 开关柜来说，其额定电压为 12kV，额定工频耐压值（有效值）为 32kV（对隔离距离）和 28kV（各相之间及对地），额定脉冲耐压值（峰值）为 85kV（对隔离距离）和 75kV（各相之间及对地）。若使用地点海拔为 3500m，而试验地点海拔低于 1000m，则由图 1-2 查得校正系数 $\alpha = 0.7$，相应的耐压增加至：

$$U = \frac{U_0}{1.1\alpha} = \frac{U_0}{1.1 \times 0.7} \approx 1.3 U_0$$

即增加了 30%。

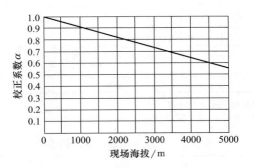

图 1-2　校正系数 α 与海拔的关系

11. 高原型低压电器的技术要求是怎样的？

（1）极限允许温升

低压电器零部件在海拔为 4000m、最高空气温度为额定值时的极限允许温升，应符合表 1-9 的规定值另加由于海拔升高而增加的附加温升 14℃。

例如，绝缘线圈及包有绝缘材料的金属导体，在 B 级绝缘材料时长期工作制的极限允许温升在 0m 时为 90℃，在 4000m 时应为 $(90+14)℃=104℃$。

（2）绝缘要求

① 低压电器的绝缘应保证在表 1-11 所列条件下承受交流 50Hz 试验电压（有效值）历时 1min 而无击穿或闪络现象。

② 低压电器的绝缘必须承受表 1-12 所示条件 7 个周期的耐潮试验，试验后，其绝缘电阻应不小于表 1-13 所列数值，并能承受表 1-11 规定的耐压试验值。

（3）飞弧距离

低压电器的飞弧距离随海拔的升高而增大。使用在高海拔地区的产品其飞弧距离应适当加大或采用其他隔弧措施。加大飞弧距离建议采用 $S=1.5S_0$。（S_0 为产品技术条件规定的飞弧距离）。

表 1-11　低压电器的工频耐压试验电压值

额定绝缘电压 U_j[1]	$U_j \leq 60$	$60 < U_j \leq 380$	$380 < U_j \leq 660$	
试验电压	1000	2000	2500	
额定绝缘电压 U_j	$660 < U_j \leq 800$	$800 < U_j \leq 1200$	小开距触头间[2]	
			$U_j \leq 220$	$220 < U_j \leq 380$
试验电压	3000	3500	550	1000

① 指产品或部件规定的额定绝缘电压。

② 仅指交直流额定绝缘电压至 380V，触头开距不大于 1mm 的触头间。

表 1-12　低压电器的耐潮试验要求

阶段　　条件　参数	温度/℃	相对湿度/%	持续时间/h	
升温	30→40	85～98 （试品表面凝露）	1.5～2	共 16
高温高湿	40±2	95±3	14～14.5	
降温	40→30	85～98	2～3	共 8
低温高湿	30±2	95±3	5～6	

注：产品进行耐潮试验前，应在试验箱（室）内于 30～35℃下进行温度预处理 6h，然后即行升温加湿。试验周期从升温加湿时开始计算。

表 1-13　试验后绝缘电阻值的要求

额定绝缘电压 U_j/V	$U_j \leq 60$	$60 < U_j \leq 660$	$660 < U_j \leq 800$	$800 < U_j \leq 1200$
绝缘电阻值/MΩ	1	1.5	2.0	2.5

12. 普通型电工产品在高海拔地区使用时应注意哪些问题？

海拔超过 1000m 的地区称为高海拔地区。高海拔地区因空气稀薄，会使电工产品的散热效率降低，同时因气压降低和大气密度减小，会使空气的绝缘强度降低。

普通型电工产品在高海拔地区使用时应注意以下问题。

(1) 电工产品在高原地区使用时温升增高的修正值

各类电工产品在高原地区使用时温升增高的修正值见表 1-14。

(2) 对电工产品额定电流值的影响

由于随海拔增高而增加的产品温升值基本上接近于高原气温随

表 1-14　电工产品在高原地区使用时温升增高的修正值

产 品 种 类		每超过 100m 时的温升增高修正值	说　　明
电机		0.5℃	适用于所有绝缘等级的风冷电机
		1%	
控制微电机		0.2℃	推荐值
变压器	油浸自冷	0.4%	
	干式自冷	0.5%	
	油浸风冷	0.6%	
	干式风冷	1.0%	
高压电器		0.3%	
低压电器		0.4℃	推荐值（不适用于电阻器）

注：1. 表中未列出的电工产品，可参考结构相类似的产品的数值修正，或通过实际低气压试验确定。

2. 表中的百分数为产品额定温升的百分值。

海拔增高而降低的递减值（每增高 100m 约降低 0.5℃），故温升问题能得到补偿。因此在海拔高度不超过 4000m 的情况下，高、低压电器的额定电流可以保持不变。

（3）对电工产品绝缘耐压的影响

① 对变压器的影响。通常油浸式变压器外绝缘（套管）距离按以下考虑：在海拔 1000m 以上时，以每上升 100m 为一级，每级加大空气间隙 1%；干式变压器按 1000m 以上，每上升 500m 为一级，每级加大额定短时工频耐受电压值 6.25%。

② 对高压电器的影响。当按校验公式计算值进行试验而不合格时，则应加强绝缘措施，甚至选用额定电压高一级的同类产品。

③ 对低压电器的影响。普通型低压电器在海拔 2500m 时仍有 60% 的耐压裕度。试验表明，国产常用继电器和转换开关等在海拔 4000m 及以下地区使用时，均可在其额定电压下正常运行。

（4）对阀型避雷器的影响

由于阀型避雷器火花间隙的放电电压易受空气密度的影响，因此需使用高原型阀型避雷器。

（5）对双金属片热继电器和熔断器动作特性的影响

海拔升高，对双金属片热继电器和熔断器的动作特性稍有影响，但在海拔 4000m 以下时，均在其技术条件规定的特性曲线带范围内。

试验表明，对于低压熔断器，过载熔断时间随环境温度降低而增加，在 20℃ 以下时，变化的程度则更大，而短路熔断时间随环境温度的变化可以不作考虑，因此在高原地区使用熔断器开关作为配电线路的过载和短路保护时，其上下级之间的选择性应特别加以考虑。在采用低压断路器时，应留有一定的断路和工作容量。由此可见，熔断器与断路器比较时，熔断器在高原地区的使用环境下可靠性和保护特性更为理想。

（6）对柴油发电机的影响

对在高原地区使用空气燃烧的柴油发电机来说，其工作效率将大大降低。因为高原地区气压低、空气稀薄，柴油燃烧很不充分，单位用量柴油的输出功率将大大下降。通过调研得出，在海拔 4000m 处，柴油发电机的输出功率下降约 30%。

（7）对开关设备分断能力的影响

高海拔会使在大气中灭弧的高、低压电器的分断能力降低。当分断能力不合格时，应选用额定容量高一级的产品。

（8）对直流电机的影响

直流电机在低湿度（如低于 $3g/m^3$）和低气压的高原环境中使用，容易产生较大的换向火花，如果换向火花不合格，应选用换向性能好的电机或采取措施减小换向火花等级，甚至降容量使用。

（9）对变频器的影响

一般变频器的说明书中都指出只适用于海拔 1000m 以下工作。在海拔 1000m 以上，一般每升高 1000m，绝缘耐压会降低 10%。变频器使用的最高海拔高度不应超过 4000m。

13. 60Hz 低压电器用于 50Hz 电源上会怎样？

国外 60Hz 的低压电器用于我国 50Hz 电源上，会出现以下情况。

① 铁芯磁通 Φ 和磁通密度 B 均增加至 60Hz 时的 $60/50=1.2$ 倍，铁芯磁通将饱和，温升升高，会造成电磁铁、接触器等线圈过热或电动机过电流发热烧毁。

为了使线圈或电动机不过电流，就得维持磁通不变，由公式 $U=4.44fW\Phi$ 可见，唯一可变的只有电源电压。因而，令 $\Phi_2=\Phi_1$，则在 50Hz 电源中维持 Φ 不变的电压 $U_2=(f_2/f_1)U_1=(50/60)\times380=317V$（假设 60Hz 时电压 U_1 为 380V）。

也就是说，只有把电源电压降为 317V，才能使原来 380V、60Hz 的线圈或电动机在 50Hz 电源上使用而不过热。

需要指出，降压使用后，设备功率将降为铭牌功率的 83％。

② 感抗和功率因数均增加到原来的 1.2 倍。

③ 电动机转速将减至原来的 0.83 倍。

④ 电磁吸力增加到原来的 1.44 倍［因为 $F_2/F_1\approx(\Phi_1/\Phi_2)^2=(6/5)^2=1.44$］。

⑤ 线圈电流增加到原来的 1.2 倍，肯定容易发热过热。

⑥ 磁系统损耗的变化。

a. 线圈电阻损耗为原来的 1.44 倍。

b. 涡流损耗相同。

c. 磁滞损耗增加到原来的 $1.1\sim1.2$ 倍。

14. 50Hz 低压断路器用于 60Hz 电源上会怎样？

① 断路器的分断能力。总体上说开断短路电流的能力差不多，60Hz 的短路电流分断较 50Hz 更轻松些。

② 断路器的温升。60Hz 与 50Hz 相差不多。

③ 对断路器的过载长延时脱扣和瞬时脱扣的影响。

a. 热动式（如双金属片）过载长延时脱扣器：60Hz 与 50Hz 的过载长延时保护特性基本一致。

b. 液压式（俗称油杯式）过载长延时脱扣器：如 DZ15、DZ15L（漏电断路器）、AM1-32、50、100 等断路器，用于 60Hz 电源时，动作电流要增大 5％～7％，但对于 100A 规格及以下，基本上是没有问题的，可以通用。

　　c. 凡是额定电流大于或等于600A过载长延时采用电流互感器式的断路器，用于60Hz电源时需向厂家特殊订货。

　　d. 瞬时动作的脱扣器：60Hz与50Hz时的动作特性基本是一样的，可以通用。

　　④ 对断路器内的电压线圈的影响。

　　a. 欠电压脱扣器线圈。60Hz时的电磁吸力仅为50Hz的0.69倍 $[$因为 $F_2/F_1 \approx (\Phi_1/\Phi_2)^2 = (50/60)^2 = 0.69]$，显然此时的电磁铁机构无法适用于正常状态，因此需向厂家特殊订货。

　　b. 分励脱扣器线圈。在控制电压为70%以上额定电压时，它就能瞬时动作，60Hz与50Hz区别不大，可以通用。

第2章

高圧断路器

15. 常用高压断路器有哪些主要特点？

高压断路器是一种能在电力系统正常运行和故障情况下切、合各种性能电流的开关电器，其主要功能是切除电力系统中的短路故障。高压断路器具有可靠的灭弧装置。工厂、农村常用的高压断路器有少油断路器（又称油开关）、SF₆断路器和真空断路器等。

常用高压断路器的分类及主要特点见表2-1。

表 2-1   高压断路器的分类及主要特点

类别	结构特点	技术性能特点	运行维护特点
多油式断路器	以油作为灭弧介质和绝缘介质 触头系统及灭弧室安置在接地的油箱中 结构简单、制造方便，易于加装单匝环形电流互感器及电容分压装置 耗钢、耗油量大，体积大；属自能式灭弧结构	额定电流不易做得太大 开断小电流时，燃弧时间较长，开断电路速度较慢 油量多，有发生火灾的可能性 目前国内只生产35kV电压级产品 可用于室内或室外，受大气条件的影响较小	运行维护简单，噪声低，需配备一套处理装置
少油式断路器	油量少，油主要作为灭弧介质 对地绝缘主要依靠固体介质 结构简单，制造方便 可配备电磁操动机构、液压操动机构或弹簧操动机构 积木式结构，可制成各种电压等级产品	开断电流大，对35kV以下可加并联回路以提高额定电流 35kV以上为积木式结构，全开断时间短 增加压油活塞装置加强机械油吹后，可开断空载长线	运行维护简单，噪声低，油量少，易劣化，需要一套油处理装置

续表

类别	结构特点	技术性能特点	运行维护特点
压缩空气断路器	结构较复杂,工艺和材料要求高 以压缩空气作为灭弧介质、操动介质以及弧隙绝缘介质 操动机构与断路器合为一体,体积和重量比较小	额定电流和开断能力都可以做得较大,适于开断大容量电路 动作快,开断时间短	噪声较大,维修周期长,无火灾危险,需要一套压缩空气装置作为气源 断路器的价格较高
SF₆断路器	结构简单,组装工艺及密封要求严格,对材料要求高 体积小,重量轻 有室外敞开式及室内落地罐式之分,更多用于GIS封闭式组合电源	额定电流和开断电流都可以做得很大 开断性能好,适于各种工况开断 SF₆气体灭弧、绝缘性能好,所以断口电压可做得较高 断口开距小	噪声低,维护工作量小,检修间隔期长 目前价格较高 运行稳定,安全可靠,寿命长
真空断路器	体积小,重量轻 灭弧室工艺及材料要求高 以真空作为绝缘介质和灭弧介质 触头不易氧化	可连续多次操作,开断性能好,灭弧迅速,动作时间短 开断电流及断口电压不能得很高,目前只生产35kV以下等级 断路器中要求的真空度为133.3×10^{-4}Pa(即10^{-4}mmHg)以下	运行维护简单,灭弧室不需要检修,无火灾及爆炸危险,噪声低

16. 怎样选择高压断路器?

高压断路器应按装置种类、构造形式、额定电压、额定电流、断路电流或断流容量等来选择,然后作短路时动稳定和热稳定校验。

(1)按额定电压及频率选择

断路器应按电网的电压及频率选择,且

$$U_e \geqslant U_g$$

式中　U_e——断路器的额定电压，kV；

　　　U_g——断路器的工作电压，即电网额定电压，kV。

（2）按额定电流选择

$$I_e \geqslant I_g$$

式中　I_e——断路器的额定电流，A；

　　　I_g——断路器的工作电流，指最大工作电流（有效值），A。

（3）按额定断路电流或断流容量选择

要求系统在断路器处的最大短路电流应小于断路器允许断流值，并应留有裕度。

$$I_{dn} \geqslant I''（或\ I_{0.2}），S_{dn} \geqslant S''（或\ S_{0.2}）$$

$$S'' = \sqrt{3} U_p I_z = \frac{S_j}{X_{\ast\Sigma}}$$

式中　I_{dn}、S_{dn}——断路器在额定电压下的断路电流和断流容量
　　　　　　　　　（可由产品目录查得），kA、MV·A；

　　I''（或 $I_{0.2}$）——安装地点发生三相短路时的次暂态短路电流
　　　　　　　　　（或 0.2s 短路电流），kA；

　S''（或 $S_{0.2}$）——三相短路容量，MV·A；

　　　　　　U_p——电流 I_z 所在电压级的平均额定电压，kV；

　　　　　　I_z——三相短路电流周期分量有效值，kA；

　　　　　　S_j——基准容量，MV·A；

　　　　　$X_{\ast\Sigma}$——电抗标么值。

（4）按短路电流的动稳定校验

$$i_{gf} \geqslant i_{ch}$$

式中　i_{gf}——断路器极限通过电流峰值（由产品目录查得），kA；

　　　i_{ch}——短路冲击电流，kA。

（5）按短路电流的热稳定校验

$$I_t \geqslant I_\infty \sqrt{\frac{t_j}{t}} \quad 或 \quad I_t^2 t \geqslant I_\infty^2 t_j$$

式中 I_t——断路器在 t（s）内的热稳定电流，kA，其值由制造
　　　　 厂提供，一般给出 1s、5s 和 10s 的电流值；

　　 I_∞——断路器可能通过的最大稳态短路电流，kA；

　　 t_j——短路电流作用的假想时间，s；

　　　 t——热稳定电流允许的作用时间，s。

17. 高压油断路器的结构是怎样的？

高压油断路器分多油断路器和少油断路器。

（1）多油断路器的结构

多油断路器主要由绝缘部分、导电部分、传动机构、灭弧装
置、油箱及测量装置等部分组成。其结构如图 2-1 所示。

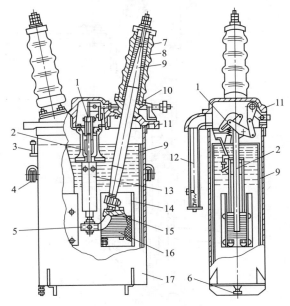

图 2-1　DW1-35 型多油断路器结构

1—操动机构；2—支持杆；3—油位指示器；4—滑轮；5—可动触头；6—放油阀；
7—瓷套管；8—绝缘胶；9—绝缘；10—法兰盘；11—箱盖；12—排气管；
13—绝缘套；14—保护屏；15—固定触头；16—灭弧室；17—油箱

① 绝缘部分：包括瓷套管、变压器油、胶木、绝缘提升杆和绝缘胶等。

② 导电回路：包括导电杆、静触头、动触头和横担。

③ 传动机构：使触头上下作直线运动。

④ 灭弧装置：有横吹灭弧（如 DW2-35 型）和纵横吹灭弧（如 DW8-35 型）两种方式。

⑤ 油箱及其附件：包括箱盖、箱身、注油孔、放油阀、油标、安全阀和电热器等。

⑥ 测量装置：附于多油断路器中的电压和电流测量装置。

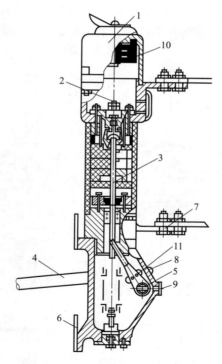

图 2-2　SN10-10 型少油断路器结构图

1—帽盖；2—六角螺母；3—导杆；4—绝缘拉杆；5—转轴；6—支持瓷瓶支架；

7—上下接线座；8—主拐臂；9—弹簧销；10—灭弧片；11—缓冲橡胶垫

（2）少油断路器的结构

少油断路器主要由框架、绝缘部分、导电部分、传动机构、灭弧装置和油箱等部分组成。其结构如图 2-2 所示。

18. 常用 10kV 高压少油断路器的技术数据如何？

SN10-10 系列高压户内少油断路器广泛应用于工矿企业变配电所中，其额定电流有 630A、1000A、1250A 和 2000A 等规格。该系列断路器的技术数据见表 2-2。

表 2-2　SN10-10 系列高压少油断路器技术数据

型　　号	SN10-10 Ⅰ		SN10-10 Ⅱ	SN10-10 Ⅲ	
	SN-10-10/630-16	SN-10-10/1000-16	SN-10-10/1000-31.5	SN-10-10/1250-43.3	SN-10-10/2000-43.3
额定电压/kV	10	10	10	10	10
额定电流/A	630	1000	1000	1250	2000
额定断流容量/MV·A	300	300	500	750	750
额定开断电流/kA	16	16	31.5	43.3	43.3
最大关合电流（峰值）/kA	40	40	80	125	125
极限通过电流（峰值）/kA	40	40	80	130	130
热稳定电流/kA					
2s	16	16	31.5	43.3	
4s					43.3
合闸时间/s	≤0.2	≤0.2	≤0.2	≤0.2	≤0.2
固有分闸时间/s	≤0.06	≤0.06	≤0.06	≤0.06	≤0.06
机械寿命/次	2000	2000	2000	1050	1050
断路器净重（无油）/kg	100	100	120	135	170
三相油重/kg	6	6	8	9	13
配用操动机构型号	CD10Ⅰ CT7、CT8	CD10Ⅰ CT7、CT8	CD10Ⅱ CT7、CT8	CD10Ⅲ	CD10Ⅲ

19. 常用 10kV 高压多油断路器的技术数据如何？

常用 10kV 高压户内和户外多油断路器的技术数据见表 2-3。

表2-3　10kV户内和户外高压多油断路器技术数据

型号	额定电压/kV	最高工作电压/kV	额定电流/A	额定断流容量/MV·A			额定开断电流/kA			极限通过电流/kA		时间/s		油重/kg	总重/kg	操动机构型号
				3kV	6kV	10kV	3kV	6kV	10kV	峰值	有效值	分闸	合闸			
DN1-10	10	11.5	200 400 600	50	100	100	10	9.7	5.8	—	—	0.1	≤0.23	50	150 170 175	CS1 或 CS2
DN1-10G	10	11.5	200 400 600 800	50	100	100	10	9.7	5.8	25	—	0.1	≤0.23	50	100 120 125 150	CS2 或 CD2-G
DW4-10	10	11.5	100 200 400		50			2.88		12.8	7.4	0.1	—	45	190	—
DW4-10G	10	11.5	50 100 200 400		50			2.88		—	—	—	—	—	—	—
DW5-10	10	—	50 100		30			1.8		—	—	—	—	60	270	—
DW5-10G	10	11.5	50 100 200		50			2.9		4.5	2.9	—	—	60	210	—
DW7-10	10	11.5	30,50 75 100 200 400		25			1.5		5.6	2.3	—	—	55	190	—
DW9-10	10	11.5	50 100		60			3.2		8.55	—	≤0.12	—	14	84	手动

20. 高压断路器切断电容器组的能力如何?

用高压断路器切断高压无功补偿电容器组时,需考虑其切断能力。断路器切断电容器组时,每个触头之间有可能出现 2 倍工作电压而引起电弧重燃。重燃或多次重燃将产生严重过电压。断路器不应发生重燃的容量范围见表 2-4。

表 2-4 断路器切断电容器组的参考容量

电压等级/kV	额定切断电容电流/A	切断电容器组的参考容量/kvar
10	870	1000~10000
35	750	5000~30000
63	560	10000~40000

21. 高压断路器切断高压空载长线的能力如何?

切断 110kV 及以上空载长线时,由于线路存在较大的分布电容,线路的充电电流可能使断路器触头之间电弧重燃,以致不能断弧。断路器切断空载长线的能力与断路器的性能有关,可参见表 2-5。不同断路器表中数据会有所不同。

表 2-5 断路器切断空载长线的能力

额定电压/kV	空载电流/A	相当的输电线长度/km	
110	32	LGJQ-240 单导线	170
220	165	LGJQ-600 单导线	440
220	165	2×LGJQ-600 双分裂	330
330	350	2×LGJQ-600 双分裂	487
500	500	3×LGJQ-600 三分裂	426

22. 怎样安装高压断路器?

高压断路器的安装应符合以下要求。

① 断路器应垂直安装,并固定牢靠。为了保证断路器的垂直度,可在 4 个安装螺栓处垫以调节垫片,但垫片不宜超过 3 片。

② 断路器在出厂前已经过严格的装配调整，在安装时不要重新拆卸，以免影响性能。

③ 在安装前，将断路器的绝缘子、绝缘筒、绝缘拉杆等的外表面擦拭干净，在机械转动部分涂润滑油。

④ 断路器与操作机构的连接要可靠，且受力均匀；机构应动作灵活，无卡阻现象。

⑤ 清洁连接接头，将导电母排紧固螺钉拧紧，断路器不得受到连接母线的机械应力。

⑥ 油标的油位指示应正确、清晰，注油量应符合规定要求。北方地区应使用 45 号变压器油，南方地区应使用 25 号变压器油。将合格油注入断路器半小时后，放出油样的电气强度不低于 25kV。

⑦ 检查并拧紧各紧固螺钉。

⑧ 测量绝缘拉杆的绝缘电阻。用 2500V 兆欧表测量，其绝缘电阻不应小于 1200MΩ。

⑨ 交流耐压试验应在合闸状态下进行，而且应按相间及对地进行，交接试验标准为 27kV，时间为 1min。

⑩ 安装完毕后，先手动合、分闸几次，正常后再做电动分、合闸试验。在断路器投入运行前，应分、合闸 15 次，这对去掉油杂质形成的氧化膜效果显著，使断路器运行处于有利状态。

注意：断路器未注油前禁止分、合闸。

23. 怎样安装杆上油断路器？

杆上油断路器的安装如图 2-3 所示。具体安装要求如下。

① 安装应牢固可靠，水平倾斜度不大于托架长度的 1/100。

② 引线的绑扎连接处应留有防水弯头，绑扎应紧密，绑扎长度不应小于 150mm。

③ 清洁并检查瓷套管，应完好、无裂损。

④ 动作正确可靠，分合标志位置正确。

⑤ 外壳应可靠接地，接地电阻不应小于 10Ω。

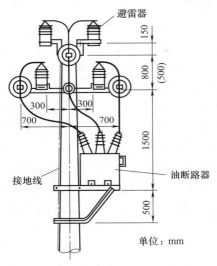

图 2-3 杆上油断路器安装图

⑥ 断路器需安装避雷器保护。经常开路的断路器两侧都要装避雷器。

24. 怎样检查维护油断路器？

在变电所中，油断路器的检查周期为：①交接班时；②最大负荷时；③每 5 天进行一次夜间检查，在黑暗中检查有无放电及电晕现象等；④每次自动跳闸后，油断路器接通使用之前；⑤室外油断路器在温度剧烈变化时以及下雨、降雪时；⑥油断路器检修后，在接通使用前，以及油断路器加上电压后，接通使用后 3h 内每小时一次。

油断路器的日常检查和维护内容如下。

① 检查是否漏油。通过目测检查油箱及接油盘有无渗漏油情况，油箱是否变形。

② 检查油位。通过目测检查油面的位置是否正常。油断路器的油面，在周围空气温度为 20℃时应保持在油位计的 1/2 处（冬

季约在 1/4 处，夏季约在 3/4 处）或两条红线间，套管油面约在 1/2 处。当油面的位置过低时，应停电补充油。另外，要观察油的颜色是否正常，若油色碳化或变色，应查明原因，并更换新油。油断路器的绝缘油一般使用国产 45 号或 25 号变压器油，不宜使用 10 号油。也可使用合格的混合油。

③ 检查瓷套管。检查瓷套管有无污损和放电现象，尤其在浓雾和下雨天更应加强监视；检查瓷套管有无破损、龟裂现象，若有异常情况，应视损伤程度决定是否可继续使用。

④ 检查连接导线。观察连接导线处有无放电现象，有无异常过热。若有异常过热，往往会使导线及连接螺钉变色并有异常气味产生。

⑤ 检查通断位置指示灯。通断位置的红灯或绿灯，不但表示断路器的合、断位置状况，还表示合闸回路或跳闸回路是否完好。如果指示灯不亮，会影响值班人员对断路器的监视。如果是合闸回路或跳闸回路有故障，还会造成重合闸或发生故障时不能跳闸，致使事故扩大。因此，若发现灯泡良好而指示灯不亮，则应及早处理，修复有关线路。

⑥ 检查操作机构。检查操作机构线圈是否有发热现象，连杆传动机构有无变形、损坏。操作机构应保持清洁和干燥。

⑦ 检查排气孔的隔片是否完整。

⑧ 油断路器的液压操作机构的加热，应在 0℃ 投入运行，在 10℃ 停止运行。

⑨ 室外油断路器在气温降到 5℃ 时，应做进水检查。

⑩ 检查信号装置的表示是否正确。

⑪ 定期做油试验，每年必须做耐压试验一次和简化试验一次。油断路器在每次短路断开后，应取油样做试验；每次打开油箱检查内部之后，应取油样做简化试验。少油断路器在每次大修时应更换新油。

25. 怎样检查维护杆上油断路器？

杆上油断路器经长期运行后，瓷套管有可能损裂，外壳会污脏，绝缘油也可能变质，操作机构可能不那么灵活，需要登杆检查和修理。通常1~2年检修一次，可结合避雷器预防性试验进行。对于环境恶劣的地区，应增加维护次数。

登杆检查油断路器的主要内容如下。

① 清洁油断路器外壳及瓷套管。

② 检查瓷套管有无裂纹、破损。如有裂损，应予以更换。

③ 检查引线连接是否良好以及有无过热现象，并拧紧连接螺钉。如接头过热，有黑色氧化层，应将氧化层清除，并更换上新的弹簧垫圈、平垫圈，然后拧紧螺母。

④ 检查箱壁是否严密，有无进水可能。如发现进水，应更换绝缘油，并在接合处加垫毛毡，防止进水。

⑤ 检查绝缘油及油面位置。油量不足时应添油，绝缘油劣化时应更换新油。

⑥ 检查操作机构是否灵活，动作是否正确可靠，分合标志位置是否正确。如不正确，应查明原因，并加以调整。

⑦ 测量绝缘电阻。用2500V兆欧表测量，如绝缘电阻值较前次试验记录降低1/2以上，而且绝缘油也已变质，则应从杆上卸下来进行大修。

⑧ 顺便对避雷器和接地引下线等检查一次。

26. 怎样使用油断路器？

为了使用好油断路器，应注意以下事项。

① 油断路器的油面，在周围空气温度为20℃时应保持在油位计的1/2处，冬季约在1/4处，夏季约在3/4处。当油面位置过低时，应停电添油。

② 当油断路器漏油且油位计无油时，禁止带负载，并停止使用。

③ 油断路器的绝缘油应使用国产45号（北方）或25号（南方）变压器油，不宜使用10号变压器油。

④ 油断路器的允许遮断故障次数，一般应根据断路器安装地

点的母线短路容量以及断器本身性能确定，见表 2-6。若超出表中标准，应安排检修。

表 2-6　油断路器允许遮断故障次数

母线短路容量为断路器遮断容量的百分数	油断路器	
	110kV、220kV	10kV、35kV
80%以上	3 次	3~4 次
50%~80%	5 次	5~6 次
小于 50%	8 次	8~11 次

27. 油断路器漏油有哪些原因？怎样处理？

油断路器漏油的原因及处理方法见表 2-7。

表 2-7　油断路器漏油的原因及处理方法

可 能 原 因	处 理 方 法
①法兰、螺栓等的密封不完善，有损伤、磨损	①更换部件，重新装配
②密封件使用多年已老化	②更换密封件
③瓷套管破损，浇注连接部分有裂纹	③更换瓷套管，检修连接部分
④油位计安装位置不正，橡胶垫圈的切孔位置不合适或未压紧	④重新安装油位计，更换或适当压紧橡胶垫圈
⑤油位计密封件年久老化，玻璃制品耐温性能不好，玻璃管端口不平，玻璃管破裂	⑤更换密封件、玻璃制品及附件，或更换油位计
⑥油缓冲器使用多年被磨损，隙缝增大，隔油构件破损	⑥更换油缓冲器部件和隔油构件
⑦放油阀的螺栓孔平面不平整或有杂质黏附	⑦用细锉刀将螺栓孔平面锉平，清洁结合面，并垫上橡胶垫圈，把螺栓拧紧
⑧放油阀失灵	⑧更换或修复放油阀
⑨装配不良	⑨重新装配

运行中的油断路器如果严重缺油（油标内看不到油），应立即进行如下处理。

① 取下断路器操作电源的熔断器，以防缺油断路器自动跳闸。

② 若条件许可，将负荷通过母联断路器经旁路母线或使用备用断路器，把缺油断路器上的负荷转移，使缺油断路器退出运行。

③ 采取有关安全措施后，对缺油断路器进行检修和添油。

28. 怎样用合成胶处理油断路器渗漏油？

采用合成胶处理充油设备的渗漏油问题，效果良好。此法适用于变压器、油断路器和互感器等充油设备的砂孔、焊缝、裂隙渗漏油的黏结。其优点是，取材、配制容易，价格低廉，操作方便，清污除漆不要求过严，效果显著。

合成胶配方：用 α-氰基丙烯酸乙酯胶液和铅（锡、锑）金属粉末（其中任一种或两种均可），以 1：3 比例配制而成。

该胶液属高分子化合物，具有快速固化功能。在晴天 15℃ 左右，15s 内即可固化。合成胶还会产生氧化物薄膜，对充油设备的渗漏孔隙不但有填充和封堵作用，还对封堵孔隙的表面起防腐保护作用。黏结后 24～48h，其抗剪强度达 9.6MPa，抗拉强度达 60MPa，承压力达 0.55MPa。

用该合成胶堵漏，取材、配制容易，价格低廉，操作方便，清污除漆不要求过严，效果显著。

29. 怎样用 609 型密封胶处理油断路器渗漏油？

采用 609 型密封胶处理充油设备的渗漏油问题，十分有效。它尤其适用于断路器放油螺栓、油位指示器、绝缘套筒上下口处及其他的非转动部分的渗漏油处理。具体做法如下。

① 断路器解体后，将各元件清擦干净。

② 在螺栓密封处的垫片上下各涂 1～2mm 厚的 609 型密封胶，1min 后把螺栓拧紧。

③ 在密封圈转动部位使用时，在构件的密封圈槽内涂 1～2mm 厚的 609 型密封胶，放上密封圈后再在密封圈上涂一层 1～2mm 厚的 609 型密封胶即可正常组装。下次检修时，只需用棉纱轻轻擦拭即可除去上次使用的胶迹。

其他充油设备非转动部位的紧固密封防渗漏也可用此方法。

使用 609 型密封胶堵漏，对充油设备的油没有什么影响，因此是安全的。

38 高低压电器实用技术300问

30. 油断路器崩烧和爆炸有哪些原因？怎样处理？

油断路器崩烧和爆炸的原因及处理方法见表 2-8。

表 2-8　油断路器崩烧和爆炸的原因及处理方法

可　能　原　因	处　理　方　法
①严重过载运行	①正确选择断路器，保证断路器有足够的断流容量；减轻负荷
②检修质量有问题，装配不良	②保证检修及装配质量
③严重缺油，当切断负荷或自动跳闸时有可能引起短路崩烧	③一旦发现严重缺油，应按第 27 问中介绍的方法处理
④油质劣化或加入不合格油，失去良好的绝缘性能	④定期取油做耐压等试验，防止油质劣化或进水，及时更换绝缘油
⑤雨、雪天，室外断路器绝缘部位严重受潮或进水	⑤采取措施防止绝缘部位受潮及进水
⑥瓷套管、瓷瓶等瓷件裂损，失去良好的绝缘性能	⑥加强巡视检查，及时发现故障并予以消除
⑦少油断路器拉杆的轴销断裂或掉出，使拉杆触及带电部分	⑦巡视中注意检查拉杆的轴销等部位，发现有异常，应设法停电处理
⑧灭弧室中的灭弧片和绝缘零件受潮、炭化、剥裂	⑧检修灭弧室时，一旦发现上述缺陷，应及时消除（如更换部件、干燥处理），以防留下隐患
⑨未拆接地线就合闸送电	⑨严格执行规章制度，防止误合闸
⑩操作不当，如带故障合闸，手动操作不果断	⑩不允许带故障合闸，手动操作要果断，不可多次抢送
⑪快速脱扣装置失灵	⑪检修脱扣装置

31. 油断路器严重过热和误跳闸有哪些原因？怎样处理？

油断路器严重过热和误跳闸的原因及处理方法见表 2-9。

表 2-9　油断路器严重过热和误跳闸的原因及处理方法

故障现象	可　能　原　因	处　理　方　法
过热	①断路器容量偏小	①降低负荷或更换容量较大的断路器

续表

故障现象	可能原因	处理方法
过热	②触头表面氧化,使动、静触头接触不良 ③动触头插入静触头中的深度不够或压紧弹簧松弛,支持环裂开变形,造成触头接触不良 ④检修少油断路器时,误将铁垫圈垫在引出导电杆上 ⑤引线连接部接触不良,表面有氧化层	②用细砂布研磨触头表面,除去氧化层,使触头接触良好 ③重新装配、调整动触头的插入深度,更换压紧弹簧和支持环,使触头接触良好 ④更换成铜垫圈 ⑤处理出线端子和母排搭接面,使两者接触紧密
误跳闸	①误操作,误碰操作机构 ②操作机构挂钩有毛病 ③操作回路故障(如导线绝缘损坏等)	①严格按操作规程操作,执行工作票制度 ②重新合闸试试,若挂钩搭不上,应检修和调整挂钩 ③检查操作回路和回路的绝缘状态,并进行修复

32. 油断路器拒合、拒分有哪些原因？怎样处理？

油断路器拒合、拒分的原因及处理方法见表 2-10。

表 2-10　油断路器拒合、拒分的原因及处理方法

故障现象	可能原因	处理方法
油断路器拒合	①控制回路接线端子松动或熔断器熔断 ②合闸按钮接触不良 ③合闸的电动机及回路故障 ④合闸线圈开路或烧断 ⑤合闸线圈内的套筒变形或安装不良 ⑥合闸机构生锈、卡住或安装不当 ⑦合闸线圈铁芯的顶杆定位螺栓松动或顶杆太短 ⑧直流操作电源电压过低	①拧紧控制回路接线端子螺钉或更换熔断器 ②检查合闸按钮 ③检修电动机及回路 ④检查或更换合闸线圈 ⑤更换或重新安装套筒,并进行手动操作试验,调整铁芯的冲击行程 ⑥检修合闸机构,除去铁锈,在转动部分上涂润滑油,调整机构 ⑦拧紧定位螺栓;如果顶杆太短,则应将顶杆往下压,使滚轮轴与支架间的间隙调整为 1～1.5mm,然后在顶杆上打冲眼,钻孔,并用定位螺栓固定 ⑧调整直流电源电压,使之符合合闸线圈的工作电压

续表

故障现象	可能原因	处理方法
油断路器拒分	①脱扣机构的锁扣部分生锈卡涩或磨损变形,使脱扣的动作力增大 ②分闸弹簧变形、折断 ③分闸按钮及回路故障 ④传动机构变形,联锁机构生锈、损坏,连板轴孔磨损、锁孔太大 ⑤分闸线圈的铁芯被剩磁吸住,操作机构不能动作	①检修脱扣机构,除去锁扣部分的铁锈,调整锁扣部分的扣入深度 ②更换分闸弹簧 ③检查分闸按钮及回路 ④校直传动部分,除去铁锈,在转动部分上涂润滑油,更换损坏部件 ⑤可将铁顶杆改为黄铜顶杆

33. 油断路器发生"假跳跃"有哪些原因？怎样处理？

所谓"假跳跃"是指油断路器发生连续合闸再合闸的现象。"假跳跃"容易造成触点损坏,必须及时处理。

发生"假跳跃"的原因及处理方法见表2-11。

表2-11　油断路器发生"假跳跃"的原因及处理方法

可 能 原 因	处 理 方 法
①电磁操作的断路器控制电路中的合闸辅助触点通电时间过短 ②直流电源容量不够,使合闸线圈上的电压过低 ③合闸到短路故障上,这时保护动作,信号继电器掉牌 ④静触指脱落,卡在灭弧室中 ⑤动、静触头中心不正,合闸时撞击触指,造成其变形	①可用如下方法延长合闸辅助触点的通电时间,即采用手动操作合闸,使断路器慢慢达到刚合闸位置,然后调整辅助触点的拐臂、花孔盘、连杆等的长度,使合闸辅助触点达似断未断的程度后,旋紧有关定位螺母,以保证合闸位置时辅助触点断开距离不小于2mm ②增加直流电源容量,且不得同时进行多台油断路器的合闸操作 ③迅速将把手转至"跳闸后"位置,保护复位,查出并排除故障点后重新合闸 ④换上合格弹簧片、铝隔栅或触座 ⑤有以下几种情况: a. 下压环与绝缘筒部弹簧圈压偏,这时应更换下压环与绝缘筒部弹簧圈,重新组装,使弹簧全部进入槽内 b. 下压环上的4个内六角螺栓紧固得不均匀,这时应将4个内六角螺栓对角均匀紧固 c. 静触座装偏,这时应重新调整、装配好

34. 油断路器分闸线圈烧坏有哪些原因？怎样处理？

油断路器分闸线圈烧坏的原因及处理方法见表 2-12。

表 2-12 油断路器分闸线圈烧坏的原因及处理方法

可能原因	处理方法
①分闸线圈有电,但操作机构拒分,使分闸线圈烧坏,如机构箱受潮严重、线圈漏电、分闸力不够、分闸线圈铁芯锈死、机构转动部分生锈不灵活等	①拆下分闸线圈铁芯及机构转动部分,除锈、打磨,涂润滑油,使之灵活;更换烧坏的分闸线圈
②操作机构动作,而断路器本体动作不到位,使辅助开关动作不到位,烧坏分闸线圈,如传动部分出现卡阻、拐臂生锈等	②调整活动传动部分,使之灵活;打开拐臂盒,拆下拐臂,用砂布将其磨光,涂上润滑油,使之动作灵活
③由于断路器本身质量及检修工艺不严格等而引起断路器拒跳或辅助触点不断弧,使分闸线圈长时间通电而烧坏(分闸线圈是按短时通流设计的)	③除解决拒跳和辅助触点不断弧问题外,可以用以下方法彻底解决烧坏分闸线圈的问题。也就是在分闸线圈前串入由 5 只型号为 MZ72(耐压为 270V,阻值为 18Ω)的电阻并联而成的电阻。这种电阻具有热敏特性,随着通流时间的延长,电阻值逐步增大,直至一定数值而稳定不变,从而限制了分闸线圈中的电流

35. 怎样对油断路器进行小修？

油断路器的小修通常与年度预防性试验一起安排,每半年至少一次,主要是检查和处理局部性的小缺陷。小修项目包括以下内容。

① 清扫油断路器外壳的灰尘、污垢;检查瓷套筒、瓷瓶等瓷件有无裂纹、破损。若发现瓷件有裂纹、破损或闪络等缺陷时,应予以更换。

② 检查各部分的螺栓、螺钉有无松动,并拧紧。

③ 检查各密封部位和放油阀门等处是否有渗漏油情况。如有,应更换密封垫或重新安装调整并拧紧各螺栓。

④ 检查并清洁各传动部分,看操作臂是否弯曲变形;检查各

部位的间隙是否合适，转动部分磨损是否过多，配合是否过松或过紧。在转动部分涂以润滑油；各部分轴销应连接牢固，开口销、垫片应齐全。

⑤ 检查分、合闸情况，看有无机械卡涩现象；检查分闸弹簧有无缺陷；检查缓冲器的缓冲效果。若缓冲器不良，应将它拆下，检查活塞与筒壁的间隙是否符合要求。

⑥ 检查引线连接部位有无过热现象。若有黑色氧化层产生，应将其刮除，修整连接面，并涂一层导电膏或电力复合脂，更换过热的螺母、弹簧垫圈、平垫片，拧紧引线连接螺母。

36. 怎样对油断路器进行大修？

油断路器的大修一般在事故跳闸 4 次或正常操作 30～35 次后进行，每 3 年至少进行一次内部检查和解体大修。油断路器在故障跳闸发生喷油、冒烟或油箱变形等现象时，应立即进行检修。

油断路器大修除包括小修项目外，还有以下项目。

① 打开放油阀（孔），将油全部排入清洁干燥的油桶内，并加以密封，同时取油样试验。不合格者，待检修完毕需换油。换油时先用合格的油将油箱冲洗干净，再注入合格的油。

② 检查动、静触头或滑动、滚动触头有无污垢、氧化层和电弧烧伤痕迹，用细砂布打磨触头，并在汽油中清洗干净。若触头烧伤深度超过 1mm，一般应予以更换。

③ 检查导电杆表面是否光滑，有无变形、烧伤现象，要求从动触头顶部起 60～100mm 处应光洁。导电杆的铜钨触头如有轻度烧伤，可用细锉刀修光；如烧伤严重，则应予以更换。

④ 检查和调整触头的接触压力，若压力弹簧变形或失去应有的弹力，则应予以更换。

⑤ 检查油箱有无渗漏油现象，如有，应查明原因并修补；用汽油擦洗油箱和各部件。

⑥ 清扫放油阀（孔）内的油垢，并用汽油清洗干净，加上密封垫。

⑦ 检查油位计的油路是否畅通，油位是否清晰，指示是否正确。

⑧ 检查防爆门及其各部件是否完好。

⑨ 检查灭弧部分的隔弧板、绝缘纸垫和绝缘衬套等有无烧伤、变形、断裂等情况。用合格的变压器油将大绝缘筒内部洗净，组装时要注意隔弧板的顺序及喷口方向，弧触指与喷口同侧。

⑩ 清洗、检修完毕，若无问题，便可进行整体组装。组装必须一丝不苟、非常认真地进行，不漏掉任何一个元件、螺钉，也不许将杂物、工具等遗留在断路器内。严格按技术要求调整和组装，最后加上合格的绝缘油。

⑪ 组装完毕，必须进行试验，合格后方可投入运行。

37. 大修后的油断路器应做哪些试验?

为了保证检修质量，检修后油断路器必须进行试验。试验项目根据具体检修内容酌情而定。

35kV 及以下油断路器的试验项目如下。

① 测量提升杆的绝缘电阻。用 2500V 兆欧表测量，对于额定电压在 35kV 以下的油断路器，绝缘电阻为 1000MΩ；对于 35～110kV 的油断路器，为 2500MΩ。

② 测量 35kV 多油断路器的介质损失角正切值 $\tan\delta$。在 20℃测量时，$\tan\delta$ 值应不大于 5.5%。测量时应在分闸状态下按每只套管进行。

③ 做交流耐压试验。在合闸状态下进行试验，试验电压标准见表 2-13。

表 2-13 油断路器交流耐压试验电压标准

额定电压/kV	3	6	10	35
制造厂出厂试验电压/kV	24	32	42	95
交接和预防性试验电压/kV	22	28	38	85

④ 测量每相导电回路的电阻。各型油断路器的接触电阻可参见表 2-14。

表 2-14 各型油断路器的接触电阻

型号	额定电压/kV	额定电流/A	每相导电回路的接触电阻/μΩ
DN1-10	10	200	300～350
		400	180
		600	100～150
SN1-10G	10	400,600	150
SN2-10G	10	400,600,1000	100
SN5-10G	10	600	100
SN6-10	10	600	80
SN10-10	10	600,1000	100
DW2-35	35	600,1000	250
DW6-35	35	400	450
DW8-35	35	600,800,1000	250
SW2-35	35	1000	140

⑤ 测量油断路器的固有合闸时间和固有分闸时间。在额定操作电压下，主触头的分、合闸时间不得超过制造厂产品要求。

⑥ 测量油断路器分、合闸速度。测得的分、合闸速度应符合产品要求。当速度不符合规定时，应检查线圈端子电压。

⑦ 测量油断路器触头分、合闸的同期性，应符合产品要求。

⑧ 测量油断路器分、合线圈及合闸接触器线圈的直流电阻，其与铭牌数据之差应不大于 10%。

⑨ 检查操作机构合闸电磁铁及分闸电磁铁的最低动作电压，不应超过表 2-15 的范围。

⑩ 做油断路器的操作试验。断路器在直流母线额定电压下进行分、合闸操作各 3 次。

表 2-15 在线圈端子上测量的最低动作电压

部件名称	最低动作电压（额定电压的百分比）	
	不小于	不大于
分闸电磁铁	30%	65%
合闸电磁铁	30%	80%（65%）

注：括号内的数值适用于能自动重合闸的断路器。

⑪ 做绝缘油试验。额定电压 10kV 断路器，绝缘油的最小击穿电压为 20kV；35kV 断路器，则为 25kV。

38. 怎样测量油断路器的绝缘电阻和接触电阻？

（1）测量绝缘电阻

先合上油断路器，用 2500V 兆欧表分别测量各相对地（外壳）的绝缘电阻，然后将断路器分闸，分别测量各相动、静触头之间的绝缘电阻。在正常情况下，动、静触头之间的绝缘电阻应大于各相对地（外壳）的绝缘电阻。如绝缘电阻不符合要求，应解体干燥。

（2）测量接触电阻

用双臂电桥测量动、静触头的接触电阻。如测得的数值超过规定值（见表 2-14）时，应检查所有接触面有无油污或氧化层，并经处理光洁后再进行测量。

39. 怎样测量油断路器的分、合闸速度和分、合闸同期性？

（1）分、合闸速度的测量

一般用电气秒表测量。如果要求精度高，可采用数字电子毫秒计测量。测量前应试操作几次，以检查断路器各部分是否灵活。

（2）分、合闸同期性的测量

测量接线如图 2-4 所示。在三相动、静触头之间接入 3 只 6V、12V 或 24V 的小灯泡，选用与灯泡电压相配套的降压变压器 T。接通电源后，手动慢慢将断路器合闸，当最先接通的一相灯刚亮时，在该相导电杆上做一个记号，然后继续合闸。当第二、第三相灯刚亮时，也在各相导电杆上做个记号，再将断路器合闸到底。此时，在三相导电杆上再做一个记号，然后将断路器分闸，测量各相

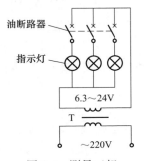

图 2-4　测量三相
同期性的接线

导电杆上下两个记号之间的距离，应在 40～50mm 范围内。若不

符合要求，可将导电杆拧入或拧出调整，直至符合要求。

合闸同期性还可用 SC16 光线示波器、毫秒仪等测定。

40. SF_6 断路器有哪些特点？其主要技术数据如何？

20 世纪 70 年代世界各国进入高压断路器无油化的时代，SF_6 断路器和真空断路器已雄踞中压开关的领导地位。我国 10kV 户外 SF_6 断路器于 1986 年通过了原机械电子工业部和原能源部的联合审查鉴定，开始迅速在农村小型化变电站和 10kV 架空线配电网中推广应用。

SF_6 断路器用 SF_6 气体作为绝缘介质和灭弧介质，具有以下优点和特点。

① SF_6 气体无毒、不易燃，其介电强度远远超过传统的绝缘气体和绝缘油，具有优异的灭弧性能，而且不会炭化。SF_6 柱上断路器采用全密封结构，能在恶劣的自然环境中运行，不需更换介质，无火灾危险。

② SF_6 断路器的尺寸较油断路器小得多，占地面积小。选用 SF_6 断路器的农村小型化变电站占地面积仅为常规变电站的 1/3 左右，且施工方便，基建工程量小。

③ 设备不检修周期长（10 年以上），减轻了运行人员的负担，提高了供电可靠性。

④ 户外 SF_6 断路器旋弧灭弧室结构简单，操作耗能少，机电磨损小，免维修，成本低。

⑤ 其所配的弹簧储能操作机构灵活可靠，不需大功率控制电源（交流 220V/5A，直流 220V/2.2A），而且具有重合闸功能，能实现远距离自动控制。

⑥ 三相共箱结构使 SF_6 断路器可以确保三相同步动作，性能稳定。

⑦ 开断电流裕度大（最低工作气压下的开断短路电流达 17kA），过电压低。

另外，LW3-10 Ⅰ、LW3-10 Ⅱ型户外高压 SF_6 断路器的操作机构分手动弹簧储能机构（Ⅰ型）和（交直流 220V）电动弹簧储能机构（Ⅱ型）两种。

Ⅰ型本体内 A 相和 C 相装有保护用的 3 级电流互感器，具有手动弹簧储能关合、手动开断和过电流（或短路）自动脱扣开断三种功能，主要用于 10kV 分支线路，具有柱上真空断路器不可相比的优点，完全可以取代柱上油断路器。

Ⅱ型具有电动弹簧储能、电动关合、电动开断和过电流（或短路）自动脱扣开断（内装或外接电流互感器）等七种功能。不但可以就地手动操作，而且可以实现交直流远距离控制和自动重合闸操作，主要用作中小型变电站 10kV 侧出口断路器，也适用于控制和保护单台 10kV 变压电气设备。

LW3-10 型柱上 SF₆ 断路器的额定电流为 400～630A，额定短路开断电流为 6.3～8～12.5～16kA，零表压下的绝缘为 30kV 1min，年漏气率不大于 1%，内配电流互感器变比为 500～600/5A（计量 0.2～0.5 级，保护 3 级）。该断路器的容量参数既满足目前农网改造的需要，又照顾到今后电网发展增容的需要，同时又能用于城网线路改造。

采用柱上 SF₆ 断路器作为 10kV 出线保护断路器，可以取代 GG-1A 型高压开关柜，淘汰 DW 型柱上油断路器，很适合中国的国情，符合农网特点。

SF₆ 断路器的结构（以 LN2-10 系列为例）如图 2-5 所示。

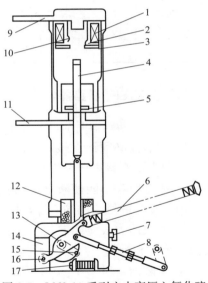

图 2-5　LN2-10 系列户内高压六氟化硫（SF₆）断路器结构示意图

1—线圈；2—弧触指；3—环形电极；4—动触头；5—助吹装置；6—分闸弹簧；7—自封阀盖；8—推杆；9—上接线座；10—静触指；11—下接线座；12—吸附器；13—主轴；14—分闸缓冲；15—主拐臂；16—拐臂；17—合闸缓冲

SF_6 断路器的主要技术数据见表2-16。

表 2-16 SF_6 断路器的主要技术数据

结构形式	断口电压/kV	额定开断电流/kV	气压额定值（压峰）/Pa	喷嘴直径/mm	总行程/mm	开距/mm	超行程/mm	预压端行程/mm	压气室直径（外径/内径）/mm	分闸运动特性参数		
										固有分闸时间/ms	超程时间/ms	刚分速度/(m/s)
变开距单吹	110	31.5	$5×10^5$/—	$\phi34$/$\phi50$	195	130	65	65	205/40	35	15	5.5
变开距双吹	120	40	$(5/9)×10^5$	$\phi45$	130	115	15	60	230/64	30	7	4.3
定开距双吹	150	31.5～40	$(5/9～11)×10^5$	$2×\phi40$	300	30	100	120	220/120	50	30	6

41. 怎样安装 SF_6 断路器？

安装 SF_6 断路器时应注意以下事项。

① 安装前必须认真核对断路器的型号、规格、性能等是否符合设计要求，观察表压是否在 0.35MPa（20℃时）左右。

② 搬运时，不能使断路器的瓷套管受力，以防套管断裂以及影响内部动、静触头的同心度，使断路器不能使用。

③ 开关压力表应朝向便于观察表压的一面。开关的安装位置应便于维护和操作。

④ 安装前，对 LW3-10 Ⅰ 型配手动弹簧储能机构，应手动分合闸 5～10 次；对 Ⅱ 型配电动弹簧储能机构，应通电操作 5～10 次。操作应灵活，无卡阻现象。

⑤ 安装完毕，将外壳可靠接地。

⑥ 接线时不许乱扳接线端子，正常运行时接线端子不受外力作用。

⑦ 一般断路器都配有 10kV 套管式电流互感器，接线时要分清哪一侧是进线侧，哪一侧是出线侧。

⑧ 手动分（合）闸时，如拉不动分（合）闸环，不要用力拉，此时应观察指针位置，再进行分合闸操作。

⑨ 安装完毕后，清除所积灰尘和异物，并认真检查接线是否正确。确认无误后方可投入运行。

42. 怎样检查维护 SF₆ 断路器？

SF_6 断路器的日常检查和维护内容如下。

① 检查有无异常声响和特殊臭味。

② 检查端子部分有无过热、变色现象。

③ 检查分、合闸指示及信号灯显示是否正常。

④ 检查绝缘子有无龟裂、污损现象，外壳、底座等有无锈蚀和损坏现象。

⑤ 检查操作装置和控制盘，内容包括：

a. 压力表指示（空气、油、液体压力表）情况；

b. 气体压缩机的动作仪表的指示情况。

⑥ 检查漏气情况，即有无从压缩空气系统发出的漏气声音。当表压低于 0.25MPa（20℃）时，应及时充气到 0.35MPa（20℃）以上。

⑦ 检查漏油情况，即油压系统是否漏油。

⑧ 检查排水情况，包括储气罐、管道排水。

⑨ 定期（每1～2年）对断路器进行一次工频耐压试验，其耐压值不低于 42kV。

⑩ 认真记录短路跳闸次数。若事故开断次数达 30 次后，应做主回路对地、断路器间 1min 工频耐压试验，测量主回路直流电阻。若变化不大，可继续使用；若变化较大，表明触头烧损严重，气体纯度变化较大，应及时检修。

⑪ 定期除尘。每年对外壳上的锈蚀部分刷漆一次。

⑫ 定期检查断路器各传动部分是否灵活，对传动、啮合部位

添加润滑油。

⑬ 如发现异常情况或断路器操作次数已达到规定数值（见表2-17），需进行临时检修，检修内容见表2-18。

表 2-17   断路器操作次数

使 用 条 件	规定次数/次
额定开断电流	10
50％额定开断电流	30
负荷电流大于4000A	500
负荷电流小于4000A	2000

表 2-18   六氟化硫（SF_6）断路器临时检修

检 修 条 件	检 修 内 容	备 注
达到规定的操作次数时（接近于额定开断电流）	对灭弧室部分或断口部分进行解体检修、清理，更换易损件；对必要部位进行检查、清理，更换部件	规定的操作次数示于表2-17中
电感性电流、负荷电流、容性(感性)小电流的开合次数以及空操作次数达到规定的数值时		
巡视检查、一般检查发现异常时	进行必要部位的检修、处理，更换部件	

⑭ 监测SF_6气体的湿度。当SF_6断路器中的水分含量超标时，水会与电弧分解物中的SF_4反应产生氢氟酸而腐蚀材料，并会使绝缘强度显著下降，甚至引起沿面放电。

为了控制水分含量，一般需装设吸附剂（如活性氧化铝与分子筛）。吸附剂放置在气流通道或容器上方。在使用中，当吸附剂质量增加15％以上时应予以更换。吸附剂的更换周期一般为5年左右。

国家标准规定的SF_6断路器中气体湿度的允许值（20℃时）见表2-19。

⑮ 断路器的行程、开距等参数见表2-16。

表 2-19　SF₆ 断路器中气体湿度允许值（体积比）

単位：μL/L

隔　　室	断路器灭弧室气室	其 他 气 室
交接验收值	≤150	≤500
大修后	≤150	≤250
运行允许值	≤300	≤1000

43. 怎样检测 SF₆ 断路器漏气故障？

检测 SF₆ 断路器漏气（检漏）有定性和定量两种方法。

（1）定性测量

通常将高灵敏度检漏探头安置在易漏气部位，当漏气时，检漏探头在漏气的作用下发出信号。该信号经放大，驱动报警装置发出声光报警。在实际应用中一般有以下几种方法。

① 简易定性法　采用检漏仪对设备的密封面、焊缝、法兰结合面、充气嘴、密封底座等易漏气的部位进行检测。

② 压力下降法　用精密压力表测量 SF₆ 气体的压力，结合温度换算，将前后数天或数十天的测试结果进行比较来判断是否漏气。

③ 分割定位法　把 SF₆ 气体分割成几部分后再进行检漏，可减少盲目性。

④ 局部蓄积法　用塑料布将测量部位密封、包扎，经过数小时后，再用检漏仪测量塑料布内有无 SF₆ 气体。它是目前较常采用的定性检漏方法。

（2）定量测量

定量测量有挂瓶检漏法、整体扣罩法及局部包扎法等。可采用 LF-1 型、LDD2000 型、MC-SF6-DB 型（日本）、Gas Check 型（英国产）等气体定量检漏仪测量。定量检测应在充气 24h 后进行。定量测量的判断标准为年漏气率不大于 1%。

当没有检漏仪时，也可用发泡液（如肥皂水、洗发精）进行查漏，但严禁用含有腐蚀性的发泡液。发泡方法灵敏度不高，大体上只能发现 0.1mL/min 以上程度的漏气量。

查漏工作要确保人身安全，检查人员与电气设备应保持安全距离，加强监护。必要时要把设备停电后再进行查漏工作。

44. SF_6 断路器有哪些常见故障？怎样处理？

SF_6 断路器的常见故障及处理方法见表2-20。

表 2-20 SF_6 断路器的常见故障及处理方法

故障现象	可能原因	处理方法
绝缘电阻下降,如低于 4MΩ	内部受潮,气体形成凝露;吸附剂失效	①适当调整压力和加热的温度,使内部气体露点控制在0℃以下 ②检查密封件,更换老化的密封件 ③更换失效的吸附剂,一般每5年更换一次
漏气	密封不良,密封圈失效	找出漏气部位,更换失效的密封圈,重新充注 SF_6 气体
不能正常合闸和分闸	合闸储能弹簧和分闸储能弹簧弹力不适当;凸轮转过中心位置偏角欠合适	调整储能弹簧弹力(如每根余 3～6 圈);调整凸轮偏角
爆炸	断路器内部的 SF_6 气体受潮,如因单面轴封结构不良而使潮气侵入,充气及修理不按规程进行	可将单面轴封改为双面轴封;充气及修理严格按规程进行。对受潮的断路器,应清除旧 SF_6 气体,对断路器进行充分干燥,对活性氧化铝及充 SF_6 气体的胶管进行充分干燥,保证 SF_6 气体的纯度

45. SF_6 气体有哪些试验项目？

运行中 SF_6 气体的试验项目、周期和要求见表2-21。

表 2-21　运行中 SF_6 气体的试验项目、周期和要求

序号	项　目	周　期	要　求	说　明
1	湿度(20℃体积分数)/×10^{-6}	①1～3 年(35kV 以上)②大修后③必要时	①断路器灭弧室气室:　大修后不大于 150;　运行中不大于 300②其他气室:　大修后不大于 250;　运行中不大于 500	①按 GB 12022、SD 306《六氟化硫气体中水分含量测定法(电解法)》和 DL 506—92《现场 SF_6 气体水分测定方法》进行②新装及大修后 1 年内复测 1 次,如湿度符合要求,则正常运行中 1～3 年检测 1 次③周期中的"必要时"是指新装及大修后 1 年内复测湿度不符合要求或漏气超过要求和设备异常时,按实际情况增加的检测
2	密度(标准状态下)/(kg/m³)	必要时	6.16	按 SD 308《六氟化硫新气中密度测定法》进行
3	毒性	必要时	无毒	按 SD 312《六氟化硫气体毒性生物试验方法》进行
4	酸度/(μg/g)	①大修后②必要时	≤0.3	按 SD 307《六氟化硫新气中酸度测定法》或用检测管进行测量
5	四氟化碳(质量分数)	①大修后②必要时	①大修后≤0.05%②运行中≤0.1%	按 SD 311《六氟化硫新气中空气-四氟化碳的气相色谱测定法》进行
6	空气(质量分数)	①大修后②必要时	①大修后≤0.05%②运行中≤0.2%	见序号 5
7	可水解氟化物/(μg/g)	①大修后②必要时	≤1.0	按 SD 309《六氟化硫气体中可水解氟化物含量测定法》进行
8	矿物油/(μg/g)	①大修后②必要时	≤10	按 SD 310《六氟化硫气体中矿物油含量测定法(红外光谱法)》进行

46. DP19 型 SF_6 气体水分测量仪有哪些特点和性能?

DP19-SH-Ⅲ型 SF_6 气体微水测量仪是目前性能优良的 SF_6 气

体水分测量仪之一，由瑞士生产。由于它采用冷镜原理，可保证直接和正确地测量实际露点，避免了惯性和滞后造成的误差，系统十分稳定。

(1) 特点

① 能在非常低的湿度下快速稳定露点。测定一台 SF_6 断路器中的 SF_6 气体微水含量不到 5min。不仅可以提高工作效率，减少工作量，还可以减少工作人员在有害气体中停留的时间，保证工作人员健康。

② 整个测量气路都由聚四氟乙烯构成，内置电子流量计不受位置限制，能准确监视气流，$\pm 10mV/℃$ 的模拟输出可用于记录或远端指示。

被测气体在仪器入口和出口间压力差的作用下流动，最小压差为 1kPa。如压差太小或气体需闭环测量，可增加一台气泵。

(2) 性能

① 测量范围：$-60℃$（10℃环境温度下），$-55℃$（20℃环境温度下），$-45℃$（35℃环境温度下）。

② 精度：$<\pm 0.2℃$，± 1 位。

③ 重复率：$<\pm 0.1℃$，± 1 位。

④ 模拟输出：$\pm 10mV/℃$ 或 $\pm 10mA/℃$。

⑤ 取样流量：$15 \sim 60L/h$，正常为 $30 \sim 40L/h$。

⑥ 响应时间：2℃/s（最大）。

⑦ 质量：12g。

⑧ 电压：220V（耗电 $20 \sim 80W$）。

⑨ 外形尺寸：342mm×140mm×326mm。

47. 怎样使用 DP19 型 SF_6 气体水分测量仪？

使用 DP19-SH-Ⅲ型 SF_6 气体水分测量仪的测量方法如下。

① 先将被测设备上的取样接头通过导气管与 DP19 型微水分测量仪连通。连接必须可靠，严防泄漏，仪表应良好接地。

② 合上仪器上的电源开关，打开流量计下方的进气阀。这时

设备内的 SF_6 气体将通过导气管流入测量仪器。

③ 慢慢调节 SF_6 的流量至 $30\sim40L/h$，操作调试用的红色按钮，仪器内的检测室开始制冷。

④ 当镜面温度降低到结露、温度显示恒定时，此时的温度即为被测气体的露点温度。

⑤ 利用仪器附有的诺模图（或对照表）查出 SF_6 气体的水分含量。

由于仪器内装有冰测装置，可以实现自校，即在结冰时的临界 $0℃$ 位置进行精确校准。

48. 怎样避免 SF_6 断路器无选择性跳闸？

对于 LW3-10 系列等 SF_6 断路器，由于跳闸回路本身设计缘故，会出现开关无选择性跳闸问题。

如 LW3-10 系列等六氟化硫断路器，由于跳闸回路本身设计缘故，开关跳闸无选择性。

（1）断路器原跳闸回路及缺点

断路器原跳闸回路如图 2-6 所示。两只过电流脱扣线圈 YR_1、YR_2 直接接在电流互感器 TA_1、TA_2 的二次侧出线上。线路上的电流一旦超过或达到 5A 时，YR_1、YR_2 立即动作（脱扣线圈启动电流为 $4.5\sim5A$），其常开触点闭合，分闸线圈 YR 动作，使断路器跳闸。由于断路器动作无选择性，因此当有较大的电动机启动时，线路中会出现瞬间过电流，便导致断路器误跳闸，造成全线停电。

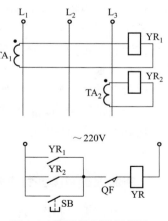

图 2-6 断路器原跳闸回路

（2）跳闸回路的改进

改进电路如图 2-7 所示，即把电流互感器 TA$_1$、TA$_2$ 的二次引线分别接到控制屏的过电流继电器 KA$_1$、KA$_2$（继电器的型号为 GL-16/10）上。

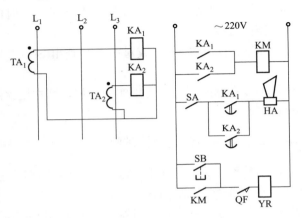

图 2-7　断路器跳闸回路的改进

这样，当线路上出现达到额定电流而低于 2 倍额定电流的电流时，过电流继电器启动，但时限未到，触点不接通。当瞬间过电流降至额定值以下时，过电流继电器返回，断路器不跳闸；当线路上出现大于整定电流 2 倍的电流时，则过电流继电器 KA$_1$ 或 KA$_2$ 的瞬动触点接通，交流接触器 KM 吸合，其常开触点闭合，分闸线圈 YR 得电动作，断路器跳闸，同时警笛 HA 报警。

改进后的跳闸回路，只要调整过电流继电器的动作电流倍数，便可使断路器区分出线路电流的性质而有选择性地跳闸于故障电流。

49. 真空断路器有哪些特点？其主要技术数据如何？

真空断路器是指触头在真空中开关电路的断路器，它是当前广泛推荐使用的现代电力断路器之一。由于真空断路器是在真空中灭弧的，切断过程的附加产物密封在真空泡之内，因此，它的最大优点是无火灾危险，即使切断失败，断路器也不会发生爆炸，可在腐蚀性气体及可燃性气体的环境中使用。同时，它还具有体积小、寿命长、维护检修量小、可频繁操作等优点，故广泛应用于矿山采掘现场的配电保护、高层建筑的配电保护及高压电机、电弧炉、补偿电容器组等频繁操作的场所。

真空断路器的结构如图 2-8 所示，真空灭弧室的结构如图 2-9 所示。在真空灭弧室内保持 $1\times10^{-3}\sim1\times10^{-6}$ Pa 的高真空。灭弧室外壳是用微晶玻璃等绝缘材料制成的，动导电杆利用波纹管的伸缩性可沿真空灭弧室作轴向运动，因此外部气体进不了灭弧室。

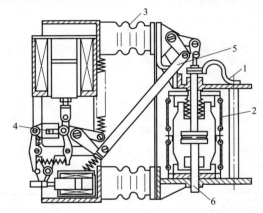

图 2-8　ZN4-10/1000-16 型悬挂式真空断路器的结构

1—上出线端子；2—真空灭弧室；3—绝缘子；4—操作机构；5—绝缘操作杆；6—导电杆

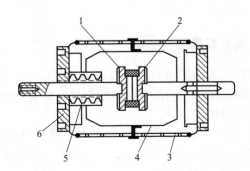

图 2-9　真空灭弧室的结构

1—动触头；2—静触头；3—外壳；4—屏蔽罩；5—波纹管；6—法兰

真空断路器主要由真空灭弧室、绝缘支持、传动机构、基座和操作机构等部分组成。真空断路器的主要技术数据见表2-22。

表2-22　真空断路器的主要技术数据

项　目	型　号				
	ZN1-10（单相）	ZN2-10	ZN3-10	ZN6-10	ZGD-150/6（接触器）
额定电压/kV	10	10	10	10	6
额定电流/A	300	600	600	300	150
额定断流容量/MV·A		200	150	30	15
额定开断电流有效值/kA	3				
极限通过电流峰值/kA	7.6	30	22	29.6	
超行程/mm		3+1	3+1		
固有合闸时间不大于/s	0.07	0.2	0.15	0.15	0.1
固有分闸时间不大于/s	0.016	0.05	0.05	0.05	0.036
自动重合闸无电流间隙时间/s	0.5				
接触电阻不大于/μΩ		100	150		
三相接触同时性误差不大于/mm		1	1		
动、静触头开距/mm		12±1	10-1		
动触杆下部弹簧长度（压缩值）/mm		34-2	35		

注：1. 分闸速度，对于10kV级产品，为1~1.5m/s；对于35kV级产品，为3~3.5m/s。

2. 合闸速度，对于10kV级产品，为0.4~1m/s；对于35kV级产品，为1.5~2.5m/s。

3. 触头弹跳时间不大于2ms。

50. 怎样安装真空断路器？

真空断路器的安装应符合以下要求。

① 真空断路器由于不存在影响工作的油面等问题，所以可以垂直安装，也可以倾斜安装。

② 清洁绝缘子，在机械传动的摩擦部位涂润滑油。

③ 检查真空灭弧室有无异常现象，如果发现灭弧室屏蔽罩氧化、变色，则说明灭弧室已经漏气，需及时更换。

④ 拧紧各紧固件的螺钉。着重检查导电回路的软连接部分是

否连接紧密可靠，然后用操作把手慢合几次，检查有无卡涩现象。

⑤ 对断路器的三相灭弧室的极间进行工频耐压试验，应能经受 42kV 电压 1min，以检查灭弧室的真空度是否符合要求。如耐压不合格，则不能使用。如耐压低于 38kV，则说明灭弧室已漏气，需要换新灭弧室。

⑥ 检查触头超行程和触头开距。如 ZN4-10/1000 型和 ZN5-10/1250 型的触头超行程为（3＋1）mm，开距为 12mm。如不合格，应加以调整。

⑦ 安装后再认真检查一遍，应特别注意带电部位与柜体的安全距离是否符合要求。

51. 怎样调整真空断路器的操动机构？

真空断路器采用对接式触头，它与少油断路器所采用的插入式触头不同，其行程很短，同时，真空断路器的操作过电压大小及触头磨损程度与操动机构密切相关，因此用于少油断路器的操动机构不适宜用于真空断路器。

CT19 型弹簧操动机构是一种专门为真空断路器设计的操动机构，其输出特性与 ZN28 型、ZN28A 型等真空断路器的反力特性匹配较好。该机构合闸弹簧储能有电动和手动两种；分合闸操作有电磁铁和手动两种；不同额定开断电流的断路器所用分合电磁铁是相同的，机械寿命为 10000 次；储能电动机电源电压有直流 110V、220V 两种，当电动机采用交流电源操作时，应增加整流装置。25kV、31.5kV 真空断路器配用电动机的功率为 70W，40kV、50kV 真空断路器配用电动机的功率为 120W。

对于 CT19 型弹簧操动机构，要注意合闸半轴与扣板、分闸半轴与扣板接量的调整，扣接量一般要求在 1.5～2.5mm 之间。扣接量太大或太小，会影响最低分闸电压，甚至影响能否正确分闸。

另外，真空断路器也可采用通用的 CD10 型电磁操动机构或经改造过的 CT8 型弹簧操动机构等。但这些机构特性与真空断路器匹配较差，影响真空泡的寿命。

52. 怎样检查和维护真空断路器?

真空断路器的日常检查和维护内容如下。

① 检查有无异常声响和焦臭味。

② 检查触头电磨损量。观察超行程指示器,检查其超行程是否正常,以大致判断触头的电磨损量。对于超行程指示器的断路器,可以利用灭弧室动导杆与动端法兰面相对位置的变化来测定。当超行程不符合要求时,应重新调整触头,以确保触头的接触压力,否则会缩短使用寿命。

③ 检查真空灭弧室有无破损,其内部零件是否光亮。玻璃泡应清晰。如发现屏蔽罩氧化、变色,说明灭弧室漏气,应立即予以更换。检查触头接触情况。

④ 观察真空断路器的分闸情况。分闸时,弧光呈蓝色为正常。当发现弧光呈橙红色时,表明真空度降低,应及时检修或更换真空灭弧室。

⑤ 检查辅助开关的接触是否良好。

⑥ 定期清扫真空断路器,尤其要注意清除吸附在导电部分和绝缘子上的灰尘。

⑦ 检查二次回路的接地线是否牢固。

⑧ 检查并紧固各固定螺栓。

⑨ 定期测量每相主回路的电阻值。

⑩ 检查断路器操作机构分、合闸部分的磨损情况,如有异常,应及时修理;检查操作机构的活动部分,并定期加润滑油。

⑪ 在下列情况下,应使真空断路器退出运行,进行临时检查。

a. 巡回检查发现有异常现象时。

b. 动作次数达到技术条件规定的寿命时。

c. 分、合短路事故电流后。

53. 怎样对真空断路器进行定期检修与试验?

真空断路器的定期检修与试验见表2-23。

表 2-23　真空断路器的定期检修与试验

序号	检查、试验项目	主 要 内 容	周期/(次/年)	备 注
1	分、合闸动作检查	检查分、合闸指示器,手动分、合闸数次	1	
2	外部导电回路的一般检查	主导电回路的紧固件检查,氧化情况检查	1	
3	操作机构检查	清扫,润滑,控制回路紧固件检查	1	
4	测量绝缘电阻	测量主回路、控制回路对地的绝缘电阻	1	要求主回路对地的绝缘电阻为1000MΩ以上,控制回路对地的绝缘电阻为2MΩ以上
5	各部分的检查与清扫,操动机构的检测	真空灭弧室表面的清扫,各部分紧固件的检查及紧固;与触头行程有关的所有部件及其位置的检查;弹簧的检查与修整	2	行程、超行程、缓冲器等检测
		分、合特性试验	2年一次	手动和电动分、合闸动作试验,检查同期性和分合速度
		触头电磨损量的测量	2年一次	测量超行程尺寸,触头电磨损量由超行程的变化确定
6	动作试验	最低合闸电压和脱扣电压的测量	1	80%额定合闸电压及65%额定分闸电压应能准确动作
7	真空灭弧室极间交流耐压试验	触头间的击穿电压测量	1	额定电压为10kV,试验电压为42kV,历时1min。如低于38kV,则需更换灭弧室
8	控制回路	检查辅助开关的动作及接点是否正常,控制回路接线的端子有无松动	1	

54. 怎样更换真空断路器的灭弧室?

真空灭弧室的结构如图 2-9 所示。如果发现真空灭弧室漏气或者真空断路器短路故障达到技术规范规定的次数，则应更换灭弧室。更换步骤及注意事项如下。

① 拆下损坏的灭弧室。

② 检查新灭弧室导电接触面是否良好，并用细砂布磨光，导电接触面上不许沾有油污。然后装上新的灭弧室。

③ 仔细调整导电杆，使其处于灭弧室的中间位置。

④ 调整超行程和触头开距，直至符合规定要求。

⑤ 对灭弧室触头做交流耐压试验。

⑥ 将断路器合闸，测量主回路电阻。

⑦ 各项试验合格后，应在不带负荷下合闸、分闸数十次，确认无故障后方可投入运行。

55. 怎样检验真空断路器真空灭弧室的真空度？

真空灭弧室是真空断路器的主要部件。真空断路器是依靠真空灭弧室的真空作为绝缘介质和灭弧介质来接通和分断电路的。真空灭弧室的真空度直接影响真空断路器的性能。要满足真空灭弧室的绝缘度要求，真空度不得低于 6.6×10^{-2} Pa。通常真空灭弧室的真空度在 $10^{-7} \sim 10^{-9}$ Pa 之间，但是由于制造质量、安装和运行等方面的原因，真空灭弧室的真空度会逐渐降低，因此平时应注意对真空灭弧室的真空度进行检查，并定期试验，以确保安全。

检测真空度的方法有以下几种。

① 观察法　查看真空灭弧室屏蔽罩的颜色，在正常情况下，屏蔽罩应光亮，呈蓝白色；当真空度降低时，屏蔽罩呈黄色；真空度严重下降时，则变为暗红色，此时应及时更换真空灭弧室。该法适用于玻璃管真空灭弧室做定性检查。

② 可用绝缘电阻粗略判断灭弧室的真空度是否良好　在正常情况下，用 2500V 绝缘电阻表测量断路器分闸触头间的绝缘电阻，应为无穷大。该电阻值越小，说明真空度越低。

③ 用真空度测试仪测试　这种方法能迅速准确地测出真空灭弧室内真空度的高低。如 ZKD-B 型真空度测试仪能对真空灭弧室

的真空度做现场免拆卸定量测量，克服了常规试验只能粗略判断严重劣化真空灭弧室的缺陷。该测试仪采用大屏幕液晶中文菜单显示，键盘操作，带打印功能和自动放电（残余电压）功能。磁性线圈采用柔性线圈，重复性好，测试数据稳定。

④ 火花计法　这种检测方法需使用火花探漏仪。检测时将火花探漏仪沿真空灭弧室表面移动，在其高频电场作用下，灭弧室内部发出不同颜色的光，再根据发光的颜色来鉴定真空灭弧室的真空度。若管内有淡青色辉光，说明真空度在 $133 \times 10^{-3}\,\mathrm{Pa}$ 以上；若管内呈蓝红色，说明管子已经失效；若管内已处于大气状态，则不会发光。

⑤ 交流耐压法　这是检测运行中真空断路器真空灭弧室真空度的常用方法。其方法是触头为额定开距，在触头间施加额定试验电压，如果真空灭弧室内发生连续击穿或持续放电，表明真空度已严重降低，否则表明真空度符合要求。交流耐压试验一般每年进行一次。

56. 怎样用交流耐压试验检测真空灭弧室的真空度？

真空断路器主回路对地、相间及断口的交流耐压试验电压值见表 2-24。

表 2-24　真空断路器交流耐压试验电压值

系统标准电压/kV	设备最高电压/kV	试验电压(有效值)/kV			加压时间/min
		相对地	相间	断口	
3	3.6	25	25	25	1
6	7.2	30(20)	30(20)	30	1
10	12	42(28)	42(28)	42(28)	1
15	18	46	46	56	1
20	24	65	65	65	1
35	40.5	95	95	95	1

注：括号内数据对应低电阻接地系统，括号外数据对应非低压接地系统。

试验方法如下。

① 真空灭弧室的触头保持在额定开距。在灭弧室动定两极间施加交流试验电压。

② 调节调压器，让电压由零逐渐升至 70％额定工频耐受电压，稳定 1min，然后再用 0.5min 时间均匀升至额定交流耐压试验电压。若在额定耐压试验电压下能保持 1min 不出现试验设备跳闸或电流突变，即认为该装置的真空度为合格。

③ 试验变压器电流的整定。对单只真空灭弧室进行交流耐压试验时，高压侧电流应整定在 20mA。

④ 当试验变压器的容量较大时，应在高压侧设置 50kΩ 左右的限流电阻，以保护试品及试验设备。

57. 怎样抑制真空断路器的操作过电压？

真空断路器由于本身结构等原因，在接通和分断电路时都可能发生操作过电压。若不能有效地抑制操作过电压，就有可能损坏断路器及用电设备。

造成真空断路器过电压的主要原因如下。

① 截流过电压。真空断路器工作时产生的截流过电压 U_g 的大小，主要取决于截流值 I_j 的大小及负荷的电感 L 和电容 C 的比值，即

$$U_g = I_j / \sqrt{L/C}$$

新型真空断路器由于采用铜铬触头，截流值 I_j 一般能做到 5A 以下，因此其截流过电压值受到了限制，但它仍是影响安全运行的主要因素。

② 电弧重燃或重击穿产生的过电压。产生电弧重燃或重击穿的原因与触头表面的洁净和平整程度及真空泡内的状况有关。制造厂常采用"运行老炼"的方法来提高触头间的耐压强度。

③ 合闸时触头弹跳引起的合闸过电压。合闸时触头弹跳可能会引起电弧重燃，既能引起过电压，又会加速触头的磨损而影响寿命。老式的 ZN2-10 型真空断路器合闸时触头弹跳次数高达 3～4 次，持续 4～5min。而 ZN12 等新型真空断路器合闸时，触头弹跳时间很短，一般认为不会超过 1ms，不会引起重燃。

截流过电压主要发生在真空断路器断开小电感电流时。截流过

电压的大小与截流值及负荷的电感成正比。

当真空断路器断开容性电流或大的电感电流时，有可能发生重燃或重击穿过电压。

另外，操作过电压与断路器的分断速度有关。分断速度越快，越不容易发生重击穿现象。

为了抑制真空断路器的操作过电压，操作电弧炼钢炉、大功率晶闸管装置、大型电动机、变压器等设备的真空断路器，可选用电容或 RC 吸收电路；控制移相电容器等设备的真空断路器可选用氧化锌避雷器等；具体抑制措施如下。

① 在电感负荷上并联电容。利用电容器两端电压不会突变的性质，可以减缓过电压的上升陡度，并可降低截流过电压。如用于变压器保护时，可在变压器高压侧并接 $0.1\sim0.2\mu F$ 的电容器。

② 在电感负荷上并联 RC 保护电路。这种电路能降低截流过电压及过电压上升陡度，还能在高频电弧复燃时用电阻 R 吸收能量，起限制重复性高频过电压的作用。电容 C 的容量一般取 $0.1\sim0.2\mu F$，电阻 R 的阻值取 $100\sim200\Omega$。具体计算见第 58 问。

③ 串联电感保护。在真空断路器与电动机供电电缆之间串接 $100\mu H$ 左右的电感，用以降低过电压的上升陡度和峰值，减小重燃时的高频振荡电流。注意，电感要靠近真空断路器安装。

④ 在负荷上并联电容和避雷器。避雷器用于限制过电压的幅值。其中氧化锌压敏电阻是一种无灭弧间隙的避雷器，在正常工作电压下阻值很大，电流很小。当出现过电压时，阻值剧降，犹如晶体稳压管可以稳压一样，能有效地防止负载过电压。具体计算见第 59 问。

此外还可安装西门子公司的 3EF1 型过电压吸收装置。

58. 怎样计算抑制真空断路器操作过电压的阻容保护参数？

用真空断路器操作高压电动机的阻容保护线路如图 2-10 所示。阻容保护参数计算如下。

通常先选定电容 C 值，一般取 $0.1\sim0.5\mu F$，然后按下式估算

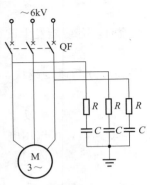

图 2-10　阻容保护线路

电阻 R 值，即

$$R \approx Z = \sqrt{L/C}$$

式中　R——电阻，Ω；

　　　C——电容，F；

　　　L——电动机每相转子、定子的总

　　　　　漏感，H，$L = \dfrac{U_e}{\sqrt{3}\,\omega I_q}$；

　　　U_e——电动机额定电压，V；

　　　I_q——电动机启动电流，A，$I_q = 6I_e$；

　　　I_e——电动机额定电流，A；

　　　ω——电源角频率，$\omega = 2\pi f = 2\pi \times$

　　　　　$50 = 314$。

因此总漏感也可用下式表示，即

$$L = \frac{U_e}{3260 I_e}$$

算出 R 值后，便可取接近于该值的标准电阻。

电容 C 的耐压可按 $U_C \geqslant (2 \sim 2.5) U_e$ 选择。

电阻功率的计算如下。

电动机正常工作时流过电阻的电流为

$$I'_R = \frac{U_e}{\sqrt{3}} / Z \approx \frac{U_e}{\sqrt{3}} / X_C = \frac{U_e \omega C}{\sqrt{3}}$$

发生操作过电压时流过电阻 R 的电流为

$$I_R \geqslant \frac{(2 \sim 2.5) U_e}{\sqrt{3}\, X_C} = (2 \sim 2.5)\omega C U_e / \sqrt{3}$$

发生操作过电压时流过电阻 R 的电流较大，由于流过的时间短，因此可按下式选择 R 的功率：

$$P_R = \frac{1}{4} I_R^2 R$$

[例 2-1]　一台 Y400-4 型高压电动机，额定功率为 500kW，

额定电压为 6kV，额定电流为 58.6A，采用西门子 3AF 真空断路器操作。为抑制操作过电压，采用 RC 浪涌抑制器，试选择 RC 参数。电路接线如图 2-10 所示。

解

电动机每相转子定子总漏感为

$$L = \frac{U_e}{3260 I_e} = \frac{6000}{3260 \times 58.6} = 31.4 \times 10^{-3} \text{H}$$

选取电容 $C = 0.22\mu\text{F} = 0.22 \times 10^{-6}\text{F}$，电容耐压为（虽然为 Y 接线，应除以 $\sqrt{3}$，但考虑操作过电压峰值比有效值约大 $\sqrt{3}$ 倍）。

$$U_C \geqslant (2 \sim 2.5) U_e = (2 \sim 2.5) \times 6 = 12 \sim 15 \text{kV}$$

电阻 R 为

$$R = \sqrt{\frac{L}{C}} = \sqrt{\frac{31.4 \times 10^{-3}}{0.22 \times 10^{-6}}} = 377.8\Omega，取标称值为 360\Omega 的$$

电阻。

正常时流过电阻的电流为

$$I'_R = \frac{U_e \omega C}{\sqrt{3}} = \frac{6000 \times 314 \times 0.22 \times 10^{-6}}{\sqrt{3}} = 0.24 \text{A}$$

发生过电压时流过电阻的电流为

$$I_R = (2 \sim 2.5)\omega C U_e / \sqrt{3} = (2 \sim 2.5) \times 314 \times 0.22 \times 10^{-6} \times 6000 / \sqrt{3}$$
$$= 0.48 \sim 0.60 \text{A}$$

电阻功率为（设 $I_R = 0.6\text{A}$）

$$P_R = \frac{1}{4} I_R^2 R = \frac{1}{4} \times 0.6^2 \times 360 = 32.4\text{W}，取 40\text{W}$$

因此，可选用 360Ω、40W 的电阻。

59. 怎样计算抑制高压真空接触器操作过电压的压敏电阻保护参数？

采用压敏电阻保护时，其接线如图 2-11 所示。定子绕组为星形的电动机，压敏电阻应采用三角形接法。压敏电阻保护参数计算如下。

$$U_{1\text{mA}} \geqslant (2 \sim 2.5) U_g$$

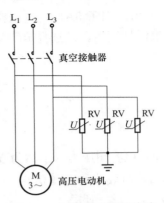

图 2-11　压敏电阻保护线路

$$I_e \geqslant 5kA$$

式中　U_{1mA}——压敏电阻的标称电压，V；

U_g——工作电压，V，如接于线电压上，$U_g = U_{UW} = 380V$；

I_e——压敏电阻的通流容量，kA。

对于 6kV 高压电动机，压敏电阻可采用 MY31G-6 型（6kV）或 ZNR-LXQ-Ⅱ 型（6kV）等。要求残压比（U_{100A}/U_{1mA}）尽可能小些。

另外，还可以将 RC 浪涌抑制器与压敏电阻并用，其抑制过电压效果更好，其接线如图 2-12 所示。

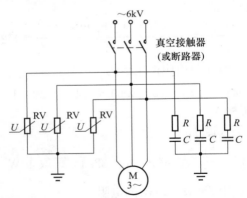

图 2-12　RC 浪涌抑制器与压敏电阻并用的接线

60. 真空断路器有哪些常见故障？怎样处理？

真空断路器的常见故障及处理方法见表 2-25。

虚线框内部分为所加的时间继电器（分闸回路类同）。工作原理为：当微机发出合闸指令后，CPUHJ 触点闭合，时间继电器

KT 延时断开常闭触点闭合，合闸接触器线圈 KM 得电，主触点闭合，合闸线圈 KC 和 KT 得电，真空断路器合闸。当出现异常情况，断路器辅助触点 QF 不可靠断开或插座的接线柱之间短路时，KT 延时断开常闭触点断开，KM 失电，主触点断开，合闸线圈 KC 失电，从而避免烧坏的可能。

表 2-25　真空断路器的常见故障及处理方法

故障现象	可能原因	处理方法
电动合不上	铁芯与柱杆松动	卸下静铁芯，调整铁芯位置，使用手力即可合闸。合闸完毕，掣子与滚轮间应有 1～2mm 间隙
合闸合空	掣子扣合距离太小，未过死点	将调整螺钉向外调，使掣子过死点。完毕后，将螺钉紧固，并以红漆点封
电动不能脱扣	掣子扣得太多	将螺钉向里调，紧固螺母
	分闸线圈接线松脱	重新接线
	操作电压过低	调整操作电压以符合要求
分、合闸线圈烧坏	①辅助开关触点接触不良 ②辅助开关触点动作不可靠	①用砂纸打磨触点或更换辅助开关 ②可在分、合闸线圈上并联一只时间继电器来彻底解决，见图 2-13 中虚线框内部分
分闸时灭弧室中的弧光呈橙红色	灭弧室真空度降低	检修或更换灭弧室
分闸时灭弧室中的弧光呈紫色或白色	灭弧室漏气	更换灭弧室
操作过电压	操作感性负荷，而断路器限止电压装置不当或失效	做好真空断路器的防止过电压措施，详见第 58 问和第 59 问
爆炸	①遮断容量不够 ②过电压或合闸涌流引起 ③二次控制回路中，辅助开关的位置接点接触不可靠，合闸时产生"跳跃"，引起断路器严重过电流和过电压冲击 ④用于控制补偿电容器的断路器未装防跳继电器 ⑤用于控制补偿电容器的断路器，电容器的放电回路接地不可靠，放电不彻底，当断路器在送电瞬间，会因电容器的反向电压造成合闸涌流剧增	①正确选用真空断路器，保证其在实际使用条件下有足够的遮断容量 ②采取防过电压措施，限制过电压及合闸涌流 ③对作用于位置接点的辅助开关应加强巡视检查、定期测试，杜绝接触不可靠现象 ④用于控制补偿电容器投入和断开的断路器，需装防跳继电器 ⑤电容器应可靠接地。如果补偿装置采用电压互感器作放电线圈，则最好在电压互感器二次侧接上一只灯泡，进一步保证放电可靠

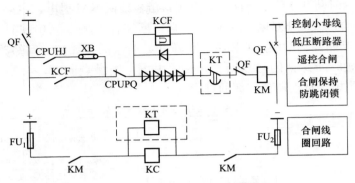

图 2-13　真空断路器合闸回路部分

　　KT 的整定时间应分别大于真空断路器的合、分闸时间（如真空断路器的合闸时间为 0.1s，KT 的延时时间可整定为 1.0s），时间整定不宜过长，以防线圈发热。

第3章

操动机构、高压隔离开关和负荷开关

61. 什么是操动机构？它有哪些主要技术要求？

操动（作）机构是高压开关设备的重要组成部分，通过它来准确地分、合高压开关设备。据统计，在配电网开关设备故障中，70%以上为操动机构机械故障，因此对操动机构必须引起足够的重视。

操动机构可分为断路器操动机构和隔离开关操动机构两类；按其操动能量来源分，主要有电磁式、弹簧储能式和手动式三种，此外还有气动式和液压式等。

操动机构的主要技术要求如下。

① 手动合闸操作一般仅允许用于额定开断电流不超过 6.3kA 的场合。

② 动力合闸时，只要操作能源的电压为额定值的 85%～110%，应能合上或断开额定电流而不产生异常现象。

③ 分励脱扣器有独立的直流电或交流电供给分闸电磁铁。当脱扣线圈的电压为其额定值的 65%～120% 时，应可靠地分闸；当线圈电压小于额定值的 30% 时，则不能分闸。

④ 过电流脱扣器由电流互感器供电给过电流脱扣电磁铁，其脱扣电流为 2.5～10A（延时动作）和 2.5～15A（瞬时动作），脱扣电流的误差为 ±10%。

⑤ 欠压脱扣器由电压互感器直接供电，线圈电源为交流。当线圈电压达到额定电压的 85% 时，应可靠地吸合；当线圈电压降低到额定电压的 40% 时，应可靠地释放；当线圈电压大于 65% 额定电压时，铁芯不得释放。

⑥ 防跳跃。在断路器关合线路过程中，如遇到故障，则在继电保护作用下会立即分闸，此时可能合闸命令尚未撤除，操动机构又立即自动合闸，出现跳跃现象。这种现象是不允许的。因此，要求操动机构具有防跳跃措施，避免再次或多次合、分故障线路。

62. 什么是手动操动机构？怎样调整？

手动操动机构是手动合闸、手动或电动（有脱扣装置）分闸的高压电器的控制设备。

手动操动机构是高压开关设备（如油断路器、高压隔离开关等）的重要组成部分，通过它来准确地分、合高压开关设备。现以CS2 型手动操动机构与 SN10 系列少油断路器配套安装为例，介绍机构的调整方法。

CS2 型手动操动机构的外形如图 3-1（a）所示，它与少油断路器的配合如图 3-1（b）所示。

① 操动机构处于分闸位置，将牵引杆 3 通过固定在开关杠内的传动轴承及断路器侧的连杆 15 与断路器的拐臂相连。

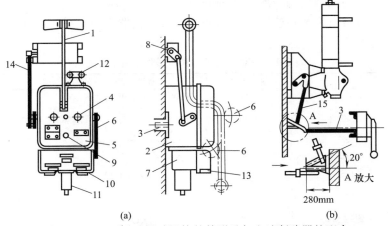

(a)　(b)

图 3-1　CS2 型手动操动机构的外形及与少油断路器的配合

1—手柄；2—底盒；3—牵引杆；4—固定螺钉；5—接地螺钉；
6—指示板；7—继电器铸铁盒；8—辅助开关；
9—扣住失压脱扣器的按钮；10—瞬时过载脱扣器；11—失压脱扣器；
12—故障信号开关；13—导线孔；14—连杆Ⅰ；15—连杆Ⅱ

② 在分闸位置，当操动机构的手柄向下拉动时，已经脱扣的脱扣机构应能重扣在半圆钩上。若操动机构的手柄到达下面止钉前过早地扣住，则牵引杆 3 必须缩短；反之，若操动机构的手柄到达下面止钉后尚未扣住，则牵引杆 3 必须放长。

如装有失压脱扣装置，则必须将失压脱扣装置的撞头压下后再进行手动操作合闸。

③ 若断路器合闸后行程不够（即未合到对准刻线），则应缩短连杆 15，牵引杆 3 应放长。

④ 检查与调整辅助开关 8 与连杆 14 之间的角度。在分、合位置时都应大于 30°，否则接近死点时会使连杆弯曲。

CS2 型手动操动机构失压脱扣器动作电压为额定电压的35%～65%；分励脱扣器动作电压为额定电压的 65%～120%。

63. 手动操动机构怎样与所操作开关配合？

手动操动机构与所操作的开关配合见表 3-1。

需指出，凡新建和扩建的变电所，断路器不应只采用手动操动机构。

表 3-1　手动操动机构和所操作的开关配合

型　号	使用环境	所操作的开关名称或型号
CS1-XG	户外	GW-35GK、GW5-60GK、JW1
CS6-1T	户内	$GN6-\frac{6}{10}T$、$GN8-\frac{6}{10}-T$、$GN5-\frac{6}{10}$
CS6-2	户内	GN1/2-10、GN2-20、GN2-35
CS6-2T	户内	GN2-35T
CS7	户内	GN2-10、GN3-10（3000A）
CS8	户外	$GW1-\frac{6}{10}$
CS8-2D	户外	GW2-35D、GW2-35GD
CS8-6D	户外	GW4-35D、GW2-35GD
CS8-3	户外	GW2-35、GW2-35G
CS9	户内	GN10-10T
CS11	户外	GW4-10、GW4-35
CS11-G	户外	GW2-35G、GW4-10、GW4-35
CS11-1	户外	GW4-15
CS14-G	户外	GW4-35D
CS3-T	户内	FN3-10（内具脱扣电磁铁）
CS4	户内	FN2-10R
CS4-T	户内	FN2-10R（内具脱扣电磁铁）
CS13	户内	DN3-10（内具脱扣器）
CS15	户内	SN-10（内具脱扣器）
CS2		高压断路器和人工接地刀（内具脱扣器）

64. 什么是电磁操动机构？它对电源有何要求？

电磁操动机构是一种利用电磁铁吸合与释放来操作的控制设备。电磁操动机构有 CD2 型和 CD10 型两种。CD2 型供操作高压断路器用；CD10 型是 CD2 型的改进产品，用于操作 SN10-10 型高压少油断路器。

CD10 型操动机构的结构如图 3-2 所示。它由传动部分、合闸电磁铁、脱扣器（分励线圈）和缓冲底座等部分组成。

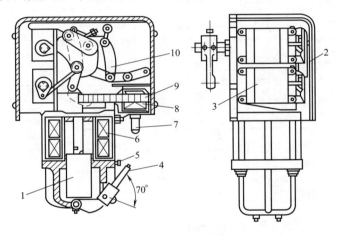

图 3-2 CD10 型操动机构的结构

1—合闸铁芯；2—分合指示牌；3—F₄ 型辅助开关；4—手力合闸曲柄；5—接地螺钉；
6—合闸线圈；7—分闸铁芯；8—分闸线圈；9—接线板；10—自由脱扣机构

采用电磁操动机构时，对合闸电源有如下要求。

① 在任何运行工况下，合闸过程中电源电压应保持稳定。

② 运行中电源电压如有变化，其合闸线圈通流时，端子电压应不低于额定电压的 80%（在额定短路关合电流大于或等于 50kA 时不低于额定电压的 85%），最高不得高于额定电压的 110%。

③ 当直流系统运行接线方式改变时，也应满足②项要求。

65. 电磁操动机构怎样与所操作断路器配合？其分合闸线圈数据如何？

高压断路器各种电磁操动机构分合闸线圈数据见表 3-2。

表 3-2 高压断路器各种电磁操动机构分合闸线圈数据

型号	合闸线圈				掉闸线圈				质量 /kg	所配断路器型号
	所需电流/A		电阻/Ω		所需电流/A		电阻/Ω			
	110V	220V	110V	220V	110V	220V	110V	220V		
CD2-40G	195	97.5	0.56	2.16	5	2.5	22	88	45	ZN-35
CD2-40G	195	97.5	0.564	2.26	5	2.5	22	88	45	DW1-35,SN$\frac{1}{2}$-10 SN1-10G(1000d)
CD2-40	172	86	0.64	2.6	5	2.5	22	88	45	SN2-10G$\binom{400d}{600d}$
CD3-346	157	78.5	0.7	2.8	5	2.5	22	88	190	DW2-35,SN3-10
CD3-XGI	286	143	0.385	1.54	5	2.5	22	88	254	SW2-35
CD4-78	200	100	0.55	2.2	5	2.5	22	88	80	SW1-35
CD5-370	490	245	0.225	0.9	8	4	13.75	55	800	DW2-110
CD5-370G	310	155	0.355	1.42	5	2.5	22	88	475	SW4-10
CD5-G	470	235	0.234	0.936	5.5	2.75	20	80	900	SW3-110G
CD6-380	480	244	0.225	0.9	10	5	11	44	590	DW3-110G
CD6-165	170	85	0.65	2.6	10	5	11	44	390	DW3-110(G)F
CD9-165	266	133	0.414	1.656	10	5	11	44		DW2-35G
CD11	157	78.5	0.702	2.808	5	2.5	22	88		DW3-35
CD12	195	97.5	0.564	2.26	5	2.5	22	88		DW12-10(G)
CD13	240	120	0.46	1.85	5	2.5	22	88	40	SN10-10
CD-40	200	100	0.55	2.2	5	2.5	22	88	45	SN11-10
SOF-3B	70	35	1.57	6.28	4	2	27.5	110		D750

66. 什么是弹簧（储能）操动机构？它有哪些主要技术数据？

弹簧（储能）操动机构由交、直流两用串励电动机使合闸弹簧储能，在合闸弹簧放能的过程中，将断路器合闸。常用的有 CT7 型（原 CD7-10 型）、CT8 型。它们适用于 3～10kV 和小容量的 35kV 的断路器，能用于对断路器进行一次快速自动重合闸，以及备用电源的自动投入及其他自动化操作。除电动机储能合闸外，也可手动储能合闸。

CT7 型弹簧储能操动机构的主要技术数据如下。

（1）储能电动机

型式：单相交流串励整流子式。

额定电压：交流 220V。

额定功率：369～430W。

额定转速：5000r/min。

额定电压下储能时间：不大于 5s。

电动机工作电压极限范围：187～242V。

（2）合闸电磁铁参数（见表 3-3）

（3）脱扣器参数（见表 3-4～表 3-7）

表 3-3　CT7 型操动机构合闸电磁铁参数

电压种类		交流			直流			
额定电压/V		110～127	220	380	24	48	110	220
额定电流/A	铁芯释放	2.2～2.54	1.8	1.05	15.2	8.3	3.9	2.08
	铁芯吸合	0.8～0.92	0.6	0.35				
额定功率/V·A	铁芯释放	242～322	396	400	365	399	430	458
	铁芯吸合	88～117	132	133				
20℃时线圈电阻/Ω		30	79	240	1.58	5.78	28.2	106
动作电压范围		85%～110%额定电压			80%～110%额定电压			

表 3-4　瞬时过流脱扣器（1 型脱扣器）参数

脱扣电流等级/A		线圈阻抗/Ω		脱扣功率/V·A		脱扣电流允许误差
		铁芯释放	铁芯吸合	铁芯释放	铁芯吸合	
5～10	5	0.985	2.6	23	60	±10%
	7.5	0.423	1.17	22	60	
	10	0.239	0.67	22	61	
10～15	10	0.28	0.7	23	59	
	12.5	0.19	0.47	25	62	
	15	0.15	0.35	30	69	

表 3-5　电流切断电磁铁（5 型脱扣器）参数

脱扣电流	3.5A	
	铁芯释放	铁芯吸合
线圈阻抗/Ω	2.12	4.6
脱扣功率/V·A	26	56

表3-6　电压切断电磁铁（4型脱扣器）参数

电压种类		交流			直流			
额定电压/V		110～127	220	380	24	48	110	220
额定电流/A	铁芯释放	1.25～1.44	0.78	0.66	2.57	1.26	0.86	0.73
	铁芯吸合	0.42～0.485	0.31	0.255				
额定功率/V·A	铁芯释放	138～183	172	250	62	61	95	160
	铁芯吸合	46～62	68	97				
20℃时每个线圈电阻/Ω		52	127	343	9.35	37.9	128	302
动作电压范围		65%～120%额定电压						

表3-7　失压脱扣器（3型脱扣器）参数

额定电压/V	额定电流/A		额定功率/V·A		20℃时每个线圈电阻/Ω
	铁芯释放	铁芯吸合	铁芯释放	铁芯吸合	
110	0.7	0.16	77	17.6	60
220	0.4	0.062	88	13.6	360
380	0.26	0.056	98.8	21.6	708

注：线圈电压小于35%额定电压时，铁芯可靠地释放，大于85%额定电压时，铁芯可靠地吸合。

67. 怎样选择户外刀开关电动操动机构的电动机功率？

户外刀开关电动操动机构电动机功率的选择应考虑严冬开关结冰及电动机过载能力等，可按以下公式选择：

$$P=\frac{Mn_e}{9555}, \quad M=\frac{k_1 M_{max}}{k_2 k_3}$$

式中　P——电动机功率，kW；

n_e——电动机额定转速，r/min；

M——电动机输出力矩，N·m；

M_{max}——操作过程中需要的最大输出力矩，N·m；

k_1——安全系数，考虑破冰等取 $k_1 > 2$；

k_2——减速装置传动比；

k_3——电动机过载倍数，考虑短时工作，单相串励电动机 $k_3 > 2$，三相异步电动机 $k_3 = 1.8$，直流电动机 $k_3 = 1.5$。

68. 怎样安装和调整电动操动机构?

电动操动机构的安装和调整应符合以下要求。

① 操动机构应安装牢固,同一轴线上的操动机构安装位置应一致。

② 电动操作前,应先进行多次手动分、合闸,机构动作应正常。

③ 电动机的转向应正确;机构的分、合指示应与设备的实际分、合位置相符。

④ 机构应动作平稳,无卡阻、冲击等异常情况。

⑤ 限位装置准确可靠,到达规定开、合极限位置时应可靠地切除电源。

⑥ 如果电动操动机构用于油断路器上,则合闸时还应注意以下要求。

a. 将操作手把拧到终点位置,并监视合闸电流表的启动值是否达到合闸电流的正常值范围。合闸指示红灯亮后,即将手把返回到中间位置。

b. 手把返回中间位置后,合闸电流表应指示在零位,否则说明合闸接触器脱不开,这时会烧毁合闸线圈,应断开油断路器进行检修。

c. 断路器合闸后内部应无异常声响。

69. 怎样检查和维护操动机构?

操动机构的日常检查和维护内容如下。

① 检查传动杆、传动部件有无变形、卡阻现象。

② 检查并拧紧各固定螺钉。

③ 检查开口销有无弯坏、脱落现象。

④ 检查传动杆、传动部件或底座有无锈蚀,若已锈蚀,应除锈并用含锌涂料进行防锈处理。

⑤ 检查联锁装置动作是否正常。

⑥ 检查传动机构弹簧是否失去弹力，如失去应有的弹力，应予以更换。

⑦ 检查接线端子有无污损、松动；清洁端子，更换损坏的端子，并拧紧接线螺钉。

⑧ 检查布线及引线有无损伤。

⑨ 检查开关触头部件有无损伤，如触头被电弧烧损严重，应予以更换。

⑩ 检查合闸、分闸电磁铁是否良好，有无过热烧焦现象。损坏的线圈应重绕或更换。

⑪ 测定整个控制回路对地的绝缘电阻。用 500V 兆欧表测量，绝缘电阻应不小于 2MΩ。

70. 交流操作断路器的跳闸、合闸线路是怎样的?

35kV 及以下接线简单的小容量变电所和小容量水电站的断路器，常采用交流操作电源。断路器交流操作一般由电流互感器、电压互感器或厂、所用变压器供电。电压互感器次级安装一只 100/220V 的隔离变压器就可得到供给控制回路和信号回路的交流操作电源。

图 3-3 所示为断路器操作及继电保护接线。继电保护接线展开图如图 3-4 所示，手动操动电路接线如图 3-5 所示。断路器操动机构采用 CS1 型或 CS2 型，操动机构各触点分合情况及信号指示见表 3-8。

图中，TA_u、TA_w 为 U 相和 W 相电流互感器，KI_1、KI_2 为电流继电器，工厂一般采用 GL-15 型、GL-16 型、GL-25 型、GL-26 型，在电流不大于 150A 的情况下，其触点可以将这个电路分流接通与分流断开；YR_1、YR_2 为断路器过流脱扣器，YR_3 为断路器手动脱扣器，它们都安装在 CS2 操动机构内。

表 3-8 中的手动合闸、拉闸是指利用 CS2 操动机构的操作杆合闸、拉闸；手动跳闸是指按动跳闸按钮 SB 的跳闸；自动跳闸是指电流继电器 KI_1、KI_2 动作引起的跳闸。采用三种颜色信号灯，便

于监视及事故分析。

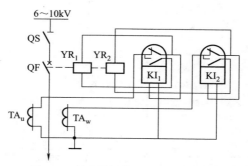

图 3-3　断路器操作及继电保护接线

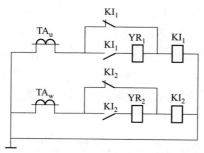

图 3-4　继电保护接线展开图

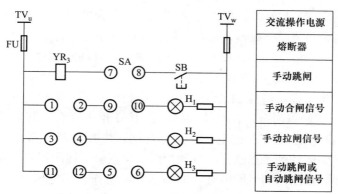

图 3-5　手动操作电路接线

表 3-8　CS2 型操动机构各触点闭合表及信号指示

触点及信号灯	手动拉闸	手动合闸	手动跳闸	自动跳闸
1-2		×	×	×
3-4	×			
5-6		×	×	×
7-8	×			
9-10	×	×		
11-12			×	×
H₂(绿)	亮			
H₁(红)		亮		
H₃(黄)			亮	亮

注：×表示闭合。

在正常情况下，电流继电器 KI_1、KI_2 的常闭触点将断路器 QF 的跳闸线圈 YR_1、YR_2 短接，跳闸线圈不通电。当供电系统发生相间短路等故障时，KI_1、KI_2 动作，其常闭触点断开，从而使电流互感器的次级电流完全通过跳闸线圈，使断路器跳闸。

图中电流继电器的一对常开触点与跳闸线圈串联，其目的是避免电流继电器的常闭触点在线路正常运行时偶然断开而造成误跳闸的事故。

71. 直流操作断路器的跳闸、合闸线路是怎样的？

简单的断路器直流操作线路如图 3-6 所示。

图中，YA 为断路器的合闸线圈；YR 为断路器的跳闸线圈；KM 为合闸辅助接触器，通过它使合闸线圈动作（合闸线圈所通过的电流为 50～400A）。QF 为断路器轴上附有的辅助触点，SA 为控制开关，WS 为闪光电源小母线。

工作原理：当控制开关 SA 转到合闸位置（手控电动合闸）时，5、8 触点闭合，合闸辅助接触器 KM 得电吸合，其常开触点闭合，合闸线圈 YA 得电，断路器合闸。当断路器合闸即将完成时，其常闭辅助触点断开，自动切断合闸接触器线圈回路，KM 失电释放，切断合闸线圈电流，断路器合闸动作全部完成。由于 SA 在"合闸后"位置，16、13 触点闭合，红色信号灯 H_1 亮。如果

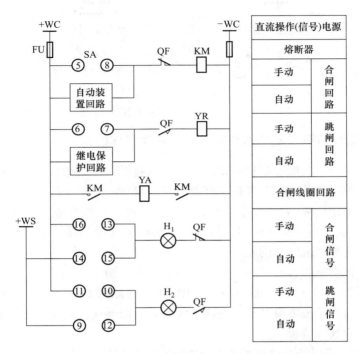

图 3-6　断路器直流操作线路

通过自动装置进行自动合闸，控制开关 SA 在"跳闸后"位置，14、15 触点闭合，红色信号灯 H_1 发出闪光指示。

当 SA 转到"跳闸"位置时，SA 的 6、7 触点闭合，跳闸线圈 YR 得电吸合，使断路器跳闸。在跳闸即将完成时，断路器 QF 的常开辅助触点断开，自动地切断跳闸线圈回路。如果是通过继电保护动作自动跳闸的，则 SA 在"合闸后"位置，9、12 触点闭合，断路器 QF 的常开辅助触点闭合，绿色信号灯 H_2 发出闪光指示。

为了使值班人员在断路器跳闸后能及时发现，除绿色灯闪光信号外，还要求发出事故跳闸音响信号。事故音响启动回路如图 3-7 所示。为了实现只有在控制开关 SA 处于"合闸后"位置时才能接

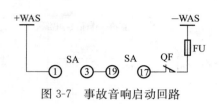

图 3-7　事故音响启动回路

通 SA 的触点，图中将 SA 的 1、3 触点和 19、17 触点相串联。在断路器自动跳闸后，QF 辅助触点闭合，接通警报母线（WAS）电路，发出断路器事故跳闸音响信号。

72. 带防跳跃装置的断路器控制线路是怎样的？

所谓"跳跃"是指断路器在手动或自动装置动作合闸后，如果操作控制开关未复归或控制开关触点、自动装置触点被卡住，此时保护动作使断路器跳闸，发生多次的"跳—合"现象。所谓"防跳"，就是利用操作机构本身机械闭锁或另在操作接线上采取措施防止这种"跳跃"的发生。

各型断路器的"防跳"装置由下列方式构成。

① 对 6～10kV 断路器，使用 CD10（原为 CD2）型操作机构时，因其机械本身具有"防跳"装置，不需要在控制回路中另加电气"防跳"装置。

② 采用防跳继电器 KAp 构成电气"防跳"装置。

在图 3-8 中，控制开关 SA 采用 LW2-z-1a，4，6a，40，20/F8，中间继电器 KAp 采用 DZB-115，220V。

工作原理：断路器 QF 合闸时，控制开关 SA 的 5、8 触点闭合，合闸接触器 KM 得电吸合，断路器合闸送电。如果合闸于故障上，保护出口继电器 KA 的常开触点闭合，接通了中间继电器 KAp 的电流启动线圈，KAp 启动。如果 SA 此时尚未松手复位，5、8 触点仍闭合，则 KAp 通过本身的电压保持线圈自保，同时 KAp 的常闭触点断开，KM 失电释放，防止断路器两次合闸，避免了断路器的跳跃。继电器 KA 一直保持到开关 SA 复位后才自行释放，从而达到了防跳目的。

出口继电器 KA 的常开触点与 KAp 的常开触点并联，保证了跳闸回路（YR）只能由断路器 QF 的常开辅助触点切除，保护了

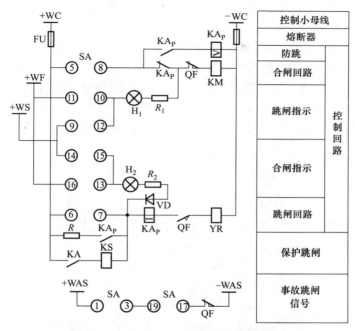

图 3-8　35kV 及以上断路器"防跳"线路

出口继电器 KA 的触点。如果 KA 的常开触点回路中串接有信号继电器 KS 时，为了保证 KS 的可靠动作，在 KA$_P$ 的常开触点回路中需串接电阻 R。

　　该线路的合闸和跳闸的短时脉冲是由断路器 QF 的常开和常闭辅助触点来完成的。当断路器事故跳闸时，控制开关 SA 的触点与 QF 的辅助触点的位置不对应，发出事故信号并接通闪光母线 WS，绿色指示灯 H$_1$ 闪光。将控制开关 SA 转换至对应位置，H$_1$ 变为平光，同时解除事故信号。控制开关在"预备跳闸"位置时，红色指示灯 H$_2$ 闪光，SA 和 QF 的位置相对应。信号灯除指示断路器的位置外，还监视控制电源及跳、合闸回路的完整性。在合闸指示灯 H$_2$ 的回路中串入二极管 VD，是防止当继电保护动作后由控制母线＋WC 经保护回路、R_2、H$_2$、SA 的 13、16 触点到闪光母线

＋WF 等，消耗电容器的能量（当操作电源为硅整流电容储能直流系统时）。

③ 采用出口继电器 KA 的触点构成的"防跳"装置。

在图 3-9 中，控制开关 SA 采用 LW2-z-1a，4，6a，40，20/F8。

工作原理：如果断路器 QF 合闸于故障上，出口继电器 KA 通过本身的常开触点自锁，其常闭触点断开，合闸接触器 KM 失电释放，达到防跳目的。在控制开关 SA 复位后，KA 自锁回路断开。

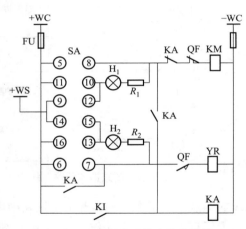

图 3-9　以出口继电器构成的防跳线路

73. 弹簧操动的断路器控制线路是怎样的?

弹簧储能式操动机构品种较多，在工厂企业中 10kV 及以下的断路器常采用 CT7 型。

CT7 型机构的弹簧储能电动机采用单相交直流串励电动机，额定功率为 369W。操动机构中可安装 1～4 只脱扣线圈。

采用 CT7 型机构的断路器控制、信号线路如图 3-10 所示。图中，SA 为控制开关，可采用 LW5 型或 LW2 型；YA 为断路器 QF 的合闸线圈，YR 为跳闸线圈；SQ 为电动机行程开关（终端开关）；M 为储能电动机；SB 为按钮；H_1 为绿色指示灯，H_2 为红色指示灯。

图 3-10 所示电路的工作原理如下。

储能：按下按钮 SB，电动机 M 启动运转，弹簧储能。弹簧储能完毕，行程开关 SQ 的常闭触点断开，电动机失电停转，SQ 的常开触点闭合，为合闸做好准备。

合闸：将控制开关 SA 顺转 45°，其 3、4 触点闭合，合闸线圈 YA 得电，使合闸弹簧释放，断路器合闸。合闸完毕，SA 自动复位，其 3、4 触点断开。断路器 QF 的常闭辅助触点断开，YA 失电，QF 的常开辅助触点闭合，红色指示灯 H_2 亮，指示断路器在合闸位置。跳闸线圈 YR 虽有电流通过，但由于 R_2 和 H_2 降压，YR 不动作。

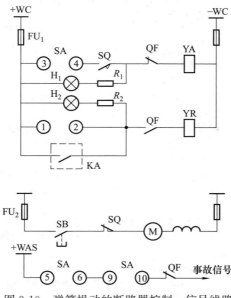

图 3-10　弹簧操动的断路器控制、信号线路

跳闸：将控制开关 SA 逆转 45°，其 1、2 触点闭合，跳闸线圈 YR 得电，使断路器跳闸。跳闸完成后，SA 自动复位，其 1、2 触

点断开，切断跳闸回路。同时断路器 QF 的常闭辅助触点闭合，绿色指示灯 H_1 亮，指示断路器在跳闸位置。合闸线圈 YA 虽有电流通过，但由于 R_1 和 H_1 降压，YA 不动作。

当断路器发生事故跳闸时（即 KA 闭合，YR 动作），QF 的常开辅助触点断开，H_2 灭，YR 失电；QF 的常闭辅助触点闭合，而这时 SA 在合闸位置，其 5、6 触点和 9、10 触点是闭合的，因此事故信号回路接通，发出报警信号。值班人员得知事故信号后，可将控制开关 SA 向跳闸方向扳转，使 SA 的触点与 QF 的辅助触点恢复对应关系，解除事故信号。

74. 操动机构有哪些常见故障？怎样处理？

操动机构的常见故障及处理方法见表 3-9。

表 3-9　操动机构的常见故障及处理方法

故障部位	故障现象及原因	处 理 方 法
传动机构和底座	①传动杆、传动部件变形 ②螺栓松动 ③开口销弯坏、脱落 ④传动杆、传动部件或底座生锈 ⑤有雨水渗入的痕迹 ⑥操作时有不正常的声音或有卡阻现象 ⑦联锁装置动作不正常 ⑧弹簧失去应有的弹力	①查明原因,校直或更换,并调整 ②拧紧螺栓 ③更换开口销 ④用含锌涂料进行防锈处理 ⑤拧紧螺栓,更换劣化的密封垫圈 ⑥查明原因,并加以调整 ⑦检查并加以调整 ⑧更换弹簧
液压机构（作高压断路器操作用）	①聚氯乙烯橡胶密封圈损坏,因为这类密封圈在夏天油温高达 50℃以上时,在高油压下容易冲坏 ②液压油不纯净,油压过高引起断路器闭锁 ③昼夜温差大	①结合检修将密封圈更换成耐高温的丁腈橡胶密封圈,最好每 3 年更换一次 ②为保持液压油纯净,禁止在检修现场滤油,阀体必须在室内解体,并规定只能用海绵擦拭零件 ③在机构箱内加装加热器及自动控温装置,使机构箱内昼夜保持恒温

续表

故障部位	故障现象及原因	处 理 方 法
电气部分	①接线端子污损、松动	①清洁端子,更换损坏的端子并拧紧
	②布线及引接线损伤	②检查布线,并做绝缘包缠或重新接线
	③开关类触头部件损伤	③检查接触面的接触情况,更换电弧烧损严重的部件
	④合闸、分闸电磁铁烧坏	④重绕线圈或整个更换
	⑤测定整个控制回路对地的绝缘电阻	⑤用 500V 兆欧表测量,绝缘电阻应不小于 2MΩ
	⑥储能电机烧坏,原因有:	⑥针对不同原因处理:
	a. 中间继电器的触点烧坏,粘连在一起	a. 在电机回路中增加一个中间继电器的常开触点,两个触点串联能增强断弧能力,避免断弧时烧毁粘连
	b. 中间继电器断弧能力不强	b. 可采用断弧能力强的直流接触器来代替中间继电器

75. 什么是隔离开关？它有哪些主要技术要求?

隔离开关的主要用途是断开无负荷的电路,并造成可见的空气间隔。由于隔离开关没有专门的灭弧装置,所以不能切断负荷电流和短路电流。但隔离开关可以切断和接通小电流的电路,例如以下几种情况。

① 断开和接通电压互感器和避雷器。

② 断开和接通电压为 35kV、长度在 10km 以内的空载输电线路。

③ 断开和接通电压为 10kV、长度在 5km 以内的空载输电线路。

④ 断开和接通变压器中性点的接地线。但当中性点上接有消弧线圈时,只有在系统没有接地故障时才可进行。

⑤ 断开和接通断路器的旁路电流。

⑥ 开合励磁电流不超过 60A 的空载变压器。符合这种条件的油浸式变压器有：电压为 10kV、容量不超过 320kV·A,电压为 35kV、容量不超过 1000kV·A 及电压为 110kV、容量不超过 3200kV·A。

隔离开关的主要技术要求如下。

① 有明显的断开点。

② 隔离开关断开点间应具有可靠的绝缘，其绝缘距离应保证在过电压及相间闪络的情况下，不致引起击穿而危及工作人员的安全。

③ 具有足够的短路稳定性。隔离开关在运行中会受到短路电流热效应与电动力的作用，所以要求它具有足够的稳定性，尤其是不能因为电动力的作用而自动断开，否则将引起严重事故。

④ 结构简单，动作可靠。户外型隔离开关在冰冻的环境条件下应能可靠地分、合闸。

⑤ 隔离开关应能承受一定的操作次数。如35kV以下的隔离开关应能完成2000次以上操作。

⑥ 隔离开关应与接地闸刀相互联锁。带有接地闸刀的隔离开关必须装设联锁机构，以保证先断开隔离开关，后闭合接地闸刀；先断开接地闸刀，后闭合隔离开关的操作顺序。

⑦ 隔离开关与断路器必须有相应的机械联锁装置，以保证只有当断路器切断电流后，才能拉开隔离开关；合闸时，必须先合上隔离开关，然后合上断路器。

76. 隔离开关的结构是怎样的？

隔离开关由底架、转轴、拉杆、闸刀、支持瓷瓶、接线板和止板等组成。户内隔离开关的结构如图3-11所示；户外隔离开关的结构如图3-12所示。

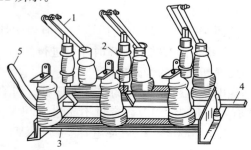

图 3-11　GN2-10 型户内隔离开关的结构

1—闸刀；2—活动绝缘子；3—杠杆；4—传动轴；5—传动杆

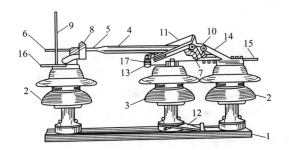

图 3-12 GW2-35 型户外 35kV、600A 隔离开关（一相）

1—底座；2—固定绝缘子；3—传动绝缘子；4—管形闸刀；5—平板铜头；

6,9—招弧角；7—铜线带；8—固定触头；10—毂轴；11—框架；12—顶杆；

13—主导杠杆；14—轴承；15,16—铜板；17—传动杠杆

77. 怎样选择高压隔离开关？

高压隔离开关应根据安装地点（户内或户外）、电源的额定电压和负荷的大小等来选择，并进行动稳定和热稳定校验。也就是说，除不考虑额定断路电流和断流容量外，其余与高压断路器的选择相同。

① 按额定电压选择，即

$$U_e \geqslant U_g$$

式中 U_e——隔离开关的额定电压，kV；

U_g——隔离开关的工作电压，即电网额定电压，kV。

② 按额定电流选择，即

$$I_e \geqslant I_g$$

式中 I_e——隔离开关的额定电流，A；

I_g——隔离开关的（最大）工作电流，A。

③ 按短路电流的动稳定校验，即

$$i_{gf} \geqslant i_{ch}$$

式中 i_{gf}——隔离开关极限通过电流峰值，kA；

i_{ch}——短路冲击电流，kA。

④ 按短路电流的热稳定校验，即

$$I_t^2 t \geqslant I_\infty^2 t_j$$

式中　I_t——隔离开关在 t_s 内的热稳定电流，kA；

　　　　I_∞——隔离开关可能通过的最大稳态短路电流，kA；

　　　　t_j——短路电流作用的假想时间，s；

　　　　t——热稳定电流允许的作用时间，s。

78. 常用高压隔离开关的技术数据如何？

户内高压隔离开关的技术数据见表 3-10；户外高压隔离开关的技术数据见表 3-11。

表 3-10　户内高压隔离开关的技术数据

型号	额定电压/kV	额定电流/A	极限通过电流/kA		5s热稳定电流/kA	操动机构型号	不带机构质量/(kg/组)
			峰值	有效值			
GN1-6/200	6	200	25		10		27
GN1-6/400	6	400	50		14		27
GN1-6/600	6	600	60		20		27
GN1-10/200	10	200	25		10		30
GN1-10/400	10	400	50		14		30
GN1-10/600	10	600	60		20		30
GN1-10/1000	10	1000	80	47	26(10s)	CS6-2	20.5
GN1-10/2000	10	2000	85	50	36(10s)	CS6-2	25
GN1-20/400	20	400	52	30	14		31
GN1-35/400	35	400	52	30	14		39.1
GN1-35/600	35	600	52	30	20		40.7
GN2-10/2000	10	2000	85	50	36(10s)	CS6-2	80
GN2-10/3000	10	3000	100	60	50(10s)	CS7	91
GN2-20/400	20	400	50	30	10(10s)	CS6-2	80
GN2-35/400	35	400	50	30	10(10s)	CS6-2	83
GN2-35/600	35	600	50	30	14(10s)	CS6-2	84
GN2-35T/400	35	400	52	30	14	CS6-2T	100
GN2-35T/600	35	600	64	37	25	CS6-2T	101
GN2-35T/1000	35	1000	70	49	27.5	CS6-2T	
GN6-6T/200 GN8-6T/200	6	200	25.5	14.7	10	CS6-1T	23/—
GN6-6T/400 GN8-6T/400	6	400	52	30	14	CS6-1T	24/—
GN6-6T/600 GN8-6T/600	6	600	52	30	20	CS6-1T	24.6/—

续表

型号	额定电压/kV	额定电流/A	极限通过电流/kA 峰值	极限通过电流/kA 有效值	5s热稳定电流/kA	操动机构型号	不带机构质量/(kg/组)
GN6-10T/200 GN8-10T/200	10	200	25.5	14.7	10	CS6-1T	25.5/—
GN6-10T/400 GN8-10T/400	10	400	52	30	14	CS6-1T	26.5/—
GN6-10T/600 GN8-10T/600	10	600	52	30	20	CS6-1T	27/—
GN6-10T/1000 GN8-10T/1000	10	1000	75	43	30	CS6-1T	50/—
GN10-20T/8000	20	8000	250	145	80	CJ2	534
GN10-10T/3000	10	3000	160	90	75	CS9 或 CJ2	43
GN10-10T/4000	10	4000	160	90	80	CS9 或 CJ2	52
GN10-10T/5000	10	5000	200	110	100	CJ2	124
GN10-10T/6000	10	6000	200	110	105	CJ2	144

注: 1. GN2型的操动机构可装在隔离开关的左边或右边。安装时可分后连接与前连接两种。安装场所采用装于支柱、墙壁、天花板横梁或金属架上。其安装位置可以立装、斜装或卧装。

2. GN8 和 GN6 在结构上基本相同，只是 GN8 将支持绝缘子改为绝缘套管，GN8根据每极绝缘套管的数量及方位不同有三种形式：Ⅱ型为一个套管，装在闸刀支座一侧；Ⅲ型为一个套管，装在静触头侧；Ⅳ型为两个套管，安装场所与方式同上。

表 3-11 户外高压隔离开关的技术数据

型号	额定电压/kV	额定电流/A	极限通过电流/kA 峰值	极限通过电流/kA 有效值	5s热稳定电流/kA	操动机构型号	不带机构质量/(kg/组)	结构特点和使用说明
GW4-10/200	10	200	15		5	CS-11	28.5	
GW4-10/400	10	400	25		10	CS-11	29.4	
GW4-10/600	10	600	50		14	CS-11	30	
GW4-35/600	35	600	50		14	CS-11	195	双柱式隔离开关系单极型，三极使用时，极间用水煤气管连起来 水平旋转分、合闸
GW4-35D/600	35	600	50		14	CS8-6D	195	
GW4-35/1000	35	1000	80		21.5	CS-11	204	
GW4-35D/1000	35	1000	80		21.5	CS8-6D	204	

续表

型号	额定电压/kV	额定电流/A	极限通过电流/kA 峰值	极限通过电流/kA 有效值	5s热稳定电流/kA	操动机构型号	不带机构质量/(kg/组)	结构特点和使用说明
GW5-35G/600-1000	35	600 1000	50	29	14	CS-G	276	"V"字形结构,三相隔离开关由三个单极组成,中间通过钢管连接
GW5-35GD/600-1000	35	600 1000	50	29	14	CS-G CS1-XG(分闸时间<0.25s)	276	两闸刀同时在与瓷瓶轴线垂直的平面内转动,完成合、分闸动作
GW5-35GK/600-1000	35	600 1000	50	29	14		276	
GW7-10/400	10	400	25		14	操作棒操作	15	
GW8-35/400	35	400				CS8-5		

79. 怎样安装和调整隔离开关?

隔离开关没有灭弧装置,不能带负荷操作,只能在电气线路已经切断的情况下用来隔离电源,使在其后的配电装置不带电。

隔离开关的安装和调整应符合以下要求。

① 隔离开关的相间距离与设计要求之差不应大于5mm;相间连杆应在同一水平线上。

② 支柱绝缘子应垂直于底座平面(V型隔离开关除外),且连接牢固;同一绝缘子柱的各绝缘子中心线应在同一垂直线上;同相各绝缘子柱的中心线应在同一垂直平面内。

③ 隔离开关的各支柱绝缘子间应连接牢固;安装时可用金属垫片校正其水平或垂直偏差,使触头相互对准,接触良好。

④ 均压环应安装牢固。

⑤ 隔离开关的操作机构安装位置应正确,固定牢固,操作灵活;定位螺钉应调整适当,并加以固定,防止传动装置拐臂超过死点;在所有转动部分涂润滑油。

⑥ 缓慢合上隔离开关，观察闸刀是否对准固定触头的中心，有无偏卡现象。如有，则应调整绝缘子、拉杆或其他部件，予以纠正。

⑦ 隔离开关的闸刀张角或开距应符合要求。室内隔离开关在合闸后，闸刀应有 3～5mm 的备用行程，三相同期性应符合产品要求。

⑧ 合上隔离开关，用 0.05mm 塞尺检查触头接触是否紧密。对于线接触，应塞不进去；对于面接触，塞入深度不应超过 4～6mm，否则应修整、打磨接触面，使之接触良好。

80. 怎样检查和维护隔离开关？

隔离开关检查周期为：①交接班时；②每 5 天进行一次夜间检查；③每次接通前和断开后。在无人值班的变电所，电压在 10kV 以下，所接变压器容量在 315～2000kV·A 范围内者，每月至少检查一次。

隔离开关的日常检查和维护内容如下。

① 检查绝缘子表面是否污脏，有无破损、裂纹和闪络现象，铁、瓷结合部位是否牢固。

② 检查闸刀合闸是否到位；闸刀和插口有无过热现象和异常气味。闸刀最高允许温度为 70℃，通过的电流不得超过额定值。

如果闸刀、插口接触不良，因过热有黑色氧化层产生，应用细砂布或细锉除去氧化层并修整（表面镀银的接触面不可用砂布或锉刀修整），触头和插口打光后，涂一层导电膏或电力复合脂，以防止接触面氧化而降低接触电阻。

③ 检查隔离开关的软连接部件有无折损、断股及过热等现象。

④ 检查隔离开关与母线的引线连接是否牢固，有无过热现象。

⑤ 检查触头闸刀的附件（如弹簧、螺钉、垫圈、开口销等）是否齐全，有无缺损。

⑥ 检查操作机构有无变形、磨损和卡阻等情况。如有，应加以调整或更换，并在转动部分涂润滑油。

⑦ 检查传动部分与带电部分的距离是否符合要求；检查定位器和制动装置是否牢固，动作是否正确。

⑧ 检查底架是否牢固，接地是否良好。

⑨ 检查有无振动和声响。如有，应密切注意声音的变化，找出原因，加以消除。

隔离开关一般每3年小修一次，每6年解体大修一次。

81. 隔离开关和负荷开关有哪些常见故障？怎样处理？

隔离开关和负荷开关的常见故障及处理方法见表3-12。

表3-12　隔离开关和负荷开关的常见故障及处理方法

故障现象	可能原因	处理方法
触头部分过热	①闸刀与插口的接触面积太小 ②压紧弹簧或螺栓松动 ③接触面有氧化层，使触电阻增大 ④长期运行，在镀银触头表面产生一层黑色硫化银，使接触电阻增大 ⑤长期过负荷运行 ⑥拉合开关时产生的电弧烧伤闸刀和插口	①调整连杆长度，使闸刀合闸到位 ②更换失去弹力的压紧弹簧及拧紧螺栓 ③清除氧化层，涂上导电膏或电力复合脂，拧紧松弛的螺栓；更换压紧弹簧 ④对于镀银触头，不宜用打磨法，而应用以下方法处理：a. 拆下触头，用汽油清洗干净；b. 用刮刀修平伤痕，然后将触头浸入25%～28%的氨水中浸泡15min后取出；c. 用尼龙刷刷去已变得非常疏松的硫化银层；d. 用清水清洗触头并擦干，再涂一层导电膏或电力复合脂，即可继续使用 ⑤更换容量更大的开关或减轻负荷 ⑥修整烧伤部分，必要时更换刀片和插口；禁止带负荷拉合隔离开关
闸刀不能拉合	①操动机构本身有毛病或锈蚀 ②闸刀被冰冻住 ③连杆的连接轴销等因使用年久磨损严重或脱落	①轻轻摇动操动机构，找出阻碍操作的地点，切不可硬拉硬合 ②轻轻摇动操动机构，如仍不行，应停电除冰 ③更换轴销
支持绝缘子损伤	①绝缘子自然老化或胶合不好而引起瓷件松动、掉盖或瓷釉脱落 ②传动机构装配不良，使绝缘子受过大的应力 ③外力机械损伤 ④操作时用力过猛	①加强巡视，避免闪络和短路事故，发现缺陷要及时修换 ②重新调整传动机构 ③防止外力损伤 ④拉、合闸动作要迅速，但不能用力过猛

　　为了防止误拉、误合，隔离开关通常与油断路器联锁。有些农村简易变电所没有采取联锁保护装置，万一误带负荷拉开隔离开关，应作如下处理：若拉开隔离开关且在刀片刚刚离开插口时已经发觉，可迅速将刀片恢复原位而使电弧消失；若刀片已经全部拉开，则不可再将误拉的刀闸重新合上。

82. 隔离开关大修后应做哪些试验？

　　隔离开关大修后，需进行绝缘电阻测量、交流耐压试验、触头接触电阻测量及触头发热试验等，试验合格后，方可投入运行。

　　① 用 2500V 兆欧表测量有机材料传动杆的绝缘电阻，应符合制造厂的规定；测量各胶合元件绝缘子的绝缘电阻，应不小于 300MΩ。

　　② 交流耐压试验电压标准见表 3-13。

表 3-13　隔离开关交流耐压试验电压标准

额定电压/kV	3	6	10	35
制造厂出厂试验电压/kV	24	32	42	95
交接和预防性试验电压/kV	24	32	42	95

　　③ 测量开关触头接触电阻，对接触电阻的要求见表 3-14。

表 3-14　隔离开关接触电阻

类　　型	额定电流/A	触头接触电阻/$\mu\Omega$	
		新的及大修后	小修后
各种电压的隔离开关	600	150～175	200
各种电压的隔离开关	800	100～120	150

　　④ 触头发热试验。在接触部分通过 1.5～2 倍额定电流，经过 10～15min，检查触头有无显著发热情况。

　　⑤ 隔离开关动、静触头之间的距离不应小于表 3-15 的数值。

表 3-15　动触头与静触头刀片之间的距离　单位：cm

额定电压/kV	配电装置最小安全距离		单断情况下进行交流耐压试验的最小安全距离
	户内	户外	
6	10	20	10
10	12.5	20	15
35	29	40	46

⑥ 同期性检查。三相联动的隔离开关，触头接触时不同期值应符合产品的技术规定。当无规定时，应符合表 3-16 的规定。

表 3-16　三相隔离开关不同期允许值

电压/kV	相差值/mm
10～35	5
63～110	10
220～330	20

⑦ 隔离开关、负荷开关的导电部分应符合的规定如下。

a. 以 0.05mm×10mm 的塞尺检查，对于线接触应塞不进去；对于面接触，其塞入深度，在接触表面宽度为 50mm 及以下时不应超过 4mm，在接触表面宽度为 60mm 及以上时不应超过 6mm。

b. 隔离开关的最小拉出力不应小于表 3-17 的数值。

表 3-17　隔离开关最小拉出力

额定电流/A	闸刀拉出时最小拉力/N	额定电流/A	闸刀拉出时最小拉力/N
400	100	1000	400
600	200	2000	400

83. 什么是负荷开关？其技术数据如何？

负荷开关的用途是接通和切断在额定电压和额定电流下的电路，并造成可见的空气间隔。负荷开关不断切断短路电流，但它如果与高压熔断器串联在一起使用，用负荷开关切断负荷电流，用高压熔断器切断短路及过载电流，则可代替断路器工作。

负荷开关的种类很多，按其灭弧方式不同，可分为固体产气式、压气式、真空式和六氟化硫式等，其中油负荷开关和磁吹负荷开关已被淘汰。负荷开关一般用于 6～10kV 且不常操作的电路上。

常用负荷开关的技术数据见表 3-18。

84. 常用户内负荷开关的结构是怎样的？

常用 10kV 户内负荷开关的结构如图 3-13 所示。

表 3-18　常用负荷开关的技术数据

型　号	额定电压/kV	额定电流/A	最大开断电流/A	极限通过电流/kA		热稳定电流/kA			质量/kg		操作机构型号
				峰值	有效值	1s	4s	5s	油重	净重	
FW2-10G	10	100	1630	14			7.9		40	124	钩棒或绳索
FW2-10G	10	200	1630	14			7.9		40	124	
FW2-10G	10	400	1630	14			12.7		40	128	
FW4-10	10	200	800	15	8.7	8.7	5.8		60	97	钩棒或绳索
FW4-10	10	400	800	15	8.7	8.7	5.8		60	114	
FW1-10	10	400	800								CS8-5
FN1-10	6	400	800	25				8.5		50	CS3、CS3-1 或 CS4、CS4-T
(FN1-10R)	10	200	400	25				8.5		50	
FN2-10	6	400	2500	25	14.5						
(FN2-10R)	10	400	1200	25	14.5						
FN3-6	6	400	1950	25	14.5	14.5		8.5			CS2、CS3 及 CS3-T
FN3-10	10	400	1950	25	14.5	14.5		8.5			

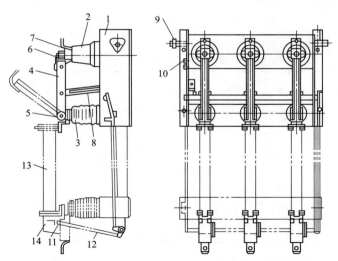

图 3-13　FN3-10 型、FN3-10R 型和 FN3-10RT 型户内高压负荷开关结构

1—框架；2—上绝缘子；3—下绝缘子；4—刀闸；5—下触座；6—弧
动触头；7—主静触头；8,12—绝缘拉杆；9—拐臂；10—接地螺钉；

11—小拐臂；13—熔断器；14—热脱扣器

负荷开关每相的闸刀由两片紫铜板组成，端部与主静触头接触处铆有银触头。负荷开关合闸时，主回路与灭弧回路并联，电流大部分流经主回路。在负荷开关分闸瞬间，主回路先断开，电流只通过弧动触头。当弧动触头离开喷嘴时，由于电弧和喷嘴接触，喷嘴也产生一定的气体，这种气体和汽缸中压缩空气一并对电弧进行强烈吹动，使电弧迅速熄灭。

85. 怎样选择高压负荷开关？

负荷开关应按装置种类、构造型式（如户内、户外、是否带熔断器）、额定电压和额定电流来选择，然后做短路动稳定和热稳定校验。如果与熔断器配合使用，可不校验热稳定性。但选用熔断器时，要求其最大开断容量不小于短路电流计算中的超瞬变短路电流容量 S''。配手动操动机构的负荷开关，仅限于 10kV 及以下的系统，其关合电流峰值不大于 8kA。

负荷开关的种类较多，常用的有真空负荷开关、产气式负荷开关及压气式负荷开关等，其特点见表 3-19。

表 3-19 负荷开关的类型与特点

类 别		适用电压范围/kV	特 点
空气中	产气式	6～35	结构简单,开断性能一般,有可见断口,参数偏低,电寿命短,成本低
	压气式	6～35	结构简单,开断特性好,有可见断口,参数偏低,电寿命中等,成本低
	六氟化硫	6～220	适用范围广,参数高,电寿命长,成本偏高
	真空	6～35	参数高,电寿命长,成本偏高
SF$_6$ 气体绝缘开关设备中	六氟化硫	6～220	外形尺寸小,参数高,电寿命长,成本较高
	真空	6～35	只能用于 SF$_6$ 气体中

86. 怎样安装负荷开关？

负荷开关是带有专用灭弧触头、灭弧装置和弹簧断路装置的隔离开关。它有一定的灭弧能力。负荷开关的最大开断电流虽然比额定电流大一些，但它一般只能用来切断和接通正常负荷，而不能用来切断或接通发生短路故障的线路。所以，在大多数情况下，负荷开关应与高压熔断器配合使用，由后者担当切断短路电流的任务。

负荷开关的安装要点与隔离开关相同。负荷开关与操作机构配套安装好后，应按以下要求进行调整。

① 将负荷开关的跳扣往下固定，不让它顶住凸轮，然后缓慢进行分、合闸操作，应灵活、无卡阻现象；检查弧动触头与喷嘴之间有无过分的摩擦。如有，应调整，使弧动触头能顺利插入喷嘴为止。

② 在分、合闸位置，检查缓冲拐臂是否均敲在缓冲器上。要是未敲在缓冲器上，可调节操作机构中的扇形板的不同连接孔，或调节操作机构与负荷开关间的拉杆长度来达到要求。

③ 把负荷开关的跳扣返回，使负荷开关处于合闸位置，检查闸刀的下边缘与主静触头的标志线上边缘是否对齐。如不齐，则应调节六角偏心接头。

④ 三相弧动触头不同时接触偏差不应大于2mm，否则应在开关返回后，调节六角偏心接头。

⑤ 使负荷开关处于断开位置，用直尺测量负荷开关至上静触头端面的距离，其距离应在182mm±3mm范围内，否则应增减负载开关油缓冲器中的垫片。

87. 怎样检查和维护负荷开关？

高压负荷开关的日常检查和维护内容如下。

① 检查并拧紧紧固件，以防在多次操作后松动（负荷开关的操作比较频繁）。

② 检查操作机构是否灵活，有无锈蚀，在转动部分涂润滑油。

③ 定期检查灭弧腔的完好情况。因为负荷开关操作到一定次数后，灭弧腔将逐渐损坏，使灭弧能力降低，甚至不能灭弧，如未及时发现和更换，会造成接地或相间短路等严重事故。

④ 检查负荷开关刀闸接触是否良好，有无过热现象。如过热

生成黑色氧化层，应按第 80 问处理隔离开关的方法处理。

⑤ 检查支持绝缘子、柱杆等表面有无尘垢、裂纹、缺损及闪络痕迹。

⑥ 若负荷开关与熔断器配合使用，高压熔断器的选择应考虑在故障电流大于负荷开关的开断能力时，必须保证熔件先熔断，然后负荷开关才能分闸；当故障电流小于负荷开关的开断能力时，则由负荷开关开断，熔件不熔断。

⑦ 对油浸式负荷开关要检查油面，缺油时要及时加油，以防操作时引起爆炸。

⑧ 负载开关大修后的试验可参见第 82 问隔离开关的试验。

⑨ 辅助开关触头使用一段时间后，宜将其动、静触点的电源极性交换，以减少触点上由于金属移迁而形成的凹坑和尖峰，从而提高其电寿命。

⑩ 若用真空负荷开关控制高压电动机或容量较大的变压器，必须同时配用 RC 吸收器，以限制操作过电压。

第4章

高压熔断器和避雷器

Chapter

88. 什么是高压熔断器？它有哪些主要技术要求？

高压熔断器是常用的一种最简单的保护电器，常用于输电线路、变压器及电压互感器的短路与过载保护。

高压熔断器的代表型号有 RN1 型（限流式熔断器）和 RW4 型、RW11 型（跌落式熔断器）。前者适用于户内配电装置，后者适用于户外配电装置。

高压熔断器的主要技术要求如下。

① 当通过熔体的电流为其额定电流的130%时，熔化时间应大于 1h。

② 当通过熔体的电流为其额定电流的200%时，必须在 1h 以内熔断。

③ 保护电压互感器的熔断器，当通过熔体的电流在 0.6～1.8A 范围内时，其熔断时间不超过 1min。

④ 使用时要求熔断器的额定电压等于（注意，不能高于或低于）安装地点的电网额定电压。

RW11 型户外高压跌落式熔断器技术数据见表 4-1。

表 4-1　RW11 型户外高压跌落式熔断器技术数据

技术参数		单位	数　　值
额定电压		kV	10
最高电压			11.5
额定电流		A	100
雷电冲击耐受电压（峰值）		kV（对地）	75
1min 工频耐受电压（有效值）	干		42
	湿		30
额定最大开断电流		kA	6.3
合分负荷电流		A/次	100/15 130/5 5/15
对地爬电距离		mm	≥300
机械寿命（连续分合操作）		次	500

89. 怎样选择高压熔断器？

高压熔断器应按装置种类、构造型式（如户内、户外、固定型或自动跌落式、有限流作用或无限流作用）、额定电压、额定电流、额定断路电流或断流容量等条件来选择，并满足熔断器的特性——动作选择性。

（1）按额定电压选择

$$U_e \geqslant U_g$$

式中　U_e——熔断器的额定电压，kV；

U_g——熔断器的工作电压，即线路额定电压，kV。

充满石英砂且有限流作用的熔断器，应按 $U_e = U$（U 为电网电压）来选择。如 10kV 的这种熔断器不可以用在 6kV 的电网，更不能用于高于其额定电压的电路内。

（2）按额定电流选择

$$I_e \geqslant I_{er} \geqslant I_g$$

式中　I_e、I_{er}——熔断器和熔体的额定电流，A；

I_g——熔断器的工作电流，即负荷电流，A。

在投入空载变压器、电力电容器时，还要避免正常的冲击电流引起熔断器的误动作。当电路中有电动机时，熔体应能承受启动电流。

（3）按额定断路电流或断流容量选择

$$I_{dn} \geqslant I''（或 I_{0.2}），S_{dn} \geqslant S''（或 S_{0.2}）$$

式中　I_{dn}、S_{dn}——熔断器在额定电压下的断路电流和断流容量，可由产品目录查得，kA、MV·A；

I''（或 $I_{0.2}$）——安装地点发生三相短路时的次暂态短路电流（或 0.2s 短路电流），kA；

S''（或 $S_{0.2}$）——三相短路容量，MV·A。

90. 怎样安装跌落式高压熔断器？

跌落式高压熔断器简称跌落保险，它广泛用于农村 6～10kV

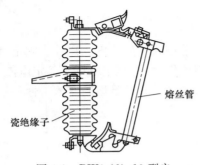

图 4-1　RW4-(6) 10 型户外跌落式熔断器的结构

配电网中，用来保护配电变压器。跌落式高压熔断器的结构如图 4-1 所示。

跌落式高压熔断器的安装应符合以下要求。

① 各部分零件完整，装配牢固。

② 转轴光滑灵活，铸件不应有裂纹、砂眼。

③ 瓷件良好，熔丝管不应有吸潮膨胀或弯曲现象。

④ 熔断器安装牢固、排列整齐、高低一致。熔丝管轴线与地面的垂线的夹角为 15°～30°。

⑤ 各熔断器的相间距离，电压为 10kV 及以下时不应小于 500mm，安装在户外，要求不小于 700mm。

⑥ 熔丝管跌落及操作时灵活，触头接触紧密、可靠，合熔丝管时上触头应有一定的压缩行程。如动作不灵活，应作适当的调整，调整时将熔丝下部松开，用手压住，合上后轻轻松手，看跌落是否灵活。

⑦ 熔丝容量应与被保护的变压器容量相配合，熔丝额定电流可选为额定负荷电流的 1.5～2 倍。禁止用铜丝或铝丝代替熔丝使用，熔丝管内必须有消弧管。

⑧ 上下引线应压紧，与线路导线的连接应紧密可靠。

⑨ 安装位置应便于操作。

⑩ 熔断器应安装在距地面不小于 4m 的横担上，若安装在配电变压器上方，应与配电变压器的最外轮廓外界保持 50mm 以上的水平距离，以防万一熔管掉落引发事故。

91. 怎样操作跌落式高压熔断器？

一般不允许带负荷操作跌落式熔断器，只允许其空载操作。但在农网 10kV 配电线路的分支线上和额定容量小于 200kV·A 的配电变压器允许按以下要求带负荷操作。

① 操作由两人进行，一人操作，一人监护。

② 操作人员必须戴绝缘手套，穿绝缘靴，使用电压等级相匹配的合格绝缘杆。

③ 拉闸时，先拉断中间相，再拉背风边的一相，最后拉迎风边的一相，以确保不发生相间弧光短路事故。

④ 合闸时的操作顺序与拉闸时相反，先合迎风边的一相，再合背风边的一相，最后合中间相。

⑤ 拉合熔管时要用力适度。合好闸后，要仔细检查鸭嘴舌头，看能否紧紧扣住舌头长度 2/3 以上。可用绝缘杆钩头将上鸭嘴向下压几下，再轻轻试拉，检查是否完好。如果合闸未到位或未合牢靠，熔断器上静触头压力不足，极易造成触头烧伤或熔管误动作。

⑥ 在雷电或大雨的气候下禁止操作跌落式熔断器，以免造成雷击及触电事故。

92. 怎样检查和维护高压熔断器？

高压熔断器的日常检查和维修内容如下。

① 检查瓷件有无破损、裂纹、闪络、烧伤等情况。如损伤较轻，尚不影响整体强度和绝缘效果，可不作处理；如果有瓷片掉落，可用环氧树脂黏合修补。

② 检查各活动轴是否灵活，弹力是否合适。如果接点弹簧锈蚀，应予以更换。

③ 检查安装是否牢固，安装角度及相间距离是否正确。

④ 检查裸带电部分与各部距离是否足够。

⑤ 检查上下引线与接头的连接是否良好，有无松动、过热及烧伤现象。如有，应进行接头处理。

⑥ 检查熔断器的接触是否良好，有无发热现象。在开断短路电流后如出现熔疤，应用细锉将其修平，使熔丝管紧紧地插入插座内。

⑦ 对于以钢纸管为内壁的熔丝管，每次熔断后应检查消弧管，如果连续超过3次断开额定断流容量，应考虑更换。

⑧ 高压熔断器要定期停电检查和调整，一般每1～3年进行一次。

⑨ 在维护和操作熔断器时，应注意以下事项。

a. 操作时宜戴防护色镜，防止可能产生的电弧灼伤眼睛。

b. 操作时要站稳，动作要果断迅速，用力应适度，防止用力过猛而损坏熔断器。

c. 不允许带负荷操作。

d. 合闸时，应先合两边相，后合中相；拉闸时，应先拉中相，后拉两边相。

93. 跌落式熔断器有哪些常见故障？怎样处理？

跌落式熔断器的常见故障及处理方法见表4-2。

表4-2　跌落式熔断器的常见故障及处理方法

故障现象	可 能 原 因	处 理 方 法
熔丝不正常熔断	①熔丝容量与变压器容量配置不当,熔丝容量过小 ②熔丝质量差,机械强度不够或熔断特性较差 ③与下一级熔丝配合不当	①按变压器容量正确选配熔丝 ②更换质优的熔丝 ③正确选择上下级熔丝
熔丝受机械力切断	①断口在熔丝两端固定的螺栓处,往往是在拧紧螺栓时熔丝末端随螺栓的转动而绕转断股 ②断口在熔丝管两端的金属铸件转角处,往往是铸件转角处有"快口",熔丝在固定上紧后,经过一段时间运行,受机械力振动,熔丝被割伤断股	①用正确方法固定熔丝,尤其在拧紧螺栓时应注意,不能使熔丝末端断股 ②在固定熔丝前,应先检查一下熔丝管的情况,尤其要除掉熔丝管两端金属铸件转角处的"快口"。生产厂家应进行"倒角"处理或作其他的改进

续表

故障现象	可能原因	处理方法
熔丝松脱、熔丝管误跌落	①装配熔丝时，调整力不适当（过紧或过松），经过一段时间运行后，在长期受力及振动等作用下使熔丝管跌落 ②熔丝管内进水受潮，熔丝霉断 ③将熔丝本体从与多股尾线的压接处拉出 ④操作时未将熔丝管合紧 ⑤熔断器上部触头的弹簧压力过小；在鸭嘴内的直角突起处被烧伤或磨损	①重新装配、调整 ②对于负荷长期较小的配电变压器，应加强对跌落式熔断器熔丝管的检查保养 ③属于厂家的产品质量问题，应选用质优产品 ④合上熔丝管后，应用绝缘杆端钩头轻轻拉动操作环几下，以确保合闸到位 ⑤更换弹簧及鸭嘴，或更换整个熔断器
熔丝管烧坏	①熔丝熔断后不能自动跌落 ②故障容量超过了熔断器的遮断容量	①检查转动轴是否灵活，并涂润滑油；检查安装角度是否正确；检查熔丝附件是否太粗而引起卡阻，应更换合适的熔丝 ②更换断流容量合适的熔断器
熔丝管操作不灵活	①熔断器质量差 ②装配不良，机械卡阻锈蚀，接口有熔疤	①选用质优产品 ②重新装配，除锈，涂润滑油，锉平熔疤或更换部件

94. 高压熔断器怎样进行上下级间配合？

要使高压熔断器上下级之间的工作具有选择性，即在电路中发生最大可能的短路电流的情况下，只有离短路点最近的熔断器熔断，必须满足如下条件：

$$S_1/S_2 \geqslant \alpha$$

式中　S_1、S_2——上级和下级熔断器熔体截面积；

α——保证熔断器工作选择性的上、下级熔体的最小截面积比，见表 4-3。

用表 4-3 换算变压器高低压侧熔体的工作选择性时，高压熔体的截面积应乘以变比 k，即满足 $kS_1/S_2 \geqslant \alpha$。

表 4-3　保证熔断器工作选择性的最小截面积比 α

	下级熔断器	有充填物的封闭式熔断器(下级)				无充填物的封闭式熔断器(下级)			
		下级熔体材料							
上级熔断器		铜	银	锌	铝	铜	银	锌	铝
上级熔体材料	铜	1.55	1.33	0.55	0.2	1.15	1.03	0.4	0.15
	银	1.73	1.55	0.62	0.23	1.33	1.15	0.46	0.17
	锌	4.5	3.95	1.65	0.6	3.5	3.06	1.2	0.44
	铝	12.5	10.8	4.5	1.65	9.5	8.4	3.3	1.2

95. 怎样选择补偿电容器保护用熔断器?

补偿电容器保护用熔断器按以下要求选用。

(1) 按额定电压选择

$$U_{er} \geqslant U_e$$

式中　U_{er}——熔断器的额定电压,V;

　　　U_e——电容器的额定电压,V。

(2) 按额定电流选择

$$I_{er} = KI_e$$

式中　I_{er}——熔丝的额定电流,A;

　　　I_e——电容器的额定电流,A,$I_e = 2\pi fCU_e \times 10^{-6}$;

　　　C——电容器电容量,μF;

　　　f——电源频率,Hz;

　　　K——系数,一般约为 1.5~2.5(对于新型 BRV 系列熔断器,取 1.5~2,以 1.6~1.7 为好)。

部分高压电容器熔丝选择见表 4-4。

表 4-4　部分高压电容器熔丝选择

型　　号	额定电压 /kV	额定电流 /A	相数	熔丝额定电流/A	熔丝直径 /mm
BW6.3-12-1W	6.3	1.90	1	3	1 根 0.15
BW6.3-16-1W	6.3	2.53	1	4	2 根 0.1
BW10.5-12-1W	10.5	1.15	1	2	1 根 0.1
BW10.5-16-1W	10.5	1.52	1	3	1 根 0.15

续表

型 号	额定电压 /kV	额定电流 /A	相数	熔丝额定 电流/A	熔丝直径 /mm
BWF6.3-22-1W	6.3	3.48	1	7.5	2根0.2
BWF6.3-25-1W	6.3	3.96	1	7.5	2根0.2
BWF6.3-40-1W	6.3	6.33	1	10	2根0.2
BWF6.3-50-1W	6.3	7.93	1	15	3根0.25
BWF10.5-22-1W	10.5	2.11	1	4	2根0.1
BWF10.5-25-1W	10.5	2.37	1	4	2根0.1
BWF10.5-30-1W	10.5	2.87	1	5	2根0.15
BWF10.5-40-1W	10.5	3.79	1	7.5	2根0.2
BWF10.5-50-1W	10.5	4.75	1	7.5	2根0.2

96. 避雷器的型号含义是怎样的？

避雷器是用来限制过电压（雷电过电压、操作过电压等）的一种主要保护电器。

避雷器的型号含义如下：

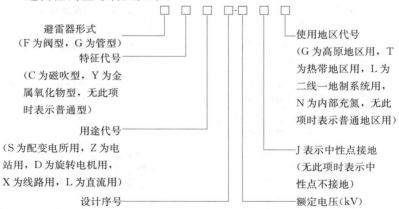

97. 避雷器有哪些型号？各适用于哪些场合？

避雷器的型号及应用范围见表4-5。

表 4-5 避雷器的型号及应用范围

类别与名称			产品系列号	应用范围
阀型避雷器	碳化硅避雷器	交流阀型避雷器	低压型普通阀型避雷器	FS	用于低压网络保护交流电器、电表和配电变压器低压绕组
			配电型普通阀型避雷器	FS	用于 3kV、6kV、10kV 交流配电系统保护配电变压器和电缆头
			电站型普通阀型避雷器	FZ	用于保护 3～220kV 交流系统电站设备绝缘
			保护旋转电机磁吹阀式避雷器	FCD	用于保护旋转电机绝缘
			电站型磁吹阀型避雷器	FCZ	用于保护 35～500kV 系统电站设备绝缘
			线路型磁吹阀式避雷器	FCX	用于保护 330kV 及以上交流系统线路设备绝缘
		直流阀型避雷器	直流磁吹阀式避雷器	FCL	用于保护直流系统电气设备绝缘
	金属氧化物避雷器①	交流金属氧化物避雷器	低压型金属氧化物避雷器	Y	与 FS 系列低压普通阀型避雷器同
			配电型金属氧化物避雷器		与 FS 系列配电型普通阀型避雷器同
			保护旋转电机金属氧化物避雷器		与 FCD 系列保护旋转电机磁吹阀型避雷器同
			电站型金属氧化物避雷器		与 FZ、FCZ 系列碳化硅避雷器同
			中性点保护用金属氧化物避雷器		用于电机或变压器中性点保护
		直流金属氧化物避雷器	直流金属氧化物避雷器	YL	用于保护直流系统电气设备绝缘
管型避雷器		纤维管型避雷器		GXW	用于电站进线和线路绝缘弱点保护
		无续流管型避雷器		GSW	用于电站进线、线路绝缘弱点及 6kV、10kV 交流配电系统电气设备的保护

① 又称氧化锌避雷器。

98. 阀型避雷器的结构是怎样的？

常用的阀型避雷器的结构如图 4-2 所示。它主要由火花间隙、阀片和分路电阻三部分组成。

① 火花间隙 它的作用是在正常情况下使避雷器阀片与电力系统隔离，当遇到过电压时则发生击穿，使雷电流泄入大地以降低过电压的幅值。在过电压过去后，必须在半个周波内（0.01s）将工频续流截断，然后恢复正常状态。

② 阀片 阀片实际上是一个非线性电阻，在高电压时阻值小，在低电压时阻值大，从而能够限制避雷器在通过大电流时其两端的电压降，并在灭弧电压下通过小电流，有利于火花间隙灭弧。

阀片是由金刚砂及结合剂做成的圆饼。饼的上下两面用喷铝方法做成电极，侧面涂有绝缘釉，以防止在高压时沿侧面发生闪络。

③ 分路电阻 分路电阻与火花间隙并联，使火花间隙中的工频电压分布均匀。

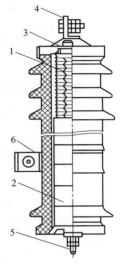

图 4-2 FS-10 型阀型避雷器结构

1—火花间隙；2—阀片；
3—弹簧；4—接线端子；
5—接地端子；6—安装卡子

99. 怎样选择阀型避雷器？

阀型避雷器应按下列要求选择。

① 额定电压应与系统的额定电压一致。

② 校验灭弧电压。在中性点非直接接地的系统中，不应低于设备最高运行线电压；在中性点直接接地的系统（农村电网一般都属此类）中，应取设备最高运行线电压的 80%。

③ 校验工频放电电压。在中性点绝缘或经阻抗接地的系统中，一般应大于运行相电压的 3.5 倍；在中性点直接接地的系统中，应

大于最大运行相电压的 3 倍。工频放电电压应大于灭弧电压的 1.8 倍。

④ 校验冲击放电电压及残压。一般阀型避雷器的冲击放电电压作用时间较短，而一般电气设备绝缘的截波试验电压均高于同级避雷器的冲击放电电压，故绝缘配合主要考虑残压值。被保护设备绝缘的基本冲击电压水平（约为设备冲击试验电压的 90%）应大于避雷器残压的 15%。

常用阀型避雷器的型号规格见表 4-6。

表 4-6　常用阀型避雷器的型号规格

型号	额定电压/kV	最大允许电压/kV	击穿电压/kV		电流为 5000A 时的最大残压（最大值）/kV	
			工频（有效值）不小于	斜角冲击波（$\tau_p = 1.5\mu s$）不大于	波头延续时间/μs	
					3	5
FS-3	3	3.8	8.5	25	20	19
FS-6	6	7.6	16	35	35	34
FS-10	10	12.8	25	50	59	57
FZ-6	6	7.6	8.5	20	15	14.5
FZ-10	10	12.8	25	50	49	48
FZ-35	35	42	80	130	144	140

FS 型阀型避雷器用于 3～10kV 交流配电系统，保护配电变压器、油断路器和电缆头。FZ 型阀型避雷器用于 3～220kV 交流系统，保护电站设备绝缘。

100. 怎样安装阀型避雷器？

阀型避雷器的安装应符合以下要求。

① 避雷器应垂直于地面安装，安装位置应尽量靠近被保护设备（如与被保护的变压器等之间的距离不得大于 5m），并应易于检查巡视。

② 避雷器带电部分与其他相或金属设备的距离不得小于 350mm；底座与地不得小于 2.5m，如低于 2.5m 时，应设遮栏。

③ 并列安装的避雷器三相中心应在同一直线上，铭牌应位于易于观察的同一侧。避雷器应垂直安装，其垂直度应符合制造厂的规定。如有歪斜，可在法兰间加金属片校正，但应保证其导电良好，并将其缝隙用腻子抹平后涂以油漆。

④ 避雷器的引线与母线或导线的连接必须可靠，接头长度不得小于 100mm。

⑤ 避雷器上、下引线的截面积不得小于下列数值：镀锌铁线，8 号镀锌铁线两根并用；铜绝缘线，截面积不小于 $16mm^2$；铝绝缘线，截面积不小于 $25mm^2$。

⑥ 避雷器的接地引下线不宜过紧，并要尽可能缩短，以免削弱避雷器的保护作用。

⑦ 避雷器各引线间的距离应符合规定要求：3kV 时为 46cm，6kV 时为 69cm，10kV 时为 80cm。水平距离均应在 40cm 以上。

⑧ 接地引下线应设有接线卡，以便在测量避雷器接地电阻时可断开；同时引下线不许穿入导磁性金属管内，以免雷击时在铁管中产生磁感应电动势，造成环流，产生磁通而阻止磁场变化，增加了波阻抗，也相当于增大了接地电阻。

⑨ 避雷器应安装在断路器直接与线路相连的一侧。这种安装方式的好处是：当断路器分闸时，触头打开，使断路器一侧与线路断开，而另一侧与线路连接的部分侧仍处于避雷器的保护范围内。

⑩ 对户外变压器，其避雷器应安装在跌落式熔断器的上桩头，使其既可作为配电变压器避雷器，又可用来作为线路避雷器。这种安装方式对于变压器的保护作用，同避雷器安装在跌落式熔断器的下桩头是一样的，极少发生雷击配电变压器事故。

⑪ 接地电阻应不大于 10Ω，有特殊要求时可另行考虑。

⑫ 两个阀型避雷器一个角间隙的保护形式，应保证角间隙装在同一相上，如图 4-3 所示。

⑬ 放电记录器应密封良好、动作可靠，并应按产品的技术规定连接，安装位置应一致，且便于观察；接地应可靠，记录器宜恢复至零位。

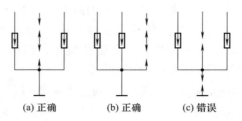

(a) 正确　　　　(b) 正确　　　　(c) 错误

图 4-3　两个阀型避雷器一个角间隙的安装

101. 怎样检查和维护阀型避雷器？

阀型避雷器的日常检查和维护内容如下。

① 检查并清洁避雷器瓷套管表面的污秽，当瓷套管表面受到严重污染时，将使电压很不均匀。在有并联分路电阻的避雷器中，当其中一个元件的电压分布增大时，通过其并联电阻的电流将显著增大，则可能烧坏并联电阻而引起故障。此外，避雷器瓷套管表面脏污还可能影响避雷器的灭弧性能而降低其保护特性。因此，当发现避雷器的瓷套管表面严重脏污时，必须及时清扫。

② 检查避雷器的瓷套管有无破损、裂纹和放电痕迹。

③ 检查避雷器上引线处的瓷套与法兰连接处的水泥接合缝的密封是否良好。密封不良会进水受潮引起事故。

④ 检查避雷器与被保护设备的电气距离是否符合要求，上下引线与带电体及上引线与金属构件的距离是否符合要求，连接是否牢固。

⑤ 检查避雷器的引线及接地引下线有无烧伤痕迹及断股现象，以及放电记录器是否烧坏，通过这方面的检查，最容易发现避雷器的隐患。因为在正常情况下，避雷器动作后一般不会产生烧伤的痕迹。如果避雷器内部阀片存在缺陷或不能灭弧时，则通过的工频续流的幅值和时间都会增大，接地引下线的连接点上会产生烧伤的痕迹，或者使放电记录器内部烧黑或烧坏。当发现有上述情况时，应立即设法使避雷器退出运行，进行详细检查，以免发生事故。

⑥ 雷电后还应检查雷电记录器的动作情况，避雷器瓷套表面有无闪络放电痕迹。

⑦ 为了能及时发现避雷器内部的隐形缺陷，应定期（一般在每年雷雨季之前）送电业部门进行一次预防性试验。

⑧ 当避雷器存在以下缺陷时，应进行检修与试验。

a. 瓷套表面有裂纹或密封不良时，应进行解体检查与检修。

b. 瓷套表面有轻微碰伤时，应进行泄漏及工频耐压试验，合格后方可投入运行。

c. 瓷套及水泥结合处有裂纹，法兰盘和橡胶垫有脱落时，应进行检修，必要时应进行试验。

102. 怎样检查避雷器放电记录器？

放电记录器是记录避雷器对地放电次数的装置，它与避雷器配合使用。为了正确记录放电次数，应对放电记录器进行检查。

通常检查放电记录器的方法有以下三种。

方法一：采用放电记录校验仪检查。校验仪能产生模拟标准雷电流和雷电压。

方法二：采用兆欧表及电容检查。检查 JS 型放电记录器的接线，如图 4-4 所示。试验时，先将开关 SA 打到 "1" 位置，用兆欧表 G 对电容器 C（$5 \sim 10 \mu F$、耐压 500V 以上）充电。当兆欧表的指针稳定后（注意不要停止摇动），把开关 SA 迅

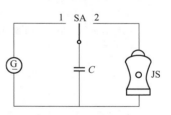

图 4-4　JS 型放电记录器的检查

速打到 "2" 位置，电容 C 便对记录器放电，观察记录器动作（指针跳字）情况。如此反复数次，如动作均正常，说明记录器的性能良好，最好应使其指在零位上。

对于 JLG 型放电记录器，试验方法同上，只是将图 4-4 中的兆欧表 G 改成 40V 的直流电源，电容 C 可用容量为 $6 \sim 50 \mu F$、耐压在 50V 以上的电容器。

方法三：利用市电，将零线接地，用相线点击放电记录器的上端头，每点击一次，记录器的指针应跳一个数字，直至为零。

103. 阀型避雷器有哪些常见故障？怎样处理？

阀型避雷器的故障可根据外观检查和预防性试验的结果来判断。外观检查主要看瓷套损坏情况、密封是否良好、盖板是否锈蚀等。通过预防性试验可以发现避雷器内部的隐性缺陷。避雷器的常见故障及处理方法见表 4-7。

表 4-7　阀型避雷器的常见故障及处理方法

故障现象	可能原因	处理方法
内部受潮： ①FS 型的绝缘电阻小于 1500MΩ，且泄漏电流大于 5μA ②FZ 型的绝缘电阻与前次测量值比较明显减小，且泄漏电流大于 650μA，或与前次测量值相差大于 30%	①上下密封底板位置不正，密封螺钉未拧紧 ②检查密封的小孔未焊牢，引起潮气侵入 ③密封垫圈破损或老化，失去密封作用 ④瓷套管与法兰胶合处不平整或瓷套管有裂纹	①放正密封垫圈，均匀拧紧密封螺钉 ②进行密封试验后，焊牢小孔 ③更换成防臭氧的氯丁橡胶垫圈作为顶部和底部的密封垫圈 ④不平整时，可加厚密封橡胶垫圈或重新将瓷套管与法兰胶合；更换有裂纹的瓷套管
工频放电电压偏高	①内部压紧弹簧压力不足，搬运时使间隙发生位移 ②黏合的云母垫圈受热膨胀分层，增大了间隙 ③固定间隙用的小瓷套破碎，间隙电极发生位移	①更换较大压力的弹簧；或用短路的干燥阀片或金属管垫高 ②更换合适厚度的云母片或将偏厚的云母片削薄（但不得小于 0.5mm） ③更换间隙小瓷套，重新调整间隙工频放电电压

续表

故障现象	可能原因	处理方法
工频放电电压偏低	①间隙组受潮,电极腐蚀,绝缘垫圈及间隙小瓷套绝缘性能下降 ②避雷器多次动作,电极灼伤产生毛刺 ③组装不当,将部分间隙短接 ④弹簧压力过大,将小瓷套碰碎,并使间隙变小	①清洗间隙电极,烘燥绝缘垫圈及瓷套等部件,重新调整间隙工频放电电压 ②用细砂布打磨,严重者需更换电极,并重新调整间隙工频放电电压 ③重新组装并调整工频放电电压 ④更换适当压力的弹簧,间隙变形的应重新调整
分路电阻变质或断裂	①由于长途运输、搬运或安装不慎,将分路电阻振断 ②长期运行后分路电阻变质老化 ③铆接松脱或胶合处接触不良 ④分路电阻受潮	①更换分路电阻,并应满足每对分路电阻在 $600\mu A$ 电流下,压降不超过 $4000V\pm50V$ ②更换分路电阻 ③重新铆接,对接触不良者使其接触紧密,并在分路电阻连接处加一垫圈 ④对分路电阻作烘燥处理
阀片变质	①避雷器密封破坏,潮气侵入,使阀片严重受潮 ②阀片有放电黑点或贯穿性小孔 ③装配、运输、搬运不当,造成碰撞,使釉面脱落、缺损	①对阀片作烘燥处理,然后进行残压测量,重新组合使用 ②更换有贯穿性小孔的阀片;对有放电黑点的则应进行残压测量以鉴定其好坏 ③对 FS 型用滑石釉补釉面;对 FZ 型补好釉面后,再用羊毛毡固定侧面;缺损严重者应更换

104. 阀型避雷器应做哪些预防性试验?

每年雷雨季节前应对避雷器进行一次预防性试验,试验项目和标准如下。

（1）测量绝缘电阻

用 1000V 或 2500V 兆欧表测量避雷器的绝缘电阻，对 FS 型避雷器应不小于 2000MΩ；对 FZ 型避雷器数值不作规定，但应与前一次或同一型号的比较，并主要检查其并联电阻的通断情况。

（2）测量泄漏电流

对 FS 型避雷器，绝缘电阻在 2000MΩ 及以下时才进行，要求在额定电压下泄漏电流不大于 10μA；如绝缘电阻大于 2500MΩ 时，可不做泄漏试验。对 FZ 型避雷器每年试验一次，在额定电压和 20℃时，泄漏电流应在 400～650μA 之间。FCD 型避雷器，应不大于 50～100μA。

（3）测量工频放电电压

FS 型避雷器的工频放电电压，额定电压为 3kV 的为 9～11kV，对额定电压为 6kV 的为 16～19kV，额定电压为 10kV 的为 26～31kV。本项目每 1～3 年进行一次。有并联电阻的 FZ 型避雷器不进行此项试验。

阀型避雷器工频放电电压测试接线如图 4-5 所示。

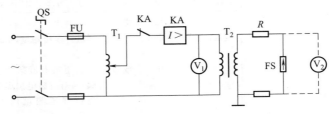

图 4-5　阀型避雷器工频放电电压测试接线图

T₁—调压器；T₂—试验变压器；KA—过电流保护器；R—限流电阻；
V₁—电压表；V₂—静电电压表；FS—被试避雷器；FU—熔断器

为了防止试验时避雷器的放电电流烧坏避雷器的间隙和阀片，串有限流电阻 R，将击穿后的电流限制到 0.7A 以下。

试验时，慢慢升压直至击穿，取避雷器击穿时电压下降前的最高电压值作为避雷器的放电电压。重复试验 3 次，取平均值作为工频放电电压。

由于加压时电流很小，在限流电阻及变压器内阻上的电压降可以忽略不计，因此可在变压器低压侧读数，然后乘上试验变压器的变比来求得避雷器的工频放电电压。

105. 什么是金属氧化物避雷器？怎样选择？

金属氧化物避雷器是 20 世纪 70 年代以后出现的避雷器。它具有保护性能优越、耐污秽能力强、体积小、重量轻、阀片性能稳定、使用寿命较长等优点。金属氧化物避雷器有多种类型，适合与不同的电气设备配合使用。

金属氧化物避雷器有配电型、电站型、电机型、电容器型和低压型，应根据不同的保护对象加以选择。

① HY5WS 配电型金属氧化物避雷器：主要用于保护相应电压等级的开关柜、变压器、配电开关柜、电缆头等变配电设备免受大气过电压和操作过电压的损害。它适用于中性点不接地，经消弧线圈或小电阻接地的额定电压为 3kV、6kV、10kV 的交流电压系统。

② Y5WZ 和 HY5W 电站型金属氧化物避雷器：主要用于保护发电站、变电所中的电气设备免受大气过电压和操作过电压的损害。它适用于额定电压为 3kV、6kV、10kV、35kV 的交流电压系统。

③ 电机型：安装在真空断路器或少油断路器上，当断路器动作时吸收由旋转电机产生的过电压，保护旋转电机免受过电压的危害，主要包括 HY2.5WD、Y2.5WD、Y3（2.5、1）W 和带并联间隙的 MY31G、MYG 等系列。它适用于额定电压为 3kV、6kV、10kV 的交流电压系统。MY31G 和 MYG 型可抑制真空断路器或少油断路器产生的过电压，保护变压器免受操作过电压的危害。

④ 电容器型：用于抑制真空断路器或少油断路器产生的过电压，保护电容器组免受操作过电压的危害，主要包括 HY5WR、Y5WR、Y5WR1、Y5WR5 等。它适用于额定电压为 3kV、6kV、

10kV、35kV 的交流电压系统。

⑤ 低压型：主要用于保护交流电压系统中 0.22kV、0.38kV 的电气设备，以限制大气过电压和操作过电压，主要有 Y1.5W、Y3W 系列金属氧化物避雷器。

$Y_3^{1.5}W$ 系列金属氧化物避雷器技术数据见表 4-8。

表 4-8　$Y_3^{1.5}W$ 系列金属氧化物避雷器技术数据

型　　号	避雷器额定电压	系统额定电压	持续运行电压	8/20μs 雷电冲击电流残压(峰值)不大于/kV	直流 1mA 参考电压不小于/kV	2ms 方波冲击电流(峰值)/A
	有效值/kV					
Y1.5W1-0.28/1.3 Y3W-0.28/1.5 Y3W-0.28/1.3 Y3W1-0.28/1.3	0.28	0.22	0.24	1.3	0.6	50
Y1.5W1-0.5/2.6 Y3W-0.5/2.6 Y3W1-0.5/2.6 Y3W-0.5/2.6	0.5	0.38	0.42	2.6	1.2	50

106. 怎样安装和维护金属氧化物避雷器？

金属氧化物的安装和维护类似于阀型避雷器，但应注意以下事项。

① 金属氧化物避雷器不适合安装在有振动或严重污秽的地方及有严重腐蚀气体的场所。

② 合成金属氧化物避雷器投入运行前和每运行满两年后，都应做预防性试验。

③ 金属氧化物避雷器采用黄铜双层底盖密封，投入运行后，每隔 5 年应进行一次预防性试验。测量泄漏电流时，在避雷器两侧应施加 10kV 直流电压（交流脉动不大于±1.5%），要求泄漏电流符合其产品规定值。

107. 什么是氧化锌避雷器？怎样选择？

高压氧化锌避雷器（也称高压氧化锌压敏电阻）属于氧化物避雷器，具有体积小、重量轻、安装方便、过电压保护性能较好等优点。它是由氧化锌（ZnO）非线性电阻片叠装在瓷套内组成并密封以防潮气侵入。它具有半导体晶体稳压管的特性。由于其不存在火花间隙，残余电压无突变，且避雷器本身也具有一定的电容量（如FY-6 型避雷器的电容量为 667pF），因此当用于电动机保护时，不需要再并联电容器。氧化锌避雷器广泛用来保护真空断路器限制操作过电压。

ZNR-LXQ1 系列用来保护电动机、变压器，限制操作过电压；FYR1 系列用来限制大气过电压和并联电容器组操作过电压。它们均有 3kV、6kV、10kV 三个电压等级。用于电动机、变压器保护时，只需根据电压等级来选择避雷器；用于电容器组保护时，除了选择电压等级外，还要根据电容器组容量的大小，从表 4-9 和表 4-10 中选择合适的避雷器。

表 4-9　氧化锌避雷器的型号

避雷器型号	额定电压/kV	对应于新型号避雷器
ZNR-LXQ1-Ⅰ FYR1-3.8	3	Y2.5W1-3.8/9.5 Y5WR1-3.8/13.5
ZNR-LXQ1-Ⅱ FYR1-7.6	6	Y2.5W1-7.6/19 Y5WR1-7.6/27
ZNR-LXQ1-Ⅲ FYR1-12.7	10	Y2.5W1-12.7/31 Y5WR1-12.7/45

表 4-10　根据电容器容量选择避雷器

电容器容量/kvar　　避雷器型号　　系统电压/kV	FYR1-3.8/200 FYR1-7.6/200 FYR1-12.7/200	FYR1-3.8/300 FYR1-7.6/300 FYR1-12.7/300	FYR1-3.8/400 FYR1-7.6/400 FYR1-12.7/400	FYR1-3.8/500 FYR1-7.6/500 FYR1-12.7/500
3	≤1000	≤1800	≤2000	≤2800
6	≤1800	≤3000	≤4000	≤5500
10	≤3000	≤5000	≤7000	≤9000

108. 怎样安装氧化锌避雷器?

避雷器的接线方式如图 4-6 所示。接地线应用截面积不小于 16mm² 的软铜线。安装时要注意避雷器上端头带电部分与柜体外壳或柜内其他设备的安全距离应符合表 4-11 的规定。

表 4-11 安全距离

系统电压/kV	3	6	10
裸导体对地及相间距离要大于/mm	90	100	125

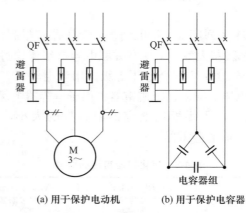

(a) 用于保护电动机   (b) 用于保护电容器

图 4-6 氧化锌避雷器的接线方式

109. 怎样对氧化锌避雷器进行维护和试验?

氧化锌避雷器的维护和检查可参照阀型避雷器。投入运行前和每运行一年后应做预防性试验,其项目如下。

(1) 1mA 直流电压值(脉动不大于±15%)测量

投入运行前,在避雷器两端施加直流电压,待流过避雷器的电流稳定于 1mA 后,读出电压数值,其值应在标称电压允许范围内(见表 4-12)。以后每年测量一次,若 1mA 电压值的变化超过了原值的 10%,就应更换避雷器。

表 4-12　　氧化锌避雷器的标称直流电压

避雷器型号	不同系统电压(kV)下的标称直流电压/kV		
	3	6	10
ZNR-LXQ1 系列	5.5～6.5	10.5～11.5	18.5～19.5
FYR1 系列	5.8～6.8	11.5～12.5	19.5～21.0

（2）直流泄漏电流试验

投入运行前在避雷器两端施加规定的直流电压（见表 4-13），待电压稳定后，泄漏电流值必须小于 $30\mu A$，否则为不合格产品。此值仅在避雷器投入运行前测量，以后就不再试验。

表 4-13　　氧化锌避雷器试验时施加的电压

避雷器型号	不同系统电压(kV)下的直流外加电压/kV		
	3	6	10
ZNR-LXQ1 系列	4.2	8	14
FYR1 系列	4.5	9	15

必须指出，真空断路器做预防性试验时，应将避雷器退出。

110. 怎样带电检测氧化锌避雷器？

在线带电检测氧化锌避雷器的常用方法有以下几种。

① 装设在线监测仪。在避雷器上装设在线漏电流指示型计数器。它不但能长期指示氧化锌避雷器（MOA）的漏电流值，还能在线路过电压时记录避雷器的动作次数。

② 带电测试阻性电流。此法能更好地监视 MOA 的劣化。实践表明，夏季高温和冬季低温是 MOA 密封破坏的主要原因之一，而雷电的作用也能大大加速 MOA 的劣化。因此，在春秋两季应对避雷器分别进行一次带电测试。为了保证数据的可比性，测试应尽量选择在晴朗天气进行，而且在空气温度、湿度相近的条件下进行。

③ 红外热像仪测试。用红外热像仪（如 IR928 型、IR913A 型等）监测 MOA 效果好，不易受干扰。为了防止外界光源照射对测

量结果的影响，测试最好在晚上进行，且应关闭设备区照明。测试结果有以下几种情况。

a. 热像表现为轻度发热，整体温度分布均匀，在中上部稍高——MOA 正常。

b. 热像表现为 MOA 某元件发热增加——MOA 某元件受潮初期。

c. 热像表现为某元件（故障元件）发热增加，且非故障元件发热超过故障元件——MOA 某元件严重受潮。非故障元件发热超过故障元件的原因是，运行电压大部分由非故障元件承受。

d. 热像表现为多相和多个元件普遍温升较高——MOA 阀片老化。

MOA 正常发热温升上限值见表 4-14。

表 4-14　MOA 正常发热温升上限值

电压等级/kV	10～66	110～220	330～500
温升上限/K	1.5～2.0	3.0～4.0	4.0～5.3

111. 什么是管型避雷器？它的结构是怎样的？

管型避雷器是一种可承受较大的雷电流的避雷器。它利用其产气材料在电弧高温下产生大量气体以吹熄电弧；它的绝缘强度恢复快，可迅速实现无续流开断等。适用于变压器、开关、电缆、套管、电容器等电气设备的防雷保护。

管型避雷器的结构如图 4-7 所示。

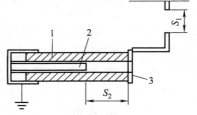

图 4-7　管型避雷器的结构

S_1—外部火花间隙；S_2—内部火花间隙；
1—气体发生管；2—棒形电极；3—环形电极

112. 怎样选择和安装管型避雷器？

（1）管型避雷器的选择

管型避雷器按以下要求选择。

① 按额定电压选择

$$U_e = U_g$$

式中　U_e——管型避雷器额定电压，kV；

U_g——管型避雷器工作电压，即电网电压，kV。

② 按短路电流选择

$$I_{dn1} \geqslant I''_{max}, \quad I_{dn2} \leqslant I''_{min}$$

式中　I_{dn1}、I_{dn2}——管型避雷器额定断流能力上限和下限（见表 4-15），kA；

I''_{max}、I''_{min}——安装处超瞬变短路电流的最大值和最小值，kA。

最大短路电流按雷季电力系统最大运行方式计算，并包括非周期分量的第一个半周短路电流有效值；如计算困难，对发电站附近可将周期分量的第一个半周的有效值乘以 1.5，距发电站较远的地点乘以 1.3）。最小短路电流按雷季电力系统最小运行方式计算，且不包括非周期分量。

③ 选择下限电流时要留有裕度。这是因为随着动作次数增多，管径会增大，下限电流将会升高。

表 4-15　常用管型避雷器技术数据

型号	额定电压/kV	隔离间隔/cm	灭弧间隙/cm	灭弧管内径/cm	冲击放电电压/kV				工频放电电压/kV		额定断流能力/kA		外形尺寸（直径×长）/mm×mm	质量/kg
					负极性		正极性		干	湿	下限	上限		
					波前	最小	波前	最小						
GXS1 35 2-10	35	120	150	12	349.5	257	364	259.5	100	80	2	10		
GXS1 6-10 0.5-4	6	10	60	7	84	68.5	90.5	66	43.7	32.2	0.5	4		
	10	30	60	7	134	82	136	113	50.4	35				
GXS1 6-10 2-12	6	10	60	9	84	76.5	92	64	40.5	27	2	12	约70 ×43	2.2
	10	30	60	9	144	80	133	103	48	35				
GXS1 35 0.5-4	35	120	175	7	360	225	363	186	118.8	104.8	0.5	4		
	35	120	175	7	410	304	405	240						

（2）管型避雷器的安装

管型避雷器的安装应符合以下要求。

① 管型避雷器应垂直安装，以防内腔积水，开口端向下或倾斜，与水平线的夹角不应小于 15°。在污秽地区，应增大倾斜角度。

② 安装时应避免各避雷器排出的电离气体相交而造成短路，但在开口端固定避雷器例外。

③ 额定电压为 10kV 及以下的管型避雷器，为防止雨水造成短路，外间隙的电极不应垂直布置。外间隙电极应镀锌，以防止锈蚀。

④ 装在木杆上的管型避雷器，三相可共用一接地装置（可与避雷线共用一根接地引下线）。如要限制短路电流，各相避雷器可分别敷设接地装置。

第5章

低压电器的安装与修理

113. 安装低压电器有哪些基本要求？

① 安装前的检查应符合以下要求。

a. 外壳、漆层、手柄无损伤或变形。

b. 内部元件、灭弧罩、瓷件等无裂纹、伤痕。

c. 附件齐全、完好。

② 低压电器及其操作机构的固定方式和安装高度，如设计无规定，应符合以下要求。

a. 宜用支架或垫板（木板或绝缘板）固定在墙上或柱上。

b. 落地安装的电气设备，其底面一般应高出地面 50～100mm。

c. 操作手柄中心距离地面 1.2～1.5m；侧面操作的手柄距离建筑物或其他设备不宜小于 200mm。

③ 成排或集中安装的低压电器应排列整齐，便于操作和维护。

④ 室外安装的低压电器应有防止雨、雪、风沙侵入的措施。

⑤ 固定低压电器应符合以下要求。

a. 紧固螺栓的规格应选配适当，电器的固定应牢固、平整。

b. 电器内部不应受到额外应力。

c. 有防振要求的电器应加装减振装置。紧固螺栓应有防松措施，如加装锁紧螺母、销钉等。

d. 采用膨胀螺栓固定时，可按要求选择螺栓规格、钻孔直径和埋设深度。

⑥ 电器的外部接线应符合以下要求。

a. 按电器的接线端头标志接线。

b. 在一般情况下，电源侧导线应连接在进线端（固定触头接线端），负载侧的导线应接在出线端（可动触头接线端）。

c. 电器的接线螺栓及螺钉应有防锈镀层，连接时螺钉应拧紧。

d. 母线与电器的连接必须可靠，连接处不同相母线的最小净距应不小于：额定电压 $U_e \leqslant 500\text{V}$ 时为 10mm，$500 < U_e \leqslant 1200\text{V}$ 时为 14mm。

⑦ 电器的金属外壳和框架应采取保护接地（接零）。

⑧ 低压电器的绝缘电阻应符合要求，具体要求见第 114 问。

⑨ 低压电器应按其负荷性质及安装场所的需要进行下列试验，并符合规定。

a. 电压线圈动作值校验：

ⅰ. 吸合电压不大于 $85\%U_e$，释放电压不小于 $5\%U_e$，接触器线圈的动作值见第 207 问；

ⅱ. 短时工作的合闸线圈在 $(85\%\sim110\%)U_e$ 范围内均能正常工作，分励线圈应在 $(75\%\sim110\%)U_e$ 范围内均能可靠工作。

b. 用电动机或液压、气压传动方式操作的电器，除产品另有规定外，当电压、液压或气压在 $85\%\sim110\%$ 额定范围内时，电器应可靠工作。

c. 各类过电流脱扣器、失压和分励脱扣器、延时装置等，应按设计要求进行整定，其整定值误差不得超过产品的标称误差值。

114. 怎样测量低压电器的绝缘电阻？

为了判断低压电器的绝缘是否良好，在电器检修后和安装前，以及定期检查时，都应测量其绝缘电阻。

（1）测量仪表的选用

当被试品额定电压为 60V 及以下时，选用 250V 兆欧表；为 60~660V 时，选用 500V 兆欧表；为 660~1000V 时，选用 1000V 兆欧表。

（2）绝缘电阻的测量部位

① 主触头断开时，同极的进线与出线之间。

② 主触头闭合时，不同极的"带电"部件之间、触头与线圈之间、主电路与控制和辅助电器（包括线圈）之间。

③ 各"带电"部件与金属支架之间。

④ 各"带电"部件与运行时可触及部件（如操作手柄）之间。

⑤ 额定绝缘电压等级不同的"带电"电路应分别进行测量。

（3）绝缘电阻的标准。

不同额定绝缘电压下的绝缘电阻最小值见表 5-1。

表 5-1　不同额定绝缘电压下的绝缘电阻最小值

额定绝缘电压 U_i/V	$U_i \leqslant 60$	$60 < U_i \leqslant 600$	$600 < U_i \leqslant 800$	$800 < U_i \leqslant 1500$
绝缘电阻最小值 /MΩ	1	1.5	2	2.5

115. 怎样检查和调整低压电器的触头系统？

① 检查触头的开距、超行程、初压力和终压力。这些参数应符合规定要求。

a. 开距：指触头完全断开时，动、静触头之间的最短距离。一般双挡触头的弧触头开距为 15～17mm，弧触头刚接触主触头之间的距离以 4～6mm 为宜。

b. 超行程：指触头开始接触时触头再向前运动的一段距离。超行程应保证主触头磨损 1/3～1/2 时仍能可靠接触。主触头的超行程一般为 2～6mm。

c. 初压力：指动、静触头刚接触时的压力。初压力过小，会造成触头振动和电磨损。

d. 终压力：指触头处于闭合位置的压力。终压力不能过大或过小，应保证触头工作时的温升不超过允许值，同时要保证触头在通过短路电流时不因电动力斥开产生跳动而熔焊。

在无法找到技术数据时，触头压力可用下列计算值作参考：

触头初压力　　　　　　$F_c = k_1 I_e$ （N）

触头终压力　　　　　　$F_z = k_2 F_c$ （N）

式中　I_e——额定电流，A；

　　　k_1——系数，可取 0.1～0.3，对小容量控制器，k_1 值较小；

　　　k_2——系数，可取 1.2～1.8。

② 检查触头的磨损程度。当出现下述情况之一时应予以更换。

　　a. 触头接触部分磨损到原有厚度的 2/3（铜触头）或 1/3（银或银基合金触头）。

　　b. 触头超行程经过调整，仍达不到原来规定最低值的 3/5 或触头压力低于下限值。

　　③ 检查触头是否有过热、电弧烧伤及熔焊等现象。

　　④ 检查动触头的导电板、弹簧、运动部件、绝缘部件及连接端子的连接情况。

116. 怎样测量触头压力？

　　触头的终压力应当在其闭合位置上用测力仪器测定。测力仪器应加在规定的作用点上，沿着触头接触面的法线方向施力。在下述情况下测力仪器的读数表示触头终压力。

　　① 与触头串联的电路中的指示器（指示灯）出现信号时。

　　② 夹在动、静触头中间的、厚度不大于 0.1mm 的纸带刚刚可以抽动时（纸带应将整个触头的接触面完全遮盖住）。

　　在测量时，如果力的方向通过接触面的对称中心，而且与触头接触处的表面相垂直，则测量结果就直接表示触头压力，如果不能满足上述要求，则必须进行适当的换算。

　　触头初压力应当在断开位置上，用与触头终压力相类似的方法测定，但要求：

　　① 将指示器跨接在触头或触头支架与其支持件之间；

　　② 将纸带放置在触头或触头支架与其支持件之间。

　　如果不能用上述方法来测定触头压力，则允许根据弹簧的变形和已测定的弹簧刚度来确定触头压力。

　　如果上述各种方法都不能适用，则应按产品标准或技术条件中规定的专门测量方法测量。

　　某些低压断路器的触头压力见表 5-2。

　　表 5-2 中塑壳式断路器的触头压力较低，这是由于结构上的原因，它是依靠机构快速动作来保证触头在分断短路电流时不熔焊的。

表5-2　某些低压断路器的触头压力

断路器型号	主触头压力/N		弧触头压力/N		备　注
	初压力	终压力	初压力	终压力	
DW10-400、 DW10-600	70	140	35	70	指主触头接触点上的总压力,DW10-$\frac{1000}{1500}$每极主触头上有 2 个滚轮,故计有 4 个接触点,DW10-2500 有 8 个接触点,DW10-4000 有 12 个接触点
DW10-1000、 DW10-1500	4×180	4×280	100	150	
DW10-2500	8×120	8×186	2×100	2×150	
DW10-4000	12×120	12×180	3×150	3×150	
DW15-200～ DW15-600		>180	—	—	主触头终压力为 8 个接触点的压力总和 即 1500A 触头压力的 2 倍 即 1500A 触头压力的 3 倍
DW15-1000、 DW15-1500	680	1000	610	210	
DW15-2500	2×310	2×530	2×32	2×116	
DW15-4000	3×310	3×530	3×32	3×116	
DWX15-200 DWX15-400 DWX15-600		≥50 ≥120 ≥140			
DZ10-100 DZX10-100 DZ10-250 DZX10-250 DZ0-600 DZX10-600		9 12 50 50 90 90			
DS12-1000 DS12-2000 DS12-3000 DS12-6000		100±20 210±25 440±50 1200±100	1±3	120±30 120±30	

117. 怎样测量触头超行程?

触头的超行程,应当在闭合位置上按下列几种方法之一进行测定。

① 将静触头移开,测量动、静触头接触以后动触头移动的距离。

② 根据触头支架的全部行程与它在触头刚接触时的行程之差来确定。触头的接触根据指示器(指示灯)判定。

③ 测量触头与其支持件之间的空隙,然后按图纸上的标准尺寸进行换算。

　　如具有可靠依据，允许采用其他方法来测定触头超行程，但这种方法应在产品标准或技术条件中有说明。

118. 怎样计算触头的接触电阻?

　　(1) 电器触头或弹性接触件的接触电阻的计算

　　压力越大，实际接触面积越大，接触电阻就越小。电器触头或弹性接触件的接触电阻可按以下公式计算:

$$R_C = \frac{K}{(F/9.81)^n}$$

式中　R_C——电器触头的接触电阻，$\mu\Omega$;

　　　F——触头的压力，N;

　　　K——与触头材料的物理化学性质及接触表面情况等有关的系数，见表5-3;

　　　n——与接触形式、压力范围和实际接触面的数目等因素有关的指数，点接触 $n=0.5$，线接触 $n=0.7\sim$ 0.75，高压下的面接触 $n=0.8\sim1$。

表5-3　各种材料的 K 值

接触材料	接触形式	电流大小[①]	K
银-银			60
银镍-银镍			170
铝-铜			980
铜-铜	平面的	小	90~280
铜-铜	点的		140~170
铜-铜		大	400
铝-铝		大	$(3\sim6)\times10^3$
铝-黄铜			1.9×10^3
铝-钢		大	4.4×10^3
钢-钢		大	7.6×10^3
黄铜-铁		大	3×10^3
黄铜-黄铜		大	670
黄铜-铜		大	380
铜镀锡-铜		大	400
铜镀锡-铜镀锡		大	100
铜镀锡-铜镀锡		小	70~100
银氧化镉12-银氧化镉12	氧化		350

　　① 电流大小以 10A 左右作为大致的分界。

（2）触头接触电阻随温度升高而增加的关系

对长期负载 $\qquad R_C = R_\infty \left(1 + \dfrac{2}{3}\alpha\tau\right)$

对短时负载 $\quad R_C = R_\infty \left[1 + \dfrac{1}{5}\ln(1+\alpha\tau)\right]$

式中　R_C——触头在温度上升 τ（℃）时的接触电阻，$\mu\Omega$；

　　　R_∞——触头在室温下的接触电阻，$\mu\Omega$；

　　　α——触头材料的电阻温度系数，$℃^{-1}$；

　　　τ——触头的温升，℃。

触头的温升限值见表 5-4。

表 5-4　接触部件（主触头、控制触头和辅助触头）的温升限值

触头材料、结构形式及工作制	温升限值（用热电偶法测量）/℃
在空气中的接触部件： 铜，长期工作制 铜，8h 工作制、间断工作制或短时工作制，银或镶银片	45 65
在油中的接触部件	60

119. 常用触头材料有哪些？其特性如何？

低压电器触头的材料不尽相同，一般可根据以下情况加以区别。

① 具有单断点的指式触头（如转动式接触器和控制器）和楔形触头（如刀开关）常用紫铜制造；长期工作的单断点触头，常嵌有银或银基合金材料。

② 具有双断点（双挡）的触头（如小容量接触器）多采用纯银或银基合金制造；大容量的则多采用银铁、银氧化镉等制造。

③ 断路器的触头常用银镍、银石墨或银钨等制造。

常用触头材料的种类与特性见表 5-5。

表 5-5　常用触头材料的种类与特性

材　　料	密度 /(g/ cm³)	熔点 /℃	沸点 /℃	维氏硬度 (HV)		热导率 /[W/ (m・ K)]	电导率 /(×10⁶ s/m)	电阻率 /μΩ・cm
				软态	硬态			
Cu	8.96	1083	2595	50	100	394	60	1.7
Ag	10.49	961	2212	30	80	419	63	1.6
CuCd0.3-1.3	8.94	1040~1080	—	108	161	320	45	2.2
CuAg0.025-0.12	8.89	1082	—	—	—	385	56	1.8
CuAg2	9.00	1050~1075	—	50	130	330	49	2.0
CuAg2Cd1.5	9.00	970~1055	—	55	130	260	43	2.3
CuAg4Cd1	9.10	1010~1065	—	55	130	250	41	2.4
CuAg5Cd1.8	9.10	920~1040	—	70	135	240	38	2.6
CuAg6	9.20	960~1050	—	70	145	270	38	2.4
CuAg6Cd1.5	9.20	880~1040	—	70	150	230	36	2.4
AgNi0.15	10.40	960	2200	55	100	415	58	1.7
AgCu3	10.40	900	2200	65	120	372	52	1.9
AgCu5	10.40	850	2200	70	125	335	51	2.0
AgCu10	10.30	780	2200	75	130	335	50	2.0
AgCu20	10.20	780	2200	85	150	335	49	2.0
AgCu28	10.10	779	—	100	175	335	48	2.1
AgSi0.5	—	—	—	40	100	—	46	2.2
AgCd10	10.30	910	920	36	115	151	23	4.4
AgCd15	10.10	875	906	40	120	130	21	4.8

120. 怎样修理触头接触不牢靠的故障？

触头接触不牢靠会使动、静触头间的接触电阻增大，导致接触面温度过高，生成黑色氧化层（对于铜触头）或硫化银（对于银触头），并使面接触变成点接触，甚至出现不导通现象。造成的原因有以下几方面。

① 使用环境恶劣，触头上有污垢、油污、异物；环境潮湿，触头上水汽遇低温结成冰霜。

② 长期使用，触头表面氧化（对于铜触头）或硫化（对于银触头）。

③ 电弧烧蚀造成缺陷、毛刺或形成小颗粒等。

④ 运动部分有卡阻现象。

处理方法如下。

① 改善使用环境，加强巡视检查；对于触头上的污垢、油污、异物，可以用棉布蘸酒精或汽油擦洗；避免电器在潮湿及忽冷忽热的环境下工作。

② 对于铜质触头，若烧伤程度较轻，可用细锉把凹凸不平之处修整平整，生成的氧化层也可用细锉除去，但不允许用细砂布打磨，以免石英砂粒留在触头之间而不能保持良好的接触；若烧伤严重，接触面低落，则必须更换触头。

对于银或银基合金触头，其接触表面生成硫化银层或在电弧作用下形成轻微烧伤及发黑时，一般不影响工作，可用酒精、汽油或四氯化碳溶液擦洗。如有必要，可将触头卸下浸入 $25\%\sim28\%$ 的氨水中浸泡 15min 后取出，再用尼龙刷刷去已变得非常疏松的硫化银层，用清水洗净擦干即可。即使触头表面被烧成凹凸不平，也只能用细锉清除四周溅珠和毛刺，切勿锉修过多，以免影响触头寿命。

对于接触面的轻微斑点，不论哪种触头，都不要打磨。

③ 运动部分有卡阻时，可拆开检修。

121. 怎样修理触头过热的故障？

触头过热不但会影响其寿命，还有可能造成触头熔焊而失控。造成触头过热的原因如下。

① 触头接触不牢靠。

② 触头容量与负荷不配套，负荷过重。

③ 操作频率超过产品的规定操作频率。

④ 电源电压过低，在同样负荷功率下，负载电流大大增加，同时使接触器类电器的电磁吸力减小，使触头接触不可靠。

⑤ 使用环境温度过高。

⑥ 触头弹簧变形，压力减小。

处理方法如下。

① 触头接触不牢的原因很多，处理方法见第 120 问。

② 选用较大触头容量的电器或减轻负荷。

③ 选用能适应高操作频率的电器或降低操作频率。另外，对于操作频率高且重载工作的接触器类电器（如行车、机床用接触器），可降容使用。

④ 检查电源电压，设法提高端电压，使其不低于电器额定电压的 85％。

⑤ 改善环境条件，降低环境温度；加强巡视检查和维护工作。

⑥ 更换变形及失去应有弹力的弹簧。

122. 怎样修理触头粘连（熔焊）的故障？

触头粘连（熔焊）会造成控制电路不能工作或误动作，威胁设备及人身安全。造成触头粘连的原因如下。

① 负荷过重，触头容量过小。

② 操作频率过高。

③ 电源电压太低，导致磁系统吸力不足而造成触头振动，发生电弧熔焊。

④ 安装不妥。

⑤ 触头初压力过小，在闭合感性负荷时跳动很厉害，发生电弧熔焊。

⑥ 火花太大。

处理方法如下。

①～③可按第 121 问②～④项处理。

④ 检查电器是否安装在受振动和冲击的地方，否则应更换安装位置。

⑤ 检查触头压力，更换弹簧或用大一级的电器。

⑥ 应找出火花太大的原因，可采用导电膏涂抹，必要时采用消火花电路（见第 211 问）。若触头熔焊程度较轻，可稍加外力使其分开，再用细锉加以修整即可继续使用；若熔焊严重，则应更换触头。

123. 怎样保养低压电器的触头？

为了使电器触头处于良好的工作状态，延长其使用寿命，除正确选用电器、改善使用环境和加强巡视检查、及时处理异常情况外，还可对触头进行润滑保养。对触头进行润滑保养有以下好处。

① 可以防止触头磨损和电弧烧蚀。

② 润滑脂能填充触头表面的凹陷处，使触头的接触面积大大增加。

③ 导电膏等润滑脂具有导电性（当施加一定压力后），能使触头接触电阻降低，热点减少。

④ 能使动、静触头的表面熔结或金属扩散的危害大为减轻，从而大大提高触头的工作效率。

⑤ 能有效地减轻火花及电弧的危害。

常用的触头润滑脂有导电膏、硅脂凡士林和 DTB-823 固体薄膜保护剂等。

（1）导电膏

导电膏具有耐高温（滴点温度大于 200℃）和耐低温（－40℃时不开裂）、抗氧化、抗霉菌、耐潮湿、耐化学腐蚀及理化性能稳定、使用寿命长（密封情况下长于 5 年）、无毒、无味、对皮肤无刺激、涂敷工艺简便等优点。

用导电膏对电气接头进行处理，具有擦除氧化膜、油封、灭弧、改善接触面的导电和导热情况、减轻电气接头及电接触点烧损和阻止熔焊等作用。

使用导电膏应注意以下事项。

① 打磨电气连接部位，清除毛刺和脏物，使连接部位露出金属光泽。若用于开关及接触器、继电器的触头、汞氙灯泡接头支架等，要打磨平整并进行平面校正，让接触面尽可能大。然后在接触面上均匀地涂上一层 0.1～0.2mm 厚的导电膏。如果是用于两导体连接，则先预涂 0.05～0.1mm 厚的导电膏，并用铜丝刷轻轻擦拭，然后擦净表面，重新涂敷 0.2mm 厚的导电膏，最后将接触面

叠合，用螺栓紧固。

② 对接触器主触头，可根据其工作情况，定期清洁后重新涂敷导电膏，以延长触头的使用寿命。

③ 对于小型继电器，一般不必涂敷导电膏，即使需要涂敷，也应涂极薄一层，否则触头容易粘住，或虽能释放，但延长了释放时间，使电路工作状态改变。

（2）硅脂凡士林润滑脂

硅脂凡士林润滑脂适用于各类触头的润滑，具有降低接触电阻、防潮、防盐雾、耐高温、抗腐蚀等特性。其配方如下：甲基硅油 2.5%，工业凡士林 97.4%，银粉 0.1%。

（3）DTB-823 固体薄膜保护剂

DTB-823 固体薄膜保护剂适用于中小功率触头的润滑，特别适合有尘土、潮湿、沿海有盐雾的场所。

硅脂凡士林和 DTB-823 固体薄膜保护剂的使用方法与导电膏相同。这三种润滑脂在接触面上均不可涂得太厚，否则反而无效果。

124. 交流接触器短路环起什么作用?

交流电磁系统的吸力是按周期变化的，由最大值至最小值零，变化的频率为电源频率的两倍，每秒有 100 次经过零点。吸力的变化使衔铁反复被吸、放，结果除影响触头工作的稳定性外，还使铁芯发出刺耳的噪声。

为了消除这种振动，通常采用在衔铁上加装短路环的方法，如图 5-1 所示。

短路环的材料有紫铜、铬锆铜等。铬锆铜的电导率约为紫铜的 3/4，强度较紫铜高。在短路环工作温度（100～120℃）下，紫铜的强度几乎比室温时降低一半，而铬锆铜的工作温度高达 500℃ 左右，制成的短路环强度不降低。

通常取被短路环包围的磁极面积 S_2 与

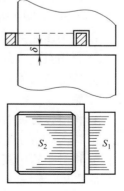

图 5-1　短路环示意图

未被短路环包围的磁极面积 S_1 之比为 2～3；短路环所包围的铁芯端面与衔铁之间的气隙 δ 愈小愈好，一般磨削在 $0.02\sim0.03\text{mm}$ 之间。

125. 短路环断裂怎样修理？

交流接触器短路环断裂后，铁芯在交变磁场的作用下会发出强烈的振动和较大的噪声。

短路环断裂时，可将其取出，重新焊好，再镶嵌上即可。如果短路环已损坏，可按原来的材料、尺寸重做一只嵌上。装配时切勿使铁芯边缘处的绝缘损坏脱落，否则环中流过涡流，会使环发热，甚至烧红。如果发现绝缘漆已脱落，可重新刷涂绝缘漆，干燥后重新装配上短路环。

为延长短路环的寿命，可采取以下方法。

① 将短路环紧固于槽中，并将悬伸部分用环氧树脂或硅橡胶黏结剂粘牢，以防止断裂；对极面进行喷丸处理。

② 采用悬挂式短路环。这种结构上下两边竖直，宽边受力不易折断，并用硅橡胶粘接。硅橡胶可吸收碰撞应力前的冲击。

126. 灭弧系统有哪些常见故障？怎样处理？

灭弧系统包括灭弧罩、相间隔弧板、引弧角、灭弧栅片、真空灭弧室和磁吹线圈等部件。开关的灭弧方式很多，主要有以下几种。

① 采用压缩弹簧，使开关高速断开。

② 利用空气或某些气体吹弧，使电弧拉长并迅速冷却。

③ 使电弧与固定介质接触，使电弧拉长并迅速冷却，如绝缘灭弧栅等。

④ 将电弧分成若干段以利熄弧，如金属灭弧栅等。

⑤ 将触头置于绝缘油中，使电弧迅速冷却。

⑥ 将触头置于真空室（管）中，以利迅速熄弧。

如果灭弧系统发生故障，当触头断开时，熄弧时间就要延长，甚至不能熄灭，其后果是引起电器烧毁、爆炸和火灾等事故。

灭弧系统的常见故障及处理方法见表 5-6。

表 5-6　灭弧系统的常见故障及处理方法

故障现象	可能原因	处理方法
灭弧罩受潮	灭弧罩一般是用石棉水泥板或陶土制成的,容易吸潮。如被雨淋或严重受潮,灭弧罩的绝缘性能将大大降低,不利于熄弧	对受潮的灭弧罩应作烘干处理。烘干的方法是用红外线灯照射或架在电阻炉上驱潮
灭弧罩老化	经长期使用或分断故障电流后,灭弧罩的石棉水泥或陶土表面被烧焦炭化,极不利于灭弧	灭弧罩表面烧焦炭化时,应及时处理,可用细锉将烧焦炭化部分及触头上喷溅出来的金属颗粒锉掉,或用刀将其刮掉,并将灭弧罩吹刷干净。修时必须保证表面的清洁度,因为毛糙的表面会增大电弧运动的阻力,不利于灭弧
灭弧罩破损	灭弧罩受外力作用破损	破损的灭弧罩应立即更换,绝不允许不装灭弧罩运行
隔弧板缺损	检修时丢失。隔弧板缺失或出现缝隙时,会发生相间短路事故	更换隔弧板,并清除触头喷溅到齿、缝隙和隔弧板上的金属颗粒
灭弧栅片脱落或烧毁	检修时丢失,发生短路故障时烧毁。栅片脱落或烧毁,将大大影响熄弧效果	灭弧栅片脱落或烧毁,可用铁片(不得使用铜片)按尺寸重做一个装上
胶木件烧坏、炭化	发生短路等事故,胶木件被电弧击穿;胶木件受潮	胶木件烧焦炭化,若不严重,可刮去炭化部分,并涂上绝缘漆,待干燥后勉强可应付使用(测试绝缘电阻应在 1MΩ 以上)。但要注意,经烧损修复的胶木件一旦受潮或发热,就会再次击穿,因此最好更换新的
灭弧触头故障	灭弧触头起招引电弧的作用,是用于保护主触头的。它的动作程序是:先于主触头闭合,后于主触头打开。如果灭弧触头磨损严重或装配不当,将失去作用	定期检查、调整灭弧触头。对损坏的灭弧触头或弹片进行更换

127. 低压电器的检修周期是多少？

常用低压电器的检修周期见表 5-7。

表 5-7　常用低压电器的检修周期

名　　称	频繁工作的检修周期		一般的检修周期	
	大修	小修	大修	小修
断路器	6 个月	3 个月	1～2 年	6 个月
按钮	6 个月	1 个月	—	1 个月
刀型开关	2～3 年	6 个月	2～3 年	6 个月
万能转换开关	3 个月	15 天	1 年	1 个月
控制器	6 个月	15 天	1 年	1 个月
限位开关	3 个月	15 天	6 个月	1～2 个月
电磁式继电器	1 年	15 天	1 年	1 个月
接触器	1 年	15 天	1 年	1 个月
熔断器	—	15 天	—	1 个月
电磁闸	6 个月	7 天	6 个月	15 天
电动气阀	—	7 天	—	15 天
电阻器	1 年	3 个月	1 年	3 个月
变阻器	6 个月	1 个月	6 个月	2 个月

128. 低压电器有哪些试验项目？

低压电器包括电压为 60～1200V 的刀开关、转换开关、熔断器、断路器、接触器、控制器、主令电器、启动器、电阻器、变阻器及电磁铁等。

低压电器的试验项目、周期和要求见表 5-8。

表 5-8　低压电器试验项目、周期和要求

序号	项　目	周　期	要　求	说明
1	低压电器连同所连接电缆及二次回路的绝缘电阻	①大修后 ②必要时	绝缘电阻应不低于 1MΩ；在比较潮湿的地方，可不低于 0.5MΩ	采用 500V 兆欧表

续表

序号	项 目	周 期	要 求	说明
2	电压线圈动作值校验	①大修后 ②必要时	线圈的吸合电压不应大于额定电压的85%,释放电压不应小于额定电压的5%;短时工作的合闸线圈应在额定电压的85%～110%范围内,分励线圈应在额定电压的75%～110%范围内均能可靠工作	
3	低压电器动作情况	①大修后 ②必要时	对采用电动机或液压、气压传动方式操作的电器,当电压、液压或气压在额定值的85%～110%范围内时,电器应可靠工作	除产品另有规定外
4	脱扣器整定	①大修后 ②必要时	应按使用要求进行整定,其整定值误差不得超过产品技术条件的规定值	包括各类过电流脱扣器、失压和分励脱扣器、延时装置等
5	电阻器和变阻器的直流电阻测量	①大修后 ②必要时	其差值应符合产品技术条件的规定	
6	低压电器连同所连接电缆及二次回路的交流耐压试验	大修后	试验电压为1000V。当回路的绝缘电阻值在10MΩ以上时,可采用2500V兆欧表代替,试验持续时间为1min	

经解体大修或存放已久未用的低压电器,均应经过试验,合格后方可投入使用。试验项目主要包括:

① 一般检查;

② 动作值的测定;

③ 绝缘电阻的测量;

④ 交流耐压试验;

⑤ 温升试验。

129. **怎样进行交、直流线圈改压、改流、改通电持续率和改频计算？**

当电磁系统工作参数（如电压、电流、通电持续率、频率）改变时，都需要重新换一个线圈，这时在磁路系统和线圈骨架都已确定的条件下，线圈参数要作相应的改变，使之适应新的工作条件。

（1）线圈匝数和导线直径的计算

① 直流电磁线圈改变电压的换算

导线直径
$$d_2 = d_1 \sqrt{\frac{U_1}{U_2}}$$

线圈匝数
$$W_2 = W_1 \left(\frac{d_1}{d_2}\right)^2$$

线圈电阻
$$R_2 = \frac{W_2}{W_1} \left(\frac{d_1}{d_2}\right)^2 R_1$$

式中　d_1、d_2——改压前和改压后的导线直径，mm；

　　　W_1、W_2——改压前和改压后线圈的匝线；

　　　R_1、R_2——改压前和改压后线圈的电阻，Ω。

② 直流电磁线圈改变通电持续率的换算　当电源电压不变，而仅改变通电持续率时：

导线直径
$$d_2 = \sqrt[4]{\frac{TD_1}{TD_2}} d_1$$

线圈匝线
$$W_2 = W_1 \left(\frac{d_1}{d_2}\right)^2$$

线圈电阻
$$R_2 = \frac{W_2}{W_1} \left(\frac{d_1}{d_2}\right)^2 R_1$$

式中　TD_1、TD_2——改绕前和改绕后的通电持续率。

注意：如果选用的是标准线规中邻近较大的直径，则线圈发热和吸力都将较原来线圈时略大；反之，则发热和吸力都将略小。

③ 交流电磁线圈改变电压的换算

导线直径
$$d_2 = d_1 \sqrt{\frac{U_1}{U_2}}$$

线圈匝数 $\qquad W_2 = W_1 \dfrac{U_2}{U_1}$

④ 电磁线圈改变电流的换算　当通过电磁线圈的电流值（交流或直流）改变时，为了保持电磁吸力不变，安匝数 IW 应保持不变，故线圈匝数为

$$W_2 = W_1 \frac{I_1}{I_2}$$

为了保持换算后线圈温升不变，电流密度应保持不变，故导线直径为

$$d_2 = d_1 \sqrt{\frac{I_2}{I_1}}$$

式中　I_1、I_2——改绕前和改绕后电流线圈的电流，A；

　　　W_1、W_2——改绕前和改绕后电流线圈的匝数；

　　　d_1、d_2——改绕前和改绕后电流线圈的直径，mm。

⑤ 各种情况的线圈换算表　为了方便与明显起见，将各种情况的线圈换算关系列于表 5-9。表中角码"1"表示标准产品的电气参数，"2"表示换算后产品的有关线圈数据。

例如，欲将 110V 的交流继电器改为 220V，则 $\dfrac{U_2}{U_1} = \dfrac{220}{110} = \alpha = 2$，由表 5-9 中序号 6 查得线圈匝数为 $W_2 = \alpha W_1 = 2W_1$，导线直径为 $d_2 = \alpha^{-\frac{1}{2}} d_1 = \dfrac{1}{\sqrt{2}} d_1$，线圈电流为 $I_2 = \alpha^{-1} I_1 = \dfrac{1}{2} I_1$，电阻为 $R_2 = \alpha^0 R_1 = R_1$。

（2）校验线圈能否放入铁芯窗口中

$$Q_k = \frac{Wq}{f_k} \leqslant Q$$

式中　Q_k——线圈的截面积，mm^2；

　　　Q——铁芯窗口面积，mm^2；

　　　q——导线截面积，mm^2；

　　　f_k——线圈填充系数，见表 5-10。

表 5-9　线圈换算表

序号	线圈种类	要改变的参数	保持条件	变化参数比	匝数比 W_2/W_1	圆线直径比 d_2/d_1	扁线截面积比 q_2/q_1	电阻比 R_2/R_1	电流比 I_2/I_1	变换后某些特性的变化		
										温升	吸力特性	线圈骨架
1	直流电压线圈	U	$F_1=F_2$ $\tau_1=\tau_2$ $f_{k1}=f_{k2}$	$\dfrac{U_2}{U_1}=\alpha$	α	$\dfrac{1}{\alpha^{\frac12}}$	α^{-1}	α^{2}	α^{-1}	基本不变	基本不变	有余量
2	直流电压线圈	TD	$U_1=U_2$ $\tau_1=\tau_2$ $f_{k1}=f_{k2}$	$\dfrac{TD_1}{TD_2}=\alpha$	$\dfrac{1}{\alpha^{\frac12}}$	$\dfrac{1}{\alpha^{\frac14}}$	$\dfrac{1}{\alpha^{\frac12}}$	α^{-1}	α	$\alpha>0$ $\tau_2>\tau_1$	$\alpha>1,F_2>F_1$ $\alpha<1,F_2<F_1$	$\alpha>1,$有余量 $\alpha<1,$略小
3	直流电流线圈	TD	$I_1=I_2$ $\tau_1=\tau_2$ $f_{k1}=f_{k2}$	$\dfrac{TD_1}{TD_2}=\alpha$	$\alpha^{\frac12}$	$\dfrac{1}{\alpha^{\frac14}}$	$\dfrac{1}{\alpha^{\frac12}}$	α	α^{0}	$\alpha>1$ $\tau_2>\tau_1$	$\alpha>1,F_2>F_1$ $\alpha<1,F_2<F_1$	$\alpha<1,$略小
4	直流电流线圈	I	$F_1=F_2$ $f_{k1}=f_{k2}$	$\dfrac{I_2}{I_1}=\alpha$	α^{-1}	$\alpha^{\frac12}$	α	α^{-2}	α	基本不变	基本不变	$\alpha>1,$有余量
5	交流电流线圈	I	$F_1=F_2$ $f_{k1}=f_{k2}$	$\dfrac{I_2}{I_1}=\alpha$	α^{-1}	$\alpha^{\frac12}$	α	α^{-2}	α	基本不变	$\alpha>1,F_2>F_1$ $\alpha<1,F_2<F_1$	$\alpha>1,$有余量
6	交流电压线圈	U	$F_1=F_2$ $f_{k1}=f_{k2}$	$\dfrac{U_2}{U_1}=\alpha$	α	$\alpha^{\frac12}$	α	α^{0}	α^{-1}	温升下降	基本不变	有余量
7	交流电压线圈	f	$U_1=U_2$ $\tau_1=\tau_2$ $f_{k1}=f_{k2}$	$\dfrac{f_2}{f_1}=\alpha$	α^{-1}	$\alpha^{\frac12}$	α	α^{-2}	α	基本不变	$\alpha>1,F_2>F_1$ $\alpha<1,F_2<F_1$	$\alpha>1,$有余量 $\alpha<1,$不够用

注：f_k 为线圈填充系数，F 为吸力，τ 为线圈温升。

表 5-10　漆包线的线圈填充系数 f_k

裸导线直径/mm	手工绕制				自动绕制	
	圆筒框套	矩形框套	矩形框套每层垫纸	矩形框套每两层垫纸	圆筒框套每层垫纸	矩形框套每层垫纸
0.05	—	—	—	0.3	—	—
0.10	0.440	0.420	0.285	0.35	0.38	0.36
0.15	0.495	0.475	—	0.39	—	—
0.20	0.535	0.515	0.350	0.425	0.48	0.44
0.25	—	—	—	0.460	—	—
0.30	—	—	0.385	—	0.54	0.37
0.40	—	—	0.410	—	0.57	0.53

线圈厚度为

$$b_k = Q_k / l_k$$

式中　b_k——线圈厚度，mm；

　　　l_k——线圈高度，mm。

（3）线圈的温升校验

如果经试验线圈温升太大，说明所选取的电流密度太大，应减小电流密度，使导线截面积适当放大些，重新计算，直到温升合格为止。

[例 5-1]　已知接触器线圈电压为 220V，匝数为 3520 匝，导线直径为 0.19mm，现欲改用在 24V 电源上，试求改绕的参数。

解

$$W_2 = W_1 \frac{U_2}{U_1} = 3520 \times \frac{24}{220} = 384 \text{ 匝}$$

$$d_2 = d_1 \sqrt{\frac{U_1}{U_2}} = 0.19 \times \sqrt{\frac{220}{24}} \approx 0.575 \text{mm}$$

查线规表，取标称直径为 0.57mm 的漆包线。

[例 5-2]　有一只 100A 交流接触器，已知线圈电压为 380V，50Hz，1980 匝，导线直径为 ϕ0.44mm，现欲改用在 60Hz 电源上，试求改绕的参数。

解

$$W_2 = W_1 \frac{f_1}{f_2} = 1980 \times \frac{50}{60} = 1650 \text{ 匝}$$

$$d_2 = d_1 \sqrt{\frac{f_2}{f_1}} = 0.44 \times \sqrt{\frac{60}{50}} = 0.482 \text{mm}$$

查线规表，取标称直径为 0.49mm 的漆包线。

第6章

低压断路器

130. 低压断路器按保护特性及用途怎样分类?

低压断路器又称低压自动开关,它能在供电系统发生过载、短路和欠电压等情况时自动切断电路,也可用于不频繁地启动电动机或接通、分断电路。

低压断路器按保护特性及用途分类见表 6-1。

表 6-1 低压断路器按保护特性及用途分类

分类名称	电流种类及范围	保 护 特 性			主要用途
配电用断路器	交流 200~5000A	选择型	二段保护	瞬时,短延时	电源总开关和负荷近端支路开关
			三段保护	瞬时,短延时及长延时	
		非选择型	限流型	长延时,瞬时	支路近端开关和支路末端开关
			一般型		
	直流 600~6000A	快速型	正向		保护硅整流设备
			双向		
		一般型	长延时		保护一般直流设备
			瞬动		
电动机保护用断路器	交流 60~600A	直接启动	过流脱扣器瞬动倍数 $(8{\sim}15)I_e$		保护笼型电动机
		间接启动	过流脱扣器瞬动倍数 $(3{\sim}8)I_e$		保护笼型和绕线型电动机
		限流式	过流脱扣器瞬动倍数 $12I_e$		可装于变压器近端
照明用断路器	交流 5~50A	过载长延时 短路瞬时(单极)			照明电路开关信号二次回路
漏电保护断路器	交流 5~200A	30mA,0.1s 分断			保护人身安全及防止漏电引起火灾
特殊用途断路器	交流直流	瞬动			灭磁开关闭合开关

131. 低压断路器有哪些类型？各适用哪些场合？

低压断路器的类型及适用场合见表 6-2。

表 6-2　低压断路器的类型及适用场合

类别	产品系列		适 用 场 合
塑料外壳式	DZ5系列	DZ(B)5型（单极）	主要作开关板控制线路及照明线路的过载和短路保护
		DZ5-20型（3极）	用作电动机和其他电气设备的过载及短路保护，也可作小容量电动机不频繁的启停操作和线路转换之用
		DZ5-50型（3极）	与 DZ5-20 相同，但容量比 D25-20 大一级，并可用于交流 500V 及以下电路中
	DZ20、TO、TG、CM1、H 系列		在低压交直流线路中，作不频繁接通和分断电路时；该开关具有过载和短路保护装置，用以保护电气设备、电机和电缆不因过载或短路而损坏
	DZ12、DZ13 型		主要用于照明线路，作线路过载和短路保护，以及作线路不频繁分断和接通之用
	DZ15 系列		作为配电、电动机、照明线路的过载和短路保护及晶闸管交流侧的短路保护，也可用于线路不频繁转换及电动机不频繁启动
	S060 系列		该系列为引进技术小型开关，适用于交流 50Hz、60Hz，电压 415V 及以下的线路，用于照明线路、电动机过载和短路保护
框架式	AH(日)、ME(德)、DW15、DW16、DW17 系列		有配电用和保护电动机用两种，分别作配电线路电源设备和电动机的过载、短路和欠电压保护；在正常条件下，也可分别用于电路的不频繁转换和电动机不频繁启动

续表

类别	产品系列	适 用 场 合	
直流快速	DS7~DS9 系列 DS10 系列 DS11、DS12 系列	单向动作 单双向均 可动作双 向动作	用于大容量直流机组、硅整流供电装置和晶闸管整流装置等直流供电线路的过载、短路和逆流保护
限流式	DWX15 系列框架式	具有快速断开和限制短路电流上升的特点,适用于可能发生特大短路的低压网络,作配电和保护电动机之用;在正常条件下,也可用于线路不频繁转换和电动机不频繁启动	
	DZX10 系列 塑料外壳式	在集中配电、变压器并联运行或采用环形供电时,在要求高分断能力的分支线路中,作为线路和电源设备的过载、短路和欠电压保护;在正常条件下,也可作线路的不频繁转换之用	
漏电保护	DZ15L 型	适用于电源中性点接地的电路,作漏电保护,也可作线路和电动机的过载及短路保护,还可用于线路不频繁转换和电动机不频繁启动	
	DZ5-20L 型	与 DZ15L 相同,但容量比 DZ15L 小一级,额定电流仅为 20A,且无 4 极触头	

132. 选择断路器的一般原则是什么?

① 断路器的额定工作电压≥线路额定电压。

② 断路器的额定电流≥线路计算负荷电流。

③ 断路器的额定短路通断能力≥线路中可能出现的最大短路电流（有效值）。

如果选用的断路器额定电流符合要求，但额定短路通断能力小于断路器安装点的线路最大短路电流，则必须重选断路器。

④ 线路末端单相对地短路电流≥1.25 倍断路器瞬时（或短延时）脱扣整定电流。

⑤ 断路器欠电压脱扣器额定电压≥线路额定电压。

是否需要欠电压脱扣器应根据具体情况而定，有时可不用或带有适当延时。

⑥ 具有短延时的断路器若带欠电压脱扣器，则欠电压脱扣器

必须带延时，其延时时间不小于短路延时时间。

⑦ 断路器的分励脱扣器额定电压＝控制电源电压。

⑧ 电动传动机构的额定电压等于控制电源电压。

133. 怎样选择和整定配电用断路器？

配电用断路器的选用除满足上述条件外，还应正确选择和整定过电流脱扣器。低压断路器过电流脱扣器按保护特性分有长延时、短延时和瞬时三种。长延时脱扣器用于过负荷保护，短延时和瞬时脱扣器用于短路保护。塑壳式断路器大都无短延时保护特性，而选择型万能式断路器，如 DW15、DW17、ME 等，则具有二段（瞬时、长延时或瞬时、短延时）或三段（瞬时、短延时、长延时）保护特性。

过电流脱扣器动作电流整定的根本问题是如何从动作电流或动作时间上躲过计算电流的尖峰电流。

计算电流 I_{js} 即最大负荷电流，为用电设备正常工作时（非启动时）通过配电线路的最大持续电流。尖峰电流 I_{jf} 则是指包括电动机在内的用电设备启动时通过配电线路的电流。

过电流脱扣器动作电流具体整定要求如下。

① 长延时动作电流整定值 I_{dzj}≤导线允许载流量。当线路为电缆时，可取电缆允许载流量的 80%。

② 长延时动作电流整定值 I_{dzj}≥KI_{js}，其中，I_{js} 为线路的计算电流；K 为可靠系数，取 1.1。

③ 3 倍长延时动作电流整定值的可返回时间≥线路中启动电流最大的电动机的启动时间。

④ 短延时动作电流整定值 I_{dzj}≥KI_{jf}，其中，I_{jf} 为线路的峰值电流；K 为可靠系数，取 1.2～1.4。

也可按下式整定：I_{dzj}≥$1.1(I_{js}+1.35K_{qd}I_{ed})$。其中，$K_{qd}$ 为电动机的启动电流倍数；I_{ed} 为电动机的额定电流。

短延时动作时间分 0.1s（或 0.2s）、0.4s、0.6s 三种，可按各级断路器选择性配合的要求选用。选定短延时阶梯后最好按被保护对象的热稳定性能加以校验。

⑤ 瞬时电流整定值 $I_{dzj} \geqslant 1.1(I_{js} + K_1 K_{qd} I_{edm})$，其中，$K_1$ 为电动机启动电流的冲击系数，一般 $K_1 = 1.7 \sim 2$；I_{edm} 为最大的一台电动机的额定电流。

⑥ 如有短延时，则瞬时电流整定值不小于 1.1 倍的下级开关进线端计算短路电流值。

⑦ 瞬时或短延时动作的断路器灵敏度按以下公式校验：

$$\frac{I_{d \cdot min}^{(2)}}{I_{dzj}} \geqslant K_m^{(2)}$$

$$\frac{I_{d \cdot min}^{(1)}}{I_{dzj}} \geqslant K_m^{(1)}$$

式中　$I_{d \cdot min}^{(2)}$、$I_{d \cdot min}^{(1)}$——配电线路末端或电气距离最远的一台用电设备处发生两相短路或单相短路时的短路电流，A；

　　　　　　I_{dzj}——瞬时或短延时过电流脱扣器的整定电流，A；

　　　　　　$K_m^{(2)}$——两相短路电流的灵敏度，取 $K_m^{(2)} = 2$；

　　　　　　$K_m^{(1)}$——单相短路电流的灵敏度，对 DW 型断路器取 $K_m^{(1)} = 2$，对 DZ 型断路器取 $K_m^{(1)} = 1.5$，对装于防爆车间的断路器取 $K_m^{(1)} = 2$。

⑧ 瞬时和短延时脱扣器的整定电流调节范围（制造厂标准的规定）。

DW 型瞬时　　　　　$I_{dzj} = (1 \sim 23) I_{ed}$

DW 型短延时　　　　$I_{dzj} = (3 \sim 6) I_{ed}$

DZ 型瞬时　　　　　$I_{dzj} = (2 \sim 12) I_{ed}$

式中　I_{ed}——脱扣器额定电流。

134. 怎样选择和整定电动机保护用断路器？

电动机保护用断路器可按以下原则选择和整定。

① 电动机保护用断路器，其长延时脱扣器分为可调试和不可

调试两种。可调试过电流脱扣器的整定电流调节范围为 $0.7\sim1.0$ 倍的脱扣器额定电流。长延时脱扣特性与 JR 系列热继电器的特性相同，所以它很适合作为电动机的过载保护装置。

长延时脱扣器的保护特性见表 6-3。

表 6-3 长延时脱扣器的保护特性

试验电流脱扣器整定电流	动作时间	
	额定电流 50A 及以下	额定电流 50A 以上
1.0	不动作	不动作
1.2	＜20min	＜20min
1.5	＜3min	＜3min
6.0	可返回时间：1s 或 3s	可返回时间：3s、8s 或 15s

注：可返回时间是指在长延时和短延时范围内，当电流下降到长延时脱扣器整定电流的 90%时，脱扣器能返回到原来状态的最长时间。

长延时电流整定值＝电动机额定电流

② 6 倍长延时电流整定值的可返回时间≥电动机实际启动时间。按启动时负荷的轻重，可选用可返回时间为 1s、3s、5s、8s、15s 中的某挡。

③ 瞬时整定值：对保护笼型异步电动机的断路器等于 $8\sim15$ 倍电动机额定电流；对保护绕线型电动机的断路器等于 $3\sim6$ 倍电动机额定电流。

必须指出，断路器的寿命一般只有万次左右，比一般交流接触器的操作寿命低两个数量级。直接启动电动机时，只适用于不频繁操作的场合。

如果选择不到能满足电动机过载保护的断路器，可以将配电用断路器与热继电器配合使用来实现电动机的过载保护。这时配电用断路器瞬时脱扣动作电流整定值应等于 14 倍电动机额定电流，以避免由于电动机启动冲击电流而引起误动作。

135. 怎样选择家庭小型断路器？

家庭用多功能自由组合式的小型断路器有 multi9 系列的 C45N、C45AD、DPN、NC100H 等，有森泰（ST）电器的 TSM、TSN 型高分断小型断路器，有引进德国 F&G 公司技术制造的

PX200C 系列等。下面介绍 PX200C-50 系列小型断路器。

PX200C-50 系列小型断路器适用于交流 50Hz、额定电压 440V 及以下、额定电流至 50A 的电路中，用以保护住宅和类似建筑物的电气线路设备，作为线路的过载和短路保护之用，也适宜作隔离用。

（1）断路器的基本规格及参数（见表 6-4）

表 6-4　基本规格及参数

型号	壳架等级额定电流 I_{nm}/A	额定工作电压 U_e/V	频率/Hz	极数	脱扣器额定电流 I_n/A
PX200C-50/1		230/400		1	2,4,6,10,16,20,25,32,40,50
PX200C-50/2	50	230/400	50	2	
PX200C-50/3		400		3	
PX200C-50/4				4	

（2）断路器的通断能力（见表 6-5）

表 6-5　断路器的通断能力

额定电流 I_n/A	极数	试验电流有效值 I/kA	试验电压 U/V	功率因数 $\cos\varphi$
2,4,6,10,16,20,25,32,40	单极	6	230/40	0.65~0.70
	二极		400	
	三、四极		400	
50	单极	4	230/400	0.75~0.80
	二极		400	
	三、四极		400	

136. 怎样选择直流断路器？

直流电路选用断路器的原则如下。

① 对用于动作速度要求不高的场所，如直流电机、蓄电池电源等，应选用一般的直流断路器，例如从交流断路器派生的产品。

② 额定电压为 250V 及以下、额定电流为 630A 及以下的直流电路，可选用体积小、价格低的 TO、TG、DZ20 系列和 C45N 系列等塑料外壳式断路器。

③ 对用于动作速度要求高的场所，如晶闸管整流装置等（过载能力极低），必须采用快速断路器，如 DS7、DS8、DS10、DS11 和 DS12 等系列。快速断路器的价格较高。

直流断路器的选用条件如下。

① 额定工作电压大于直流电路的额定电压。若考虑到反接制动和逆变条件，应大于 2 倍电路电压。

② 额定电流大于或等于直流电路的负荷电流。对于短时周期负荷，可按其等效发热电流考虑。

③ 过电流动作整定值大于或等于电路正常工作电流最大值。启动直流电动机时，应避过电动机启动电流。

④ 逆流动作整定值小于被保护设备的允许逆流数值。

⑤ 额定短路通断能力大于直流电路可能出现的最大短路电流。对于快速断路器，初始上升陡度$\left(初始\dfrac{di}{dt}\right)$大于电路可能出现的最大短路电流的初始上升陡度。

⑥ 快速断路器的 I^2t 小于与其配合的快速熔断器的 I^2t。

137. 安装断路器有哪些基本要求？

安装断路器应符合以下基本要求。

① 断路器一般应垂直安装，否则会影响脱扣器动作的准确性和通断能力。

② 为了防止发生飞弧，裸露在箱体外部且易触及的导线端子应加绝缘保护。对于塑壳式断路器，进线端的裸母线应包上 200mm 长的绝缘物，有时还需在进线端的各相间加装隔弧板，即将其插入绝缘外壳上的燕尾槽内。

③ 断路器接线端子与母线连接时，不得有扭应力。

④ 电源进线应接在灭弧室一侧的上桩头上，负荷出线应接在脱扣器一侧的下桩头上；出线端的连接截面积应按规定选取，否则会影响过电流脱扣器的保护特性。

⑤ 断路器操动机构的手柄或传动杠杆的开、合位置应正确，

操作力不应大于产品规定值。

⑥ 电动操动机构的接线应正确。在合闸过程中开关不应跳跃；开关合闸后，限制电动机或电磁铁通电时间的联锁装置应及时动作，使电动机或电磁铁的通电时间不超过产品允许规定值。

⑦ 触头在闭合、断开过程中，可动部分与灭弧室的零件不应有卡阻现象。

⑧ 触头接触面应平整，合闸后接触应紧密。

⑨ 必须按线路及负荷要求正确整定短路脱扣值和热脱扣值。

⑩ 使用前，宜用 500V 兆欧表测量带电体与框架（大地）之间、极间以及断路器断开时的电源侧与负荷侧之间的绝缘电阻，应均不小于 $10M\Omega$（船用断路器不小于 $100M\Omega$）。

138. DW15 系列和 ME 系列断路器的接通与分断能力是多少？

（1）DW15 系列断路器的接通与分断能力（见表 6-6 和表 6-7）

表 6-6　DW15-200～DW15-630 系列断路器的额定短路通断能力和飞弧距离

壳架等级额定电流 I_{nm}/A	额定短路分断能力 I_c(有效值)				额定短路延时(0.25s)分断能力 I_c(有效值)				飞弧距离 /mm	进线方式
	380V		660V		380V		660V		380V 660V	
	I_c/kA	$\cos\varphi$	I_c/kA	$\cos\varphi$	I_c/kA	$\cos\varphi$	I_c/kA	$\cos\varphi$		
200	20	0.3	10	0.5	5	0.3	5	0.3	250	上进线
400	25	0.25	15	0.3	8	0.25	8	0.25	250	
630	30	0.25	20	0.3	12.6	0.25	10	0.25	250	

表 6-7　DW15-1000～DW15-4000 系列断路器的额定短路通断能力和飞弧距离

壳架等级额定电流 I_{nm}/A	额定短路分断能力 I_c(有效值)		额定短路延时(0.45s)分断能力 I_c(有效值)		飞弧距离 /mm	进线方式
	380V		380V		380V	
	I_c/kA	$\cos\varphi$	I_c/kA	$\cos\varphi$		
1000	40	0.25	30	0.25	350	上进线或下进线
1600	40	0.25	30	0.25	350	
2500	60	0.20	40	0.25	350	
4000	80	0.20	60	0.20	400	

（2）ME系列断路器的接通与分断能力（见表6-8）

表6-8　ME系列断路器的接通与分断能力

| 型号 | 额定电流/A | 分断能力（有效值） | | 接通能力 660V（峰值）/kA | 额定短时耐受电流（1s）/kA | 进线方式 |
		交流 $\frac{380}{600}$V /(kA/cosφ)	直流 $T=15$ms 400V/kA			
ME630	630	50/0.25	30	105	30	上进线或下进线
ME800	800					
ME1000	1000				50	
ME1250	1250					
ME1600	1600					
ME1605	1900					
ME2000	2000	80/0.2	40	180	80	
ME2500	2500					
ME2505	2900					
ME3200	3200					
ME3205	3900					
ME4000	4000	80/0.2	40	180	100	
ME4005	5000					

139. 怎样安装DW15-200～DW15-630系列断路器？

① 安装前应先检查断路器的规格是否符合使用要求。必须指出，DW15-200～DW15-630系列断路器由于规定为上进线，用于小型发电机等双电源的出口断路器是不可靠的，因此宜采用ME630型断路器。

② 安装前先用500V兆欧表测量断路器的绝缘电阻（事先将电子式脱扣器从插座上拔下），在周围空气湿度为20℃±5℃和相对湿度为50%～70%时应不小于10MΩ，否则断路器需作烘干处理。

③ 若用于单电源，安装时电源进线接于上母线，用户的负荷侧出线接于下母线。

④ 安装时断路器的底座应垂直于水平位置，并用4个M10螺栓固定，且断路器应安装平整，不应有附加机械应力。

⑤ 外部母线与断路器连接时，应在接近断路器母线处加以紧固，以免各种机械应力传输到断路器上。

⑥ 选用 DK-1 型控制箱的断路器，其随带的控制箱可以根据使用条件安装在适当的场所。

⑦ 安装时，应考虑断路器的飞弧距离，即灭弧罩上部必须留有飞弧的空间。DW15-200～DW15-630 系列断路器的飞弧距离见表 6-6。

⑧ 断路器应可靠接地，接地螺栓处有⊕标志，螺栓为 M8。

140. 怎样试投 DW15-200～DW15-630 系列断路器？

断路器安装就绪后，在主电路通电前先按如下步骤进行操作试验，一切正常后方能投入运行。试验步骤如下。

① 二次回路按有关接线图接妥通电，欠电压脱扣器吸合（有轻微的吸合声音）后，断路器方能闭合操作。

② 手动操作断路器时，将手柄沿逆时针方向旋转 120°，此时断路器处于储能状态，然后再顺时针扳下，使断路器快速合闸，这时需注意面板上方孔由"分"转为"合"指示。然后按下红色按钮，断路器断开。

③ 电子式脱扣器的检查。电子式脱扣器为插入式连接，可方便地取下检修或调换。当断路器处于闭合位置时，按下电子式脱扣器上的试验按钮，此时断路器就能瞬时断开，表示电子式脱扣器能正常工作。

④ 电子式脱扣器的整定方法。由于在 20 倍额定电流范围内电流电压变换器的额定电流与输出电压呈线性关系，当通以额定电流时，电流电压变换器两端的输出电压为 15V，通以 2 倍额定电流时为 30V……用户即可根据不同整定值供以与电网隔离的模拟信号对脱扣器进行整定。

⑤ 电磁铁或电动机闭合断路器时，先按有关的二次回路接线图接好后，按动自备的闭合按钮后断路器即可闭合，按动分断按钮后即可断开。

注意：电磁铁和电动机及分励脱扣器均为短时操作，操作间隔时间最小为 5s，不得过频，以免烧毁线圈。

⑥ 断路器在合分过程中，其可动部分与灭弧室应无擦碰现象。

141. 怎样安装 DW15-1000～DW15-4000 系列断路器？

① 安装前应先检查断路器的规格是否符合使用要求。

② 同第 139 问②项。

③ DW15-1000～DW15-4000 系列断路器适用于上进线或下进线，因此，可用于小型发电机等双电源作出口断路器。

④ 安装时断路器的底座应垂直于水平位置，并用 4 个 M12 螺栓固定，且断路器应安装平整，不应有附加机械应力。

⑤ 同第 139 问⑤项。

⑥ 安装时，应检查断路器的飞弧距离，应符合表 6-7 的规定。

142. 怎样试投 DW15-1000～DW15-4000 系列断路器？

断路器安装就绪后，在主电路通电前先按如下步骤进行操作试验，一切正常后方能投入运行。试验步骤如下。

① 断路器在储能后应可靠闭合（欠压脱扣器必须吸合），断路器闭合后，储能弹簧应处于最短位置，用手按"O"按钮，断路器应可靠断开。

② 检查断路器的欠压、分励脱扣器，应在动作范围内使断路器断开。

③ 断路器闭合后，转动过电流脱扣器衔铁，断路器应可靠断开。

④ 电子式脱扣器自检。电子式脱扣器电路原理框图如图 6-1 所示。

运用脱扣器瞬动试验按钮 SB_3 和断路器远控按钮 SB_2 可检测脱扣器本身或断路器操作机构是否正常。按下 SB_3，如断路器立即断开，则说明工作正常。如不能断开，再按 SB_2（也可短接脱扣器第 12 和第 16 两输出脚），此时如断路器断开，则说明脱扣器工作正常。如仍不能断开，则首先应检查断路器的操作机构和欠压分励等执行元件是否正常。注意：检查时禁止用短接欠压线圈的方法来

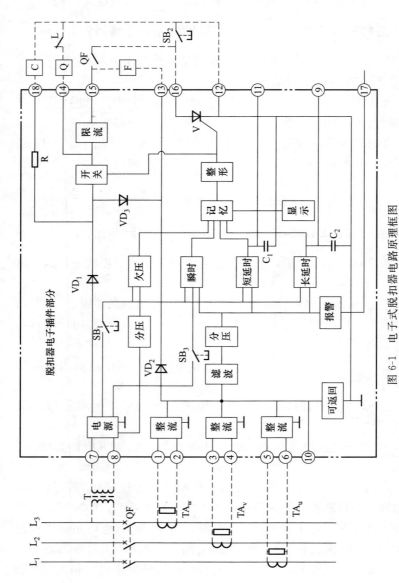

图 6-1　电子式脱扣器电路原理框图

SB₁—复位按钮；SB₂—远控按钮（用户自备）；SB₃—瞬动试验按钮（用户自备）；T—电源变压器；TAᵤ、TAᵥ、TA_w—电流电压变换器；QF—断路器辅助触头；L—漏电闭锁触头（用户自备）；C—零压延时附件；Q—欠压脱扣器线圈；F—分励脱扣器线圈

判断断路器是否故障，否则会烧坏脱扣器元件，更不能将脱扣器第9、第10两脚短接。

若脱扣器工作不正常，可更换脱扣器电子插件并进行试验。

注意：断路器在运行前必须先按复位按钮，使故障显示消失和欠压脱扣器得电吸合后，方可投入正常运行，否则断路器将不能闭合。

⑤ 以上工作完成后，操作断路器：

a. 若电动机操作为"无预储能"断路器，则当储能结束时断路器立即自行闭合；

b. 若电动机操作为"有预储能"断路器，则当储能结束后，可远距离操作释能电磁铁使断路器闭合。

DW15-1000～DW15-4000 系列断路器附有检查手柄，在无电源情况下也能操作断路器，操作时必须先将连杆（见图6-2）调至最低位置（可用手旋转电动机的手轮），然后插入检修手柄，上下按动至"储能"显示。此时如为"无预储能"断路器，则断路器立即自行闭合；如为"有预储能"断路器，则按动正面右上方的"I"按钮后，断路器才能闭合。

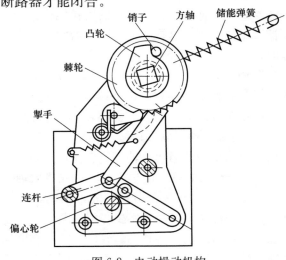

图 6-2　电动操动机构

143. 怎样选择 ME 系列断路器？

ME 系列低压断路器是我国从德国引进的产品。它适用于额定工作电压交流 380V、660V 50Hz 的电路，作电能分配和线路不频繁转换之用；对线路及电气设备进行过载、欠电压和短路保护，并具有分级选择保护功能；能直接启动电动机，并保护电动机、发电机和整流装置等免受过载、短路和欠电压等不正常情况的危害。

ME 系列断路器的选择原则见第 132 问。

ME 断路器有三极和四极两种。三极的规格为 630～4005A；四极的规格为 630～2500A。三极断路器的规格性能见表 6-9。

144. 怎样安装 ME 系列断路器机械联锁装置？

对于一些特殊的用电行业，如化工、冶炼等，停电将造成严重后果，因此在供电系统中采用双网络配电。为防止造成供电反馈，需在两台主配电断路器之间加装联锁装置，以保证一台供电时另一台不能投入，避免产生事故。

本装置利用断路器转动部位和合闸过程的转动，拉动连接软轴，带动一凸轮机械，使另一台断路器的脱扣机构打开，并保证在脱扣状态下使其不能合闸。这样，两台断路器间可实现互锁，即实现一台工作时，另一台不能合闸。

一套机械联锁装置可分为两部分——A、B。A 部分主要由凸轮和顶杆等组成，装在断路器右侧板顶端，如图 6-3 所示。B 部分主要由摇臂和固定座等组成，装在断路器右侧板转轴上，如图 6-4 所示。A、B 两部分之间通过软轴连接。

断路器出厂时为单台装运，软轴不能事先连好，需用户自己安装。但 A、B 两部分已安装好。用户安装时，先将软轴一端带止动圆头的部分卡进断路器 I 中 A 部分的凸轮凹槽内，然后拧紧压板螺钉，将软轴套管头部压紧。注意不要拧得太紧，以免将套管压扁而使软轴钢丝不能自由滑动。将软轴套管的一端装在断路器 II 中 B 部分的压板内，然后拧紧压板螺钉，注意事项同上。然后将软轴钢

表6-9　三极断路器的规格性能

分类		型号	ME 630	ME 800	ME 1000	ME 1250	ME 1600	ME 1605	ME 2000	ME 2500	ME 2505	ME 3200	ME 3205	ME 4000	ME 4005	备注
主电路	AC	电压至380V	√	√	√	√	√	√	√	√	√	√	√	√	√	任选一种
	AC	电压至660V	√	√	√	√	√	√	√	√	√			√	√	
操作方式	手动	右侧直接操作	√	√	√	√	√	√	√							任选一种
		正面直接操作	√	√	√	√	√	√	√	√						
		正面快速操作	√	√	√	√	√	√	√		√					
	电动	电动机操作	√	√	√	√	√	√	√	√		√		√		
		电动机预储能带释能操作	√	√	√	√	√	√	√	√	√	√	√	√	√	
电压脱扣器	欠电压脱扣器	瞬时动作	√	√	√	√	√	√	√	√	√	√	√	√	√	三种脱扣器只能选其中两种或选用双分励脱扣器
		延时动作	√	√	√	√	√	√	√	√	√	√	√	√	√	
	分励脱扣器	√	√	√	√	√	√	√	√	√	√	√	√	√	√	
	闭锁电磁铁	√	√	√	√	√	√	√	√	√	√	√	√	√	√	
过电流脱扣器	过载长延时及短路瞬时	√	√	√	√	√	√	√	√	√	√	√	√	√	√	任选一种
	过载长延时及短路短路延时	√	√	√	√	√	√	√	√	√	√	√	√	√	√	
	短路瞬时	√	√	√	√	√	√	√	√	√	√	√	√	√	√	
	短路短延时	√	√	√	√	√	√	√	√	√	√	√	√	√	√	
	无过电流脱扣器	√	√	√	√	√	√	√	√	√	√	√	√	√	√	
安装与接线	固定式	水平连接	√	√	√	√	√	√	√	√	√	√	√	√	√	任选一种
		垂直连接	√	√	√	√	√	√	√	√	√	√	√	√	√	
	插入式	水平连接	√	√	√	√	√	√	√	√	√	√	√	√	√	
		垂直连接	√	√	√	√	√	√	√	√	√	√	√	√	√	

丝从固定座圆孔中穿过，把钢丝拉紧，直到凸轮要被拉动为止。这时把固定螺钉旋紧，同时将固定座螺母拧紧防松，并把余线剪断。两台断路器之间实现互锁需要两套联锁装置，A_1、B_2 装在断路器 I 上，B_1、A_2 装在断路器 II 上，A_1-B_1、A_2-B_2 之间软轴的固定方法同上。

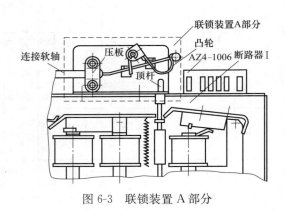

图 6-3　联锁装置 A 部分

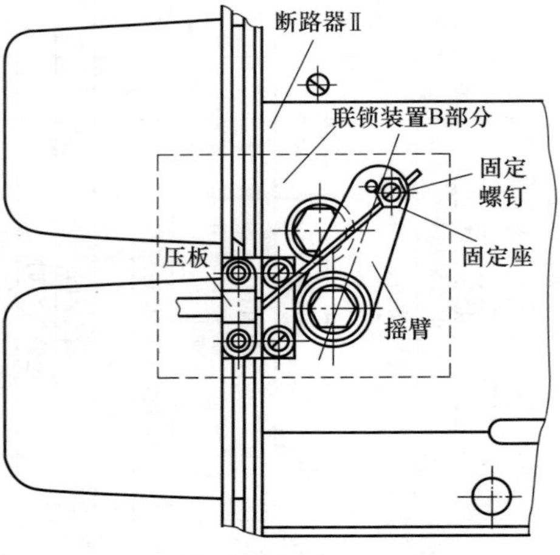

图 6-4　联锁装置 B 部分

145. 怎样调整 ME 系列断路器机械联锁装置？

确认软轴安装无误后，可进行合闸操作，观察联锁装置动作情况。如凸轮未能将顶杆压到使脱扣机构动作的位置，可将固定座往其所在的腰圆孔上右移，必要时可将凸轮弯曲半径弯大一些。如凸轮将顶杆压得太紧，可将固定座往其所在的腰圆孔上左移，必要时可将凸轮弯曲半径弯小一些，但不能使凸轮不光滑。

注意事项如下。

① 轮轴在运输与安装过程中，不应使其有弯折现象，固定时应保证圆弧过渡，以减少不必要的阻力，否则凸轮上的反力弹簧有可能不能使软轴钢丝复位。

② 加装机械联锁装置后，原 X4（接线端子）改用 AZ4-1006 型接线端子，用两只 M3×20 螺钉加弹簧垫圈和平垫圈，固定在如图 6-4 所示位置（出厂时已改装好）。

③ 两台断路器加装联锁装置后，虽保证两台断路器不能同时供电，但一台供电时另一台仍能操作，这时操作将使前一台断路器打开，同时后一台不能合闸，并保证两台断路器不会有瞬间同时接通现象。当联锁的两台断路器均处于分闸状态时，可选其中任一台合闸。

146. 怎样检查和维护断路器？

断路器的日常检查和维护内容如下。

① 检查外部有无灰尘，有无缺损；定期清扫灰尘，保持断路器的清洁。如外壳有破损，应予以更换，以免操作时弧光闪出伤人。

② 检查负荷是否超过断路器的额定值。

③ 检查接线桩头连接导线有无过热现象。

④ 检查固定螺栓是否拧紧。

⑤ 检查、核对脱扣器的整定值是否正确；检查热元件有无损坏，其间隙是否正常。

⑥ 检查操动机构各连杆、轴销、弹簧等有无变形、锈蚀和缺陷，操作是否灵活。

⑦ 检查分、合闸位置的指示灯是否正确。

⑧ 监听断路器在运行中有无异常声响。

⑨ 停电，打开外壳检查灭弧罩的位置是否因振动而移动，灭弧罩是否受潮及被电弧烧损。受潮的灭弧罩应作烘燥处理；表面有烟痕和金属熔粒时，可用小刀或细锉修整刮光；如有破损，应马上更换，以免造成相间短路事故。

⑩ 检查电磁铁表面有无油垢、灰尘，线圈有无过热和烧焦现象，弹簧是否锈蚀和失去弹力。

⑪ 检查触头磨损情况，触头表面有无被电弧烧伤和凹凸不平的情况。损伤程度较轻时，可用细锉修平，修整时必须保持触头原有形状。对于银钨合金触头，表面烧伤超过 1mm 时，应予以更换。

⑫ 检查并调整触头压力，调整三相触头的同期性。要求三相触头接触的不同期性不大于 0.5mm。

⑬ 如有必要，在机构的各个活动部位加注润滑油。

⑭ 如果解体检修，必须做到按原样装配，不缺任何一个零部件，拧紧每一个螺钉。检修完毕后，应做几次传动试验，直到动作准确无误、操作灵活可靠为止。

147. 断路器有哪些常见故障？怎样处理？

断路器的常见故障及处理方法见表 6-10。

表 6-10　断路器的常见故障及处理方法

故障现象	可能原因	处理方法
手动操作的断路器不能合闸	①失压脱扣器线圈无电压或线圈烧毁 ②储能弹簧变形，致使合闸力不够 ③释放弹簧的反作用力过大 ④机构不能复位再扣	①检查线圈电压，更换线圈 ②换上新的储能弹簧 ③重新调整或更换弹簧 ④将再扣面调整到规定值

续表

故障现象	可能原因	处理方法
电动操作的断路器不能合闸	①电源电压不符 ②电源容量不够 ③电动机或电磁铁损坏 ④电磁铁拉杆行程不够 ⑤电动机操作定位开关失灵 ⑥控制器中的整流元件或电容等损坏	①检查电源电压 ②增大电源容量 ③修复或更换 ④调整或更换拉杆 ⑤调整或更换开关 ⑥检查并更换元件
有一相触头不能闭合	①该相连杆损坏 ②限流开关斥开机构的可折连杆间的角度增大	①更换连杆 ②调整到规定要求
断路器过热	①触头之间的压力太小 ②触头接触不良或严重磨损 ③两个导电部件的连接螺钉松动 ④触头表面有油污或被氧化	①调整触头压力或更换触头弹簧 ②修整接触面或更换触头,或更换整个开关 ③拧紧螺钉 ④消除油污及氧化层
失压脱扣器不能使断路器分闸	①释放弹簧反力太小 ②如为储能释放,则储能弹簧力过小 ③机构卡死	①调整释放弹簧 ②调整储能弹簧 ③查明原因,并排除
失压脱扣器有噪声	①反力弹簧的反力太大 ②短路环断裂 ③铁芯工作面上有油污	①调整或更换反力弹簧 ②修复短路环,或更换铁芯或衔铁 ③清除油污
分励脱扣器不能使断路器分闸	①分励线圈的电源电压太低 ②分励线圈烧毁 ③再扣接触面太大 ④螺钉松动	①升高电压 ②更换线圈 ③调整再扣面 ④拧紧螺钉
断路器在电动机启动时很快自动分闸	①过电流脱扣器瞬时整定电流太小 ②空气式脱扣器的阀门失灵或橡胶膜破裂	①调整过电流脱扣器瞬时整定弹簧 ②查明原因,作适当处理
断路器闭合后,经一定时间自行分闸	①过电流脱扣器长延时整定值不正确 ②热元件或半导体延时电路元件变质	①重新调整长延时整定值 ②查出变质元件,并更换

续表

故障现象	可能原因	处理方法
辅助开关发生故障	①动触桥卡死或脱落 ②传动杆断裂或滚轮脱落	①调整或重新装好动触桥 ②更换损坏的元件或更换整个辅助开关
带半导体脱扣器的断路器误动作	①半导体脱扣器元件损坏 ②外界电磁干扰	①更换损坏的元件 ②消除外界干扰,如采取隔离或更换线路等措施

148. 断路器与断路器怎样进行级间配合?

配电系统中,上下级之间的断路器与断路器的配合,需要考虑两者保护特性的配合,避免越级跳闸。

① 上级断路器短延时整定电流不小于 1.2 倍下级断路器短延时或瞬时(若下级无短延时)整定电流。

② 上级断路器的保护特性和下级断路器的保护特性不能交叉。在级联保护方式时,可以交叉,但交点短路电流为下级断路器的 80%。

③ 在具有短延时和瞬时动作的情况下,上级断路器瞬时整定电流小于或等于断路器的延时,通断能力大于或等于 1.1 倍下级断路器进线处的短路电流。

④ 断路器过电流脱扣器在短路时配合级差一般可取 0.1s 或 0.2s,即下一级断路器为瞬动,上一级断路器则取短延时 0.1s 或 0.2s。若负荷断路器为瞬动,馈电干线断路器取短延时 0.1s(或 0.2s),则配电变压器低压侧进线断路器短延时取为 0.2s(或 0.4s)。若上、下两级都采用瞬动断路器,上级断路器的脱扣整定值应大于下级断路器出线端处最大预期短路电流值。

149. 断路器与熔断器怎样进行级间配合?

在配电系统中,当上下级间采用断路器与熔断器配合时,需要考虑上下级之间电器保护特性的配合。

①　当上一级采用断路器，下一级采用熔断器时，断路器应带短延时过电流脱扣器，即要求熔断器的安-秒曲线在断路器保护曲线的下方，如图 6-5 所示。如断路器带有短延时过电流脱扣器，则对应于短延时过电流脱扣器的动作时间长达 0.1s 及以上。因此，必须选择额定电流比断路器额定电流小得多的熔断器。

②　当上一级采用熔断器，下一级采用断路器时，一般熔断器作为后备保护。这时要求熔断器的安-秒曲线在断路器保护曲线的上方，而且两个保护曲线在电流较大处有交接，要求交接电流 I_B 大于断路器可能通过的最大短路电流 $I_{d \cdot max}$，才能保证保护选择性动作，如图 6-6 所示。一般应选交接电流 I_B 小于断路器的额定短路通断能力的 80%。而熔断器的安-秒曲线对应于 $I_{d \cdot max}$ 的熔断时间，要求比断路器瞬时脱扣器的动作时间大 0.1s 及以上。

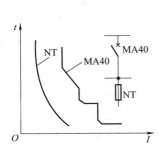

图 6-5　断路器与熔断器配合

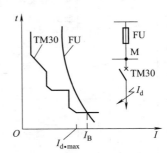

图 6-6　熔断器与断路器配合

当短路电流大于 I_B 时，应由熔断器动作。

150. 断路器保护与导线之间怎样配合？

断路器的动作电流必须与线路导线及电缆的安全载流量（即导线的截面积）相配合，以确保安全。当线路发生过载或短路时，断路器应可靠跳闸，即应满足以下条件：

$$I_{dzj} \leqslant K_{gf} I_{yx}$$

式中　I_{dzj}——断路器瞬时（或短延时）脱扣器（短路保护）或长延时脱扣器（过载保护）的整定电流，A；

表 6-11　配合线路保护的导线载面积选择（环境温度＋25℃）

单位：mm²

断路器整定电流/A	熔断器额定电流/A	无爆炸危险的生产厂房								支线和干线			住宅、普通建筑物、仓库和办公室					有爆炸危险的厂房	
		电力照明											照明			电力		电力和照明	
		支线					干线						支线和干线		支线和干线	至笼型电动机的支线		干线	
		铜导线	纸绝缘电缆（穿管）	橡胶绝缘导线	绝缘导线、双芯橡胶绝缘软线	铜导线	纸绝缘电缆	绝缘导线、电缆	橡胶绝缘导线、双芯橡胶绝缘软线	橡胶绝缘导线	纸绝缘电缆	纸绝缘电缆、橡胶绝缘导线（单芯、双芯）	橡胶绝缘导线（单芯）或双芯软线	纸绝缘电缆	纸绝缘电缆、橡胶绝缘导线	纸绝缘电缆、橡胶绝缘导线	穿管敷设的橡胶绝缘导线	纸绝缘电缆	橡胶绝缘导线（单芯、穿管或多芯、穿管敷设）
9	6	4	1.5	1	1	4	1.5	1	1	1.5	1.5	1	1	1.5	1	1.5	1.5	1.5	1.5
15	10	4	1.5	1	1	4	1.5	1	1	1.5	1.5	1	1	1.5	1	1.5	1.5	1.5	1.5
22	15	4	1.5	1	1	4	1.5	1	1	1.5	1.5	1	1.5	1.5	1.5	1.5	1.5	1.5	2.5
30	20	4	1.5	1	1.5	4	1.5	1	1	1.5	2.5	1.5	2.5	2.5	2.5	1.5	1.5	2.5	4
38	25	4	1.5	1	2.5	4	1.5	1.5	1.5	2.5	2.5	2.5	4	4	4	1.5	1.5	2.5	6
53	35	4	1.5	1	4	4	2.5	2.5	2.5	4	4	4	6	10	10	1.5	1.5	4	10
90	60	4	1.5	1.5	10	4	4	4	4	10	10	10	10	16	16	2.5	4	10	25
120	80	4	2.5	2.5	16	6	10	10	10	16	16	16	16	25	25	4	6	16	35
150	100	4	4	4	16	10	16	16	16	16	25	25	25	25	35	6	10	25	50
187	125	4	6	6	25	10	16	16	16	35	50	35	50	50	50	10	10	35	70
240	160	6	10	10	25	16	25	25	25	50	70	50	50	70	70	16	16	50	95

续表

断路器整定电流/A	熔断器额定电流/A	无爆炸危险的生产厂房·电力照明·支线·铜导线	支线·纸绝缘电缆（穿管）	支线·橡胶绝缘导线	支线·绝缘导线、双芯橡胶绝缘软线	干线·铜导线	干线·纸绝缘电缆	干线·绝缘导线、电缆	干线·橡胶绝缘导线、双芯橡胶绝缘软线	支线和干线·铜导线	支线和干线·橡胶绝缘导线	支线和干线·纸绝缘电缆	支线和干线·纸绝缘电缆、橡胶绝缘导线（单芯，双芯）	住宅、普通建筑物、仓库和办公室·照明·支线和干线·橡胶绝缘导线（单芯或双芯软线）	照明·纸绝缘电缆	照明·纸绝缘电缆、橡胶绝缘导线	有爆炸危险的厂房·电力·至笼型电动机的支线·纸绝缘电缆、橡胶绝缘导线	穿管敷设的橡胶绝缘导线	电力和照明·干线·纸绝缘电缆	电力和照明·干线·橡胶绝缘导线（单芯，穿多芯，穿管敷设）
300	200	10	16	16	35	25	35	35	35	35	50	70	70	70	95	95	16	25	70	120
328	225	10	16	16	50	35	56	50	50	50	70	95	95	95	150	150	25	25	95	—
390	260	10	25	25	70	35	70	70	70	70	95	120	120	120	185	—	25	35	120	—
450	300	16	25	25	70	50	70	70	70	70	95	150	150	150	185	—	35	50	150	—
525	350	16	35	35	95	70	95	95	95	95	120	185	185	185	240	—	50	70	180	—
645	430	25	50	50	120	70	120	120	120	120	185	240	240	240	—	—	70	95	240	—
750	500	35	70	70	150	95	150	150	150	150	240	—	—	—	—	—	70	120	—	—
900	600	50	70	70	185	120	185	—	185	180	—	—	—	—	—	—	95	—	—	—
1050	700	70	95	95	240	150	240	—	240	240	—	—	—	—	—	—	120	—	—	—
1275	850	70	120	120	—	185	—	—	—	—	—	—	—	—	—	—	150	—	—	—

注：1. 有爆炸危险的厂房，断路器的整定电流 I_a 不应超过：绝缘导线——允许负荷电流的 100%；橡胶绝缘导线——允许负荷电流的 185%。

2. 与铜线有相等容量的铝线，亦允许采用熔断器和自动开关额定电流的极限值。

I_{yx}——导线或电缆的允许载流量，A；

K_{gf}——导线或电缆的允许短时过载系数〔对于作短路保护的瞬时（或短延时）脱扣器，取 $K_{gf}=4.5$，对于作过载保护的长延时脱扣器和热脱扣器，取 $K_{gf}=0.8$〕。

配合线路保护（断路器、熔断器）的导线截面积选择，见表 6-11。

151. 修复后的断路器应做哪些试验？

修复后的低压断路器要进行以下试验。

① 电磁脱扣器通电试验。电磁脱扣器的动作特性应满足：当通以 90% 的整定电流时，电磁脱扣部分不应动作；当通以 110% 的整定电流时，电磁脱扣器应瞬时动作。

试验接线如图 6-7 所示。试验时，开关如有欠压脱扣器，先用绳子将衔铁捆住；如有热脱扣器，先将热脱扣器临时短接，以防热脱扣器动作。合上断路器，然后合上试验电源闸刀，用较快的速度调升压调压器，使试验电流达到电磁脱扣动作电流值，开关跳闸。同时调整动作电流值，直到它与可调指针在刻度盘上的指示值相符

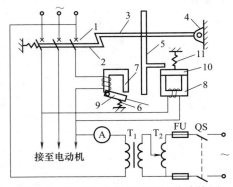

图 6-7　断路器动作原理和试验接线图

1—触头；2—锁链；3—搭钩；4—轴；5—杠杆；6,11—弹簧；

7—过电流脱扣器；8—欠压脱扣器；9,10—衔铁；

T_1—变流器；T_2—调压器；QS—刀闸开关

为止。对无刻度盘的开关，可调整到两次试验动作电流值基本相同为止。

② 热脱扣器的试验。热脱扣器作为过载保护，其整定电流有一定的调节范围，延时动作时间应符合产品说明书提供的技术要求。

开关因热过载脱扣，以手动复位后，待 1min 即可再启动。

③ 欠压脱扣试验。脱扣器线圈按上述可调电源，调升电压使衔铁吸合，再扳动手柄合闸后，继续升压，使线圈电磁吸力增大到足以克服弹簧的反力而将衔铁牢固吸合时的电压读数，即是脱扣器的合闸电压。接着逐渐降低电压，使衔铁释放，开关跳闸，这时的电压即为分闸（释放）电压。所测得的合闸电压和分闸电压应符合产品说明书提供的技术要求。

④ 测量触头的接触电阻。对于大容量的断路器，必要时要测量动、静触头及内部接点的接触电阻。可用电桥法或电压降法测量。

152. DW45 系列智能型断路器有哪些特点和性能？

DW45-2000～6300 万能型低压断路器除能完成电能分配外，还有智能保护和通信功能。

（1）主要特点

① 采用田川式立体布置结构，结构紧凑、美观，体积小，绝缘可靠。

② 主要技术指标达到国际先进水平，极限分断能力可达 80～120kA。

③ 保护特性完善，可实现过流、短路、接地等各种保护，能显示与记忆。

④ 装配调整方便，特别是可实现在线（带电）调整。

⑤ 使用方便，操作安全可靠。

⑥ 有通信接口，可实现"四遥"（遥测、遥控、遥调、遥信）功能。

（2）主要技术性能

DW45-2000～6300 万能型断路器的主要技术参数见表 6-12。

表 6-12　DW45-2000～6300 万能型断路器的主要技术参数

框架等级		框Ⅰ		框Ⅱ		框Ⅲ	
		DW45-2000		DW45-4000		DW45-6300	
额定电压/V		400	690	400	690	400	690
额定电流/A	三极	630、800、1000、1600、2000		2000、2500、3200、4000		5000、6300	
	四极			2000、2500、3200	4000、5000、6300		
额定极限短路分断能力/kA		80	50	100	65	120	75
额定运行短路分断能力/kA		50	40	65	50	80～100	65
额定短时耐受电流/kA		50	40	65	50	80～100	65
飞弧距离/mm		0					
保护方式		在 0.2s 级差内完成各种电路故障的检测和判断，包括过载、短路、欠压、失压、单相接地等，还具有动作电流数字显示并记忆、脱扣器内部故障自诊断、通信等功能					

153. DW45 系列智能型断路器带有哪些模块？

DW45 系列断路器可带多种模块。主要模块的功能及配套方式如下。

① ST201 继电器模块　可实现继电器触头容量放大功能，配套用于 H 型控制器。输入端连接断路器的继电器信号输出，输出端接点可用于对断路器的合分闸控制。

② ST 电源模块　可提供直流 24V 电源，功率不小于 9.6W，输入为交流/直流 220V。可与 ST201 继电器模块配套使用，也可用于其他需要直流 24V 辅助电源的场合。

③ ST-DP 通信协议模块　可配套用于 H 型控制器，实现 Modbus 向 Profibus-DP 通信协议转换的数据传输功能，以满足基于 Profibus-DP 通信协议组网需要。辅助工作电源为交流/直流 220V。

154. MT32H1 型智能断路器有哪些特点和性能？

MT32H1 型智能型断路器具有以下特点：绝缘等级高，极限分断能力可达 65kA；保护性能完善，能显示与记忆；指示装置分别为"退出"、"试验"和"连接"；能在 0.5s 内完成各种电路故障的检测与判断，包括过载、短路、欠电压、过电压、单相接地等；还具有脱扣器内部故障自诊断及通信等功能。

MT32H1 型智能型断路器可替代 ME-3200 型万能型断路器，其技术性能和主要技术数据见表 6-13。

表 6-13 MT32H1 型与 ME-3200 型断路器相关技术性能和主要技术数据

型号	MT32H1		ME-3200	
安全距离（飞弧距离）/mm	100		水平	350
	60		垂直	120
额定电流/A	3200		3200	
额定工作电压（交流 50Hz）/V	400		380	
额定绝缘电压（交流 50Hz）/V	1000		1000	
额定短路接通能力/kA	400V	270	380V	250
	690V	125	660V	105
额定短时耐受电流（1s）/kA	400V	150	380V	100
	690V	65	660V	50
全分断时间（无附加时间）/ms	约 30		25～30	
辅助电路电压/V	220/380		220	
工作环境温度/℃	−5～60		−5～50	

155. DK5 系列智能型低压真空断路器有哪些特点和性能？

DK5 系列智能型低压真空断路器具有短路分断能力高、开断次数高（16 次）、使用寿命长（真空灭弧室寿命为 15 年）、电弧不外露、免维修等优点，尤其适用于恶劣环境。其主要技术数据见表 6-14。

表 6-14　DK5 系列真空断路器主要技术数据

技术参数	额定值
额定电压 U_i/V	1140
壳架等级电流 I_{em}/A	1600,3200
额定电流 I_e/A	630,800,1000,1250,1600,2000,2500,3200
额定电压 U_e/V	380(400),690,1140
额定极限短路分断能力 I_{cu}/kA	65,70,80
额定运行短路分断能力 I_{cs}/kA	65,70,80
最大短时(0.4s)耐受电流下的短路分断能力 I_{cw}/kA	40/50

第7章

刀开关、组合开关和熔断器

156. 怎样选择刀开关?

刀开关主要用作隔离电源,分合电路,但不能切断故障电流。

刀开关的种类很多,常用的有瓷底胶盖闸刀开关、铁壳开关、组合开关等。

刀开关的选择如下。

① 刀开关的结构形式的选择,应根据所在线路中的作用及所在配电装置中的安装位置来确定。

② 按额定电压选择:

$$U_e \geqslant U_g$$

式中　U_e——刀开关的额定电压,V;

　　　U_g——刀开关的工作电压,即线路额定电压,V。

③ 按额定电流选择:

$$I_e \geqslant I_g$$

式中　I_e——刀开关的额定电流,A;

　　　I_g——刀开关的工作电流,即所控制负载的电流总和,A。

当控制电动机时,应按下式选择:

$$I_e \geqslant 6I_{ed}$$

式中　I_{ed}——电动机额定电流,A。

④ 按动稳定和热稳定校验。刀开关的电动稳定性电流和热稳定性电流,应大于或等于线路中可能出现的最大短路电流。

⑤ 对熔体的选择,应根据用电设备来选择,详见第182问。

157. 怎样安装刀开关?

刀开关主要用来作为各种设备和供电线路的电源隔离开关,也可用于非频繁地接通和分断容量不大的低压供电线路和负荷。刀开关按结构不同,可分为带灭弧罩和不带灭弧罩、板前接线和板后接线、直接手柄操作和远距离连杆操纵等几种。农村常用的刀开关有瓷底胶盖闸刀、铁壳开关、隔离刀开关和熔断器式刀开关等。刀开关安装的基本要求如下。

① 刀开关应垂直安装，最大倾斜度不得超过5°，并使插座（固定触头）位于上方，以避免支座松动时，触刀在自身重力作用下误合闸而造成事故。刀开关仅在不切断电流的情况下尚可水平安装。

② 触刀与固定触头的接触应良好，大电流触头或触刀可适当涂一薄层导电膏或电力复合脂，以保护接触面。

③ 有消弧触头的刀开关，各相的分闸动作应一致。

④ 双投刀开关在分闸位置时，刀片应可靠地固定，应使刀片不能自行合闸。

⑤ 刀开关接线端子与母线连接时，要避免过大的扭应力，以防止刀开关在长期扭应力作用下受损，同时要保证两者连接紧密可靠。

⑥ 安装杠杆操作机构时，应调节好连杆长度和传动机构，保证操作灵活、可靠，合闸到位。

⑦ 安装完毕，将灭弧罩装牢，拧紧所有紧固螺钉，整理好进出导线和控制线路。

⑧ 如有必要，应进行试验。

158. 怎样检查和维护刀开关？

刀开关的日常检查和维护内容如下。

① 检查安装是否正确。不可倒装或平装，以防误操作、误合闸。

② 检查刀开关的外观是否清洁，有无缺件和破损。如有破损和缺件并影响灭弧和安全，则必须停电更换。检查灭弧罩是否完好，有无被电弧烧焦的现象。烧伤轻微时，可用小刀修刮干净后继续使用；严重者，则必须更换。

③ 检查引线绝缘或母线涂漆有无烧焦和焦臭味；检查并拧紧各连接螺钉和固定螺钉。

④ 检查刀闸合闸是否到位，触刀与固定触头接触是否紧密，有无烧伤。如果两者接触不良，会造成刀片烧红和缺相运行。烧伤

部位可用细锉刀修整。

⑤ 检查保险丝是否符合要求。如果保险丝熔断，应查明原因并消除故障后，方可再换上合适的保险丝投入运行。切不可在故障未消除前将刀开关投入运行或更换成粗铜丝代替保险丝，以免造成短路事故和灼伤操作人员。

⑥ 检查负荷电流是否超过刀开关的额定值。如超过，应减轻负荷或更换容量大的刀开关。

⑦ 检查刀开关金属外壳有无漏电现象，接地（接零）是否良好。

⑧ 检查绝缘连杆、底座等绝缘部分有无损坏和放电、烧焦现象。必要时应测量绝缘电阻。

⑨ 检查三相闸刀的分、合同期性，并加以调整。

⑩ 检查操作机构是否灵活，销钉、拉杆等构件有无缺损、断裂现象。若有卡阻现象，应及时调整。

159. 怎样选择瓷底胶盖闸刀开关？

瓷底胶盖闸刀开关的使用十分普遍，由于选择、使用不当造成的事故屡见不鲜，因此必须引起重视。

瓷底胶盖闸刀开关的参数见表 7-1。

表 7-1　瓷底胶盖闸刀开关的参数

型号	极数	额定电流/A	额定电压/V
HK2	2 3	10,15,30 15,30,60	220 380
HK1	2 3	15,30,60 15,30,60	220 380
HK1-P	2 3	15 15	220 380

可根据电动机选择闸刀开关和保险丝，见表 7-2。

表 7-2　根据电动机选择闸刀开关和保险丝

电动机容量 /kW		配用胶盖闸刀开关的规格 /A	配用保险丝的规格 (S·W·G 线号)
单相	1.1	2×10	18#
	1.5	2×15	16#
	3	2×30	14# 或 12#
	4.5	2×60	10# 或 8#
三相	2.2	3×15	16#
	4	3×30	14# 或 12#
	5.5	3×60	10# 或 8#

160. 怎样安装瓷底胶盖闸刀开关？

瓷底胶盖闸刀开关安装不当，容易造成触电、火灾等事故。瓷底胶盖闸刀开关的安装应符合以下要求。

① 闸刀开关应垂直安装，合上开关时瓷柄应在上方，拉开开关时瓷柄应在下方。开关的上桩头接进线电源，下桩头接负荷线

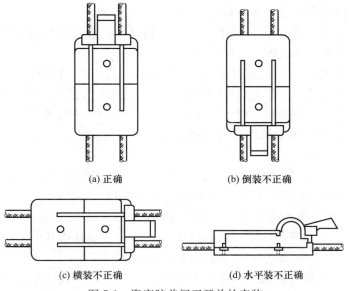

(a) 正确　　　　　　　　　(b) 倒装不正确

(c) 横装不正确　　　　　　(d) 水平装不正确

图 7-1　瓷底胶盖闸刀开关的安装

路。这样，当开关处于拉开位置时，刀片不带电，是安全的。

闸刀开关不许倒装，否则当开关处于拉开位置时，刀片是带电的，人触及刀片会触电，而且这样装时已拉开的刀片在自身重力等作用下可能重新合上，造成已断开的线路带电，使在线路上检修的人触电。为了安全，闸刀开关也不宜横装或水平安装（见图7-1）。

② 闸刀开关应安装在干燥、防雨、无导电粉尘的场所。闸刀开关的下方不应堆放汽油、柴油、刨花、锯末、干柴、纸张等易燃易爆物体。因为拉合闸刀开关时，有可能产生电弧火花，一旦火花落到这些物质上，就会引起火灾。

③ 室外安装时，应装在木箱内，做好防雨措施，并加门加锁，防止小动物爬入引起短路或小孩玩弄造成触电。

④ 连接闸刀开关接线桩头导线的导体不可外露，以免造成触电或短路事故。

161. 怎样使用瓷底胶盖闸刀开关？

使用瓷底胶盖闸刀开关时应注意以下事项。

① 用于照明设备或电热设备控制时，一般不另装熔断器（瓷底胶盖闸刀开关内附有保险丝）。

② 用于电动机控制时，当闸刀开关的额定电流接近电动机的启动电流（约6倍电动机额定电流）时，为安全起见，常将开关内原来装保险丝的地方用粗导线直接接通，另行加装熔断器。

③ 用于电动机时，开关的额定容量（电流）应比电动机的额定电流大1～2倍。

④ 闸刀开关的胶盖一定要完好，盖好后才能使用。绝不允许在未盖上胶盖的情况下拉合闸刀，因为拉合开关时产生电弧火花（特别是大功率用电设备或线路有故障时）会灼伤操作人员或造成短路事故。

⑤ 不允许将用电器具的电源引线线头直接挂搭在开关的刀片或触头上，因为这样容易造成触电或短路事故。

⑥ 瓷底胶盖闸刀开关应安装在开关板上，不允许拿在手中使用，以免造成触电事故。

162. 怎样选择铁壳开关?

铁壳开关又称半封闭式负荷开关。它广泛用在交流 380V、60A 以下的线路中,用于不频繁地通、断负荷电路,启动或分断电动机等。铁壳开关的外形结构如图 7-2 所示。

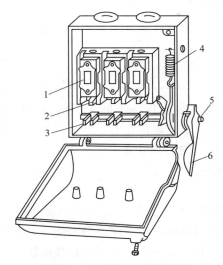

图 7-2　铁壳开关的外形结构

1—熔断器;2—夹座;3—闸刀;4—速断弹簧;5—转轴;6—手柄

常用的铁壳开关有 HH4 型、HH10 型、HH11 型、HH12 型、HH4 型和 HH10 型、HH11 型铁壳开关的技术数据见表 7-3 和表 7-4。铁壳开关应按下列要求选择。

表 7-3　HH4 型铁壳开关技术数据

额定电流 /A	交流(1.1×380)V 时接通 与分断电流			熔断器极限分断能力 /A		
	电流/A	cosφ	次数	瓷插式	cosφ	次数
15	60	0.5	10	750	0.8	2
30	120	0.5	10	1500	0.7	2
60	240	0.4	10	3000	0.6	2

表7-4　HH10、HH11型铁壳开关技术数据

型号	额定电流/A	接通与分断能力			熔断器极限分断电流/A				
		(1.1×380)V电流/A	$\cos\varphi$	次数	瓷插式	$\cos\varphi$	管式	$\cos\varphi$	次数
HH10	10	40	0.4	10	500	0.8	50000	0.35	3
	20	80			1500				
	30	120			2000				
	60	240			4000				
	100	250			4000				
HH11	100	300	0.8	3			50000	0.25	3
	200	600							
	300	900							
	400	1200							

① 铁壳开关的额定电压应不低于线路的工作电压，额定电流应不小于线路所接负载的电流总和。如果线路负荷为电动机，线路工作电流应按电动机的启动电流来计算。

② 分断电流超过铁壳开关的额定电流时，会发生弧光短路事故。

③ 铁壳开关只有熔断器作短路保护，而无过载保护，如果熔断器一相熔断，会造成电动机单相运行而烧毁，因此当电动机需要有过载保护时，应另外安装热继电器作过载保护。

163. 怎样安装铁壳开关？

铁壳开关的安装应符合以下要求。

① 铁壳开关应垂直安装，可以安装在墙上和钢支架上，安装高度一般离地面1.3～1.5m。

② 铁壳和钢架应采取保护接地（接零）。

③ 电源进线和负荷引线应穿过有橡胶圈保护的孔眼；如果有的铁壳开关没有设橡胶圈，则应在孔眼内另加木圈或橡胶圈。

④ 如果采用管子敷设，管子应穿入开关上的孔眼，用管螺母与铁壳开关相连。若管子不能进入铁壳开关，管子可敷设在开关下端，再用金属软管引入开关孔眼内。

⑤ 金属软管与管子及金属软管与开关箱的连接都应采用金属

软管接头。连头处不要焊死，以便于维修。

⑥ 如无金属软管，也可用软塑料管引入孔眼内。但管子应堵塞严密，以防尘土落入管内。

⑦ 开关接线的线端都应在熔丝盒上，进线（电源线）接在标有 L_1、L_2、L_3 的接线柱上，出线（负荷引线）接在标有 T_1、T_2、T_3 的接线柱上。这样，电流是通过熔丝后到闸刀开关部分。当闸刀部分发生相间短路等故障时，熔丝被熔断，切断电源；否则，如果进线和出线接反，则当闸刀部分发生故障时，熔丝不起作用，可能引起事故。

164. 怎样使用和维护铁壳开关？

① 虽然铁壳开关是封闭式的，较安全，但仍应按要求进行安装，不允许将铁壳开关随意放置在地上操作。

② 操作时，人应站在开关侧面，防止万一切断电流大于开关的分断能力时，铁壳爆炸伤人。

③ 检查外壳有无损坏，机械联锁是否正常，各固定螺钉有无松动等。若发现外壳破损，应更换外壳；应保证机械联锁可靠，并紧固松动的螺钉。

④ 检查外壳是否漏电，保护接地（接零）是否牢靠。

⑤ 检查导线接头是否牢靠。如有松动，应重新连接。

⑥ 检查触头有无过热、烧蚀等情况，如有缺陷，应加以修整；应保持触头有足够的压力。

⑦ 检查熔断器是否良好，熔丝是否符合要求（熔丝的额定电流为电动机额定电流的 $1.5\sim2.5$ 倍）。如发现熔断器有破裂、弹簧生锈等情况，应予以更换。

165. 怎样选择和使用组合开关？

组合开关主要用于各种低压配电设备、控制设备，用于不频繁地接通和切断电路。它具有结构紧凑、体积小的优点，以动触片代替闸刀，以左右旋转操作代替刀开关的上下分合操作。

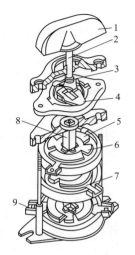

图 7-3 组合开关的结构

1—手柄；2—转轴；3—储能
弹簧；4—凸轮；5—绝缘垫板；
6—动触片；7—静触片；
8—绝缘杆；9—接线柱

常用的组合开关有 HZ5、HZ10 等系列，它有单极、二极和三极之分，额定电压为交流 380V、直流 220V，额定电流有 6A、10A、25A、60A、100A。

组合开关的结构如图 7-3 所示。

组合开关的选用较简单，只要根据电压、电流、控制功率、通断能力等技术数据就可确定。

另外，选择和使用组合开关时还应注意以下事项。

① 组合开关虽然有一定的通断能力，但不能用来分断故障电流。

② 当用于控制电动机正反转时，应在电动机完全停止转动后，才可反方向接通，否则会因电流过大而烧坏触头。

③ 组合开关本身没有过载、短路、欠压等保护功能。如果需要这些保护，应另外装设相应的保护装置。

HZ10 系列组合开关的技术数据见表 7-5。

表 7-5 HZ10 系列组合开关在 110% 额定电压下的接通和分断能力

额定电流/A	交流接通和分断条件				直流接通和分断条件			
	接通电流/A	功率因数	次数	试验周期与间隔时间	接通电流/A	时间常数	次数	试验周期与间隔时间
10	5×10	0.4	20	通断 │ 20s │ 通断	1.5×10	10ms	10	通断 │ 3min │ 通断
25	4×25				1.5×25			
60	2.5×60	0.6			1.5×60			
100	2.5×100				1.5×100			

166. 组合开关有哪些常见故障？怎样处理？

组合开关的常见故障及处理方法见表 7-6。

表7-6　组合开关的常见故障及处理方法

故障现象	可能原因	处理方法
连接点开路、打火或烧蚀	①接线螺钉松动 ②操作过于频繁	①处理接点,拧紧螺钉 ②减少操作频度,加强维护
动、静触头被电弧烧蚀	①负荷过大 ②动、静触头接触不良 ③负荷电路,且负荷无保护	①选用容量大的开关或减轻负荷 ②触头烧毛,可用细砂布修磨(无法修复时,予以更换),然后调整动、静触头,使其接触良好 ③负荷电路应装设保护
不能转动操作	①转轴上的弹簧失去弹力或断裂 ②内部元件损坏、卡阻	①更换弹簧 ②更换损坏元件
内部短路、烧毁	①严重受潮,被水淋,使用环境中有导电介质 ②绝缘垫板严重磨损,失去绝缘能力 ③内部元件损坏,导电触头相互碰连 ④负荷短路,且负荷无保护	①改善使用环境,加强维护 ②更换绝缘垫板或整个开关 ③更换内部元件或整个开关更换 ④负荷电路应装设保护

拆修组合开关时应注意以下事项。

① 拆卸时要防止弹簧弹出。

② 所有零部件要放在干净的容器内,以免丢失。

③ 拆装过程中不可硬撬,以免绝缘件破裂。

④ 装配时要注意防止杂物落入开关内部,每个零部件都要复位,螺栓要拧紧（但也不可太用力,以免造成绝缘件破裂）。该装弹簧垫的不要遗漏了。

⑤ 装配过程中要对动、静触头等各部件进行调整,使之接触良好、不松散、整体牢固,转动操作灵活。

⑥ 修复后的组合开关应进行10次通断试验,如不合格,应拆开重新装配。

167. 怎样选择万能转换开关?

万能转换开关主要用于高压油断路器、空气断路器等操作机构的分合闸,开关板中线路的换接和电流表、电压表的换相测量等,还可用于控制小型电动机的启动、正反转与调速。由于它的触头挡数多,因而能换接的线路也多。

常用的万能转换开关有 LW2、LW5、LW6 等系列。LW5 系列的额定电压为交流 380V、直流 220V,额定电流为 15A,允许正常操作频率为 120 次/小时,机械寿命为 100 万次,电寿命为 20 万次(在规定通断条件下)。

(1)万能转换开关的选择

万能转换开关的选择较简单,只要根据电压、电流、控制功率、通断能力、电寿命等技术数据就可确定。

当控制电动机时,转换开关的额定电流按下式选择:

$$I_e = (1.5 \sim 2.5) I_{ed}$$

式中 I_e——转换开关的额定电流,A;

I_{ed}——电动机的额定电流,A。

转换开关的电寿命取决于不同的使用条件,正常电寿命可达几万次,当使用条件恶劣时,电寿命将显著降低。

转换开关的机械寿命,如 HZ5 系列,40A 以下等级为 100 万次,60A 为 10 万次,允许操作频率为 120 次/小时。

(2)万能转换开关的基本技术数据

① LW2 系列万能转换开关:其额定电压为交流 220V 或直流 220V;经常闭合的触点允许长期通过的电流为 10A;1、2、4、5、6、6a、7、8 型允许的断开电流不超过表 7-7 中所列数值;1a、10、20、30、40、50 型触点允许的断开电流不超过表 7-7 中所列数值的 10%;当电流不超过 0.1A 时,允许使用在交流 380V 的电路中。

② LW5 系列万能转换开关:其额定电压为交流 380V 或直流 220V,额定电流为 15A;允许正常操作频率为 120 次/小时;机械寿命为 100 万次,电寿命为 20 万次(在规定通断条件下)。

表 7-7　LW2 系列触点容量　　　　　　单位：A

电流种类	交流		直流	
负荷性质	220V	127V	220V	110V
纯阻性	40	45	4	10
感性	15	23	2	7

③ LW6 系列万能转换开关：其额定电压为交流 380V 或直流 220V，额定电流为 5A（可用于不频繁地控制 2.2kW 以下的小型异步电动机）；允许正常操作频率为 120 次/小时；机械寿命为 100 万次，电寿命为 10 万次（在接通与分断 0.2A、$T=0.05\sim0.1$s 条件下）。

（3）可按不同用途选用 LW2 系列万能转换开关的型号（见表 7-8）

表 7-8　LW2 系列万能转换开关的选用

用　途	选用型号
断路器分、合闸控制	LW2-Z-1a、4、6a、40、20/F8(或更多接点盒) LW2-YZ-1a、4、6a、40、20/F1 LW2-YZ-1a、4、6a、40、20、4/F1 LW2-YZ-1a、4、6a、40、20、6a/F1
电压表换相	LW2-5.5/F4-X(测线电压) LW2-4.5/F4-8X(测相电压)
有功、无功功率表转换	LW2-W-6、6、6、6/F6 LW2-W-7、7、7、7、7/F5

168. 万能转换开关的结构和开关符号是怎样的？

万能转换开关由接触系统、面板、触头、手柄、弹簧等部件组成，其结构如图 7-4 所示，开关符号如图 7-5 所示。

万能转换开关的手柄在不同位置时，各对触头的通断情况如下：当手柄在某一位置时，虚线上的触头下面有黑点"·"的，表示那些触头接通。图 7-5（a）所示的图形符号说明，手柄在"0"位置时，6 对触头全部接通；手柄在"Ⅰ"位置时，触头 1、3 接

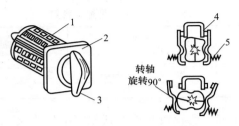

图 7-4　万能转换开关结构

1—接触系统；2—面板；3—手柄；

4—触头；5—弹簧

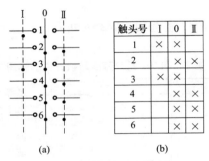

触头号	I	0	II
1	×	×	
2		×	×
3	×	×	
4		×	×
5		×	×
6		×	×

(a)　　　　　　　　　(b)

图 7-5　万能转换开关的符号

通，其余断开；手柄在"Ⅱ"位置时，触头 2、4、5、6 接通，其余断开。同样，图 7-5（b）所示的通断表中用"×"表示触头闭合，它反映的触头通断情况与图形符号是一致的。

169. 怎样安装和维护万能转换开关？

① 安装前必须用干净软布仔细擦去开关触头盒和触头外露表面的灰尘。

② 转换开关一般应水平安装在屏板上，但也可倾斜或垂直安装。开关的正确位置为，从屏板后面看，序号为 1 的触头应当位于左上角。

③ 手柄内带有信号灯的转换开关，为了延长灯的寿命，最好

在开关的信号灯中接入附加电阻，当电压 220V 时为 2～2.5kΩ，当电压 110V 时为 300～600Ω。

④ 当开关有故障时，必须立即切断电路，然后作以下处理。

a. 检查有无妨碍可动部分正常转动的故障。

b. 检查弹簧状态，当故障或变形时应予以更换。

c. 检查触头状态，当烧损或触头温升超过 50℃时，必须更换新的触头。

⑤ 在更换或修理损坏的零件后，拆开的零件必须除去灰尘、污垢，并在转动部分的表面涂上一层导电膏或电力复合脂，经过装配和调试后即可投入使用。

170. LW2 系列转换开关的常用接线有哪些?

LW2 系列转换开关的常用接线见表 7-9～表 7-11。

表 7-9　LW2 系列转换开关的常用接线（一）

型号	数量	位置	手柄及面板外形	电压表转换开关原理图
LW2-5, 5/F4-X	2	UV、VW、WU		

续表

型号	数量	位置	手柄及面板外形	电压表转换开关原理图
LW2-4,6a,5/F4-8X-A	3	O、UV、VW、WU	1 2 3 1—UV 2—VW 3—WU	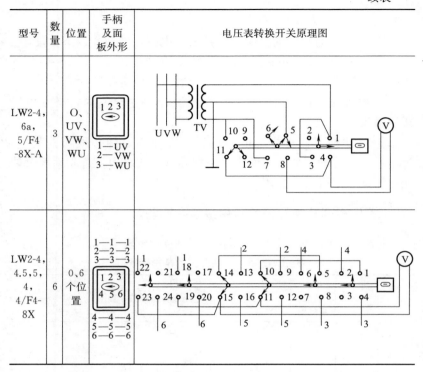
LW2-4,4.5,5,4,4/F4-8X	6	0、6个位置	1 2 3 4 5 6 1—1—1 2—2—2 3—3—3 4—4—4 5—5—5 6—6—6	

表 7-10 LW2 系列转换开关的常用接线（二）

型号	数量	位置	手柄及面板外形	电流表转换开关原理图
LW2-1/F4	1	O、V	1 2 1—N 2—V	

续表

型号	数量	位置	手柄及面板外形	电流表转换开关原理图
LW2-7,7/F4-8X-A	2	U、V、W	1—U 2—V 3—W	
LW2-8,8,8/F4-8X-A	3	U、V、W	1—U 2—V 3—W	

171. 什么是凸轮控制器？其主要技术数据如何？

凸轮控制器主要用于电力传动控制设备中，变换主回路或励磁同路的接法和电路中的电阻，以控制电动机的启动、制动、正反转和调速。它多用于控制起重机、吊车等设备。

常用的凸轮控制器有 KT10、KT12、KT14 和 KT16 等系列。农村常用的一种可逆转换开关为 QXI-13N1/4.5 型，也属凸轮控制器，它适用于频率为 50Hz、电压为 380V、容量为 4.5kW 及以下的异步电动机的控制，尤其适用于升降机。

表 7-11 LW2 系列转换开关的常用接线 (三)

型号	数量	位置	手柄及面板外形	手柄及触头盒的形式	触点号／位置	控制转换开关接线图表													
						1-3	2-4	5-8	6-7	9-10	9-12	10-11	13-14	14-15	13-16	16-17	17-19	17-18	18-20
LW2-Z-1a,4,6a 40,20/F8	5	6个位置	合／分	F8		1a		4		6a			40				20		
					掉闸后		×			×			×						×
					预备合闸	×					×			×				×	
					合闸			×				×			×	×			
					合闸后	×						×			×	×			
					预备掉闸		×			×				×				×	
					掉闸				×								×		×

凸轮控制器由操作手柄（或手轮）、凸轮鼓、触头系统、棘轮系统和壳体等部分组成。

KT10 和 KT14 系列凸轮控制器的技术数据见表 7-12 和表7-13。

表 7-12　KT10 系列凸轮控制器的技术数据

| 型号 | 位置数 | | 额定电流/A | 额定功率②/kW | | 操作力/N | 机械寿命/万次 | 关合次数不高于/(次/小时) |
	左	右		220V	380V			
KT10-25J/1	5	5	25	7.5	11			
KT10-25J/2	5	5	25	①	①			
KT10-25J/3	1	1	25	3.5	5			
KT10-25J/5	5	5	25	2×3.5	2×5			
KT10-25J/6	5	5	25	7.5	11			
KT10-25J/7	1	1	25	3.5	5			
KT10-60J/1	5	5	60	22	30	50	300	600③
KT10-60J/2	5	5	60	①	①			
KT10-60J/3	1	1	60	11	16			
KT10-60J/5	5	5	60	2×7.5	2×11			
KT10-60J/6	5	5	60	22	30			
KT10-60J/7	1	1	60	11	16			

① 由定子回路接触器功率而定。
② 为被控制电动机在通电持续率为 25%时的额定功率。
③ 接通频率超过规定次数时，必须将控制器的额定功率降低至 60%。

表 7-13　KT14 系列凸轮控制器的技术数据

| 型号 | 额定电压/V | 额定电流/A | 工作位置数 | | 通电持续率为 25%时所控制的电动机 | | 额定操作频率/(次/小时) | 最大工作周期/min |
			向前（上升）	向后（下降）	定、转子最大电流/A	最大功率/kW		
KT14-25J/1		25	3	5	32	11.5		
KT14-25J/2		25	5	5	32	2×6.3		
KT14-25J/3	380	25	1	1	32	8	600	10
KT14-60J/1		60	5	5	80	32		
KT14-60J/2		60	5	5	80	2×16		
KT14-60J/3		60	5	5	80	2×25		

172. 怎样安装和使用凸轮控制器？

凸轮控制器的安装应符合以下要求。

① 控制器一般应水平或垂直安装，也可以倾斜安装，其倾斜度不得大于 30°，但不允许倒装。安装应牢固。

② 按接线图连接导线，应采用截面积不小于 $4mm^2$ 的铜芯绝缘线，接线螺钉必须拧紧。

③ 外壳必须采取保护接地（接零），接地（接零）线需采用截面积不小于 $4mm^2$ 的多芯铜导线。

④ 接线后再检查一遍接线，看是否正确，连接是否牢固，有无导线线芯短路等情况。在切断电源的情况下，拨动手柄，检查触点的接触是否良好，转动是否灵活。

⑤ 控制器应串接 3 只保险丝，作短路保护用。

使用时要注意以下两点。

① 控制器的正常操作频率为 200 次/小时，如果需提高操作频率，则应降低容量使用。

② 当电动机处于正转状态时，如需使它反转，必须先将手柄拨至"停转"位置，然后再把手柄拨至"反转"位置，以免电动机受到过大的冲击电流。

173. 怎样检查和维护凸轮控制器？

凸轮控制器的日常检查和维护内容如下。

① 检查外壳有无损坏。如损坏严重，应予以更换。因为凸轮控制器用手操作，操作频率高，且多用于使用环境较差的场合，一旦外壳破损，不但异物会进入控制器内部造成短路、卡阻等故障，而且对操作者也极不安全，易造成触电事故。

② 检查控制器的安装是否牢固，金属外壳接地（接零）是否可靠。

③ 凸轮控制器如在室外使用，应采取防护措施，防止机械碰伤和雨淋。

④ 检查灭弧罩等有无碎裂，绝缘是否良好。灭弧罩碎裂应及时更换；若是受潮，应进行烘燥处理。

⑤ 不允许在灭弧罩及外壳未全部装上之前通电使用，否则产生电弧会造成事故。

⑥ 经常清除控制器内的灰尘、污垢。

⑦ 定期在各活动部位加润滑油，以保持操作灵活和减少机械磨损，延长使用寿命；定期检查内部接线有无松动，并拧紧接线螺钉。

174. 凸轮控制器有哪些常见故障？怎样处理？

凸轮控制器的常见故障及处理方法见表 7-14。

表 7-14　凸轮控制器的常见故障及处理方法

故障现象	可能原因	处理方法
操作时有卡阻现象及噪声	①凸轮鼓或触头部分有异物嵌入 ②紧固件嵌入轴承内引起卡死 ③轴承损坏	①拆开检查,并清除异物,处理好损伤部分 ②取出紧固件,并重新装配好 ③更换轴承
触头支持件烧焦或击穿	①负荷过重 ②动、静触头烧毛,造成触头接触不良 ③触头弹簧失效,压力不足 ④使用环境恶劣,或受雨淋,使触头支持胶木件绝缘降低	①更换大容量控制器或减轻负荷 ②可用细锉修整触头,不可用砂布砂磨,以免砂粒嵌入触头中而造成触头接触不良 ③更换弹簧,调整触头压力,使触头压力符合规定要求 ④更换支持胶木件,改善环境条件
触头烧焦	①触头弹簧断裂或脱落 ②线路接错 ③负荷短路,且负荷无保护	①更换触头弹簧,修整或更换触头 ②检查并纠正接线 ③负荷电路中应装设保护

续表

故障现象	可能原因	处理方法
定位不准或开闭顺序不正确	①凸轮片碎裂、脱落 ②凸轮严重磨损，角度发生变化，使开闭角度也发生变化 ③棘轮机构损坏或严重磨损	应更换损坏的零部件

175. 常用的熔断器有哪些？各有何特点？

熔断器在线路中起保护作用，当线路发生短路故障时，能自动迅速地熔断，切断电源回路，从而保护线路和电气设备。熔断器尚可作过载保护，但作过载保护时可靠性不高，熔断器的保护特性必须与被保护设备的过载特性有良好的配合。

熔断器的种类很多，常用的熔断器有以下几种（见图 7-6）。

(a) 瓷插式　　　　(b) 螺旋式　　　　(c) 封闭管式

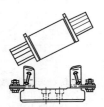 

(d) 有填料管式　　　　(e) 羊角式

图 7-6　常用的熔断器

瓷插式熔断器（如 RC1A 型）具有结构简单、使用方便等优点，广泛用于照明线路及电动机控制线路中，其额定电流为 5～200A，熔丝（片）的额定电流为 6～200A。

螺旋式熔断器（如 RL1、RL2 型）具有结构紧凑、更换熔芯方便等优点，主要用于照明线路及电动机控制线路中，其额定电流为 15～200A，熔芯的额定电流为 6～200A。

封闭管式熔断器（如 RM10 型）具有很好的灭弧作用、更换十分方便等优点，主要用于工作电流较大的场所（如变电所及大型设备中），其额定电流为 15～600A，熔体的额定电流为 6～600A。

有填料管式熔断器（如 RT0 型）具有较高、较可靠的分断能力，可以用所附的绝缘手柄带电更换，主要用于工作电流大的场所，如变电所及大型设备中。其额定电流为 50～1000A，熔体的额定电流为 5～1000A。

羊角式熔断器又称羊角保险，结构简单，一般串接于电力线的进户线上。其额定电流有 10～100A；熔丝（片）额定电流有 6～100A。

另外，还有快速熔断器，如 RS0 型等，其熔断速度特别快，主要用于变流装置保护晶闸管。

176. 什么是熔断器的保护特性曲线？

保护特性曲线是通过熔断器的电流与熔体熔断时间的关系曲线，又称为安秒特性曲线，如图 7-7 所示。图中，I_R 为对应 30A 熔断器的最小熔化电流，即熔体通过的电流小于最小熔化电流时熔体不会熔断。从该曲线可见，通过熔体的电流越大时熔断速度越快，而电流减小时熔断时间可以变得相当长，这就反映出利用熔断器作轻过载保护是很不灵敏的。保护特性具有反时限特性。

熔断器的保护特性曲线与熔体的材料和结构形式有关。

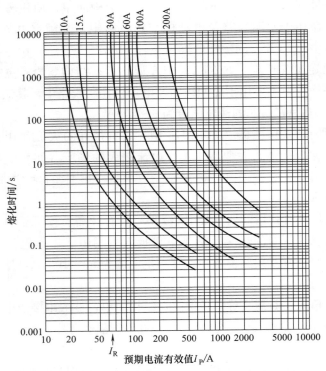

图 7-7　熔断器的保护特性曲线

177. 什么是熔断器的分断能力？

　　熔断器的分断能力是指它在额定电压下切断短路电流的能力。一般根据线路、电气设备的状况和要求，选择具有不同分断能力的熔断器。具有高分断能力的熔断器有填料快速熔断器，其分断能力可达到200kA。分断能力主要是用于短路保护的，它具有瞬时分断的特性。

　　熔断器中熔体的材料大致可以分为低熔点和高熔点两种类型。常用的低熔点材料有锡、铅、锌、锡铅合金及锑铅合金等，它主要用于过载保护的场合；常用的高熔点材料有铜、银和铝，可以通过较大的电流而不熔断，以提高熔体的分断能力，所以它主要用于短路保护的场合。

178. 怎样选择熔断器？

应根据不同的使用场所选择合适的熔断器。各种熔断器的主要特点见第175问。此外，熔断器的额定电压不应小于线路的额定电压。

在振动场所，不宜选用瓷插式熔断器，否则就有可能因为振动致使瓷插盖松脱，造成断电或缺相供电。缺相供电时有可能烧毁电动机。

几种常用熔断器的主要技术数据见表7-15～表7-18。

表 7-15 RC1A 系列熔断器的主要技术数据

额定电流/A	熔丝额定电流/A	短路分断能力/A	$\cos\varphi$	分断次数/次	熔丝直径/mm	熔丝材料及牌号
10	6 8 10	750	0.8	3	0.52 0.82 1.08	铅保险丝 （锑铅合金）
15	12 15	1000	0.8	3	1.25 1.98	
60	40 50 60	4000	0.5	3	0.92 1.07 1.20 1.55 1.80	圆铜线 （紫铜）
100	80 100	4000				

表 7-16 RL1 系列熔断器的主要技术数据

型号	额定电压 /V	熔断器 额定电流 /A	熔体额定电流 /A	短路分 断能力 /kA	试验电路参数	
					$\cos\varphi$	T/ms
RL1	交流 380 直流 440	15 60	2,4,6,10,15 20,25,30, 35,40,50,60	25	0.25	15~20
		100 200	60,80,100 100,125, 150,200	50		

表 7-17 RM10 系列熔断器的主要技术数据

熔断器额定电流 /A	熔体额定电流 /A	额定短路 分断能力/A	$\cos\varphi$	额定电压 /V
15	6,10,15	1200	0.8	380
60	15,20,25,35,45,60	3500	0.7	380
100	60,80,100	10000	0.35	380
200	100,125,160,200	10000	0.35	380
350	200,225,260,300,350	10000	0.35	380
600	350,430,500,600	12000	0.35	380

表 7-18 RTO 系列熔断器的主要技术数据

额定电压 /V	熔断器额 定电流 /A	熔体额定电流 /A	短路 分断能力 /kA	$\cos\varphi$	备注
交流 380 交流 660 直流 440	50 100 200 400 600	5,10,15,20,30,40,50 30,40,50,60,80,100 80,100,120,150,200 150,200,250,300,350,400 350,400,450,500,550,600	50	0.1~0.2	刀形 触头
交流 380 直流 440	1000	700,800,900,1000			
交流 1140	200	30,60,80,100,120,160,200			

179. 常用低压熔丝有哪些规格？

常用低压熔丝规格见表 7-19。

表 7-19　常用低压熔丝规格

种类	直径/mm	近似英规线号	额定电流/A	种类	直径/mm	近似英规线号	额定电流/A	熔断电流/A
青铅合金丝（其中铅≥98.5%，锑0.3%～1.5%）	0.08	44	0.25	铅锡合金丝（其中铅75%，锡25%）	0.508	25	2	3
	0.15	38	0.5		0.559	24	2.3	3.5
	0.20	36	0.75		0.61	23	2.6	4
	0.22	35	0.8		0.71	22	3.3	5
	0.28	32	1		0.813	21	4.1	6
	0.29	31	1.05		0.915	20	4.8	7
	0.36	28	1.25		1.22	18	7	10
	0.4	27	1.5		1.63	16	11	16
	0.46	26	1.85		1.83	15	13	19
	0.5	25	2		2.03	14	15	22
	0.54	24	2.25		2.34	13	18	27
	0.58	23	2.5		2.65	12	22	32
	0.65	22	3		2.95	11	26	37
	0.94	20	5		3.26	10	30	44
	1.16	19	6	铜线	0.23	34	4.3	8.6
	1.26	18	8		0.25	33	4.9	9.6
	1.51	17	10		0.27	32	5.5	11
	1.66	16	11		0.32	30	6.8	13.5
	1.75	15	12.5		0.37	28	8.6	17
	1.98	14	15		0.46	26	11	22
	2.38	13	20		0.56	24	15	30
	2.78	12	25		0.71	22	21	41
	3.14	10	30		0.74	12	22	43
	3.81	9	40		0.91	20	31	62
	4.21	8	45		1.02	19	37	73
	4.44	7	50		1.22	18	49	98
	4.91	6	60		1.42	17	63	125
	6.24	4	70		1.63	16	78	156
					1.83	15	96	191
					2.03	14	115	229

180. 怎样选择快速熔断器？

快速熔断器主要用作变流装置的硅整流元件、晶闸管元件及其成套装置的短路保护。它可以接入交流侧，也可以接入整流桥臂或直流侧。接入方式不同，整流元件不同，熔体额定电流选择也不同。

（1）硅整流电路中熔体额定电流的选择

① 接入交流侧时，有

$$I_{er} \geqslant K_1 I_{z \cdot max}$$

式中　I_{er}——熔体额定电流，A；

$I_{z \cdot max}$——最大整流电流，A；

K_1——系数，一般在 0.5～1.5 之间。

② 接入整流桥臂与硅元件串联时，有

$$1.57 I_F \geqslant I_{er} \geqslant I_A$$

式中　I_F——硅整流元件额定正向整流电流，A；

I_A——桥臂的最大工作电流（有效值），A。

③ 接入直流侧时，有

$$I_{er} \geqslant I_{z \cdot max}$$

（2）晶闸管变流电路中熔体额定电流的选择

① 接入交流侧时，有

$$I_{er} \geqslant K_2 I_{z \cdot max}$$

式中　K_2——系数，见表 7-20。

表 7-20　系数 K_2 值

整流电路形式	单相半波	单相全波	单相桥式	三相半波	三相桥式	双星形六相
K_2	1.57	0.785	1.11	0.575	0.816	0.29

② 接入整流桥臂和直流侧时，其电流 I_{er} 的选择方法与硅整流电路的相同。

（3）熔断器额定电压的选择

快速熔断器的额定电压，当接入交流侧时，应大于交流侧线电压；当接入直流侧时，应为直流电压的 1.4～2 倍。

（4）熔断器允通能量的选择

熔断器的允通能量 I^2t 值，要小于硅整流元件的允通能量 I^2t 值。

181. 常用快速熔断器的技术数据如何？

（1）RS0、RS3 系列快速熔断器的主要技术数据（见表 7-21）

表 7-21　快速熔断器主要技术数据

系列型号	额定电压/V	熔断器额定电流/A	熔体额定电流/A	极限分断能力/kA	$\cos\varphi$
RS0	500	50	30,50	50	0.3
		100	50,80,100		
		200	150,200		
		350	320		
		500	400,480		
	750	350	320,350		
RS3	500	50	10,15,20,30,40,50	50	0.3
		100	80,100		
		250	150,200		
		320	250,300,320		
	750	200	150,200		
		300	200,300		
		350	320,350		

（2）NGT 型快速熔断器的主要技术数据（见表 7-22）

表 7-22　NGT 型快速熔断器主要技术数据

型号	额定电压/V	熔体额定电流等级/A	额定分断能力/kA	$\cos\varphi$
NGT-00	380	25, 32, 40, 50, 63, 80, 100,125	110	0.1~0.2
	800			
NGT-1	380	100,125,160,200,250		
	660			
	1000			
NGT-2	380	200,250,280,315,355,400		
	660			
	1000			
NGT-3	380	355,400,450,500,560,630		
	660			
	1000			

182. 怎样选择熔体的额定电流？

熔体的额定电流应根据不同的被保护对象来选择，具体如下。

（1）配电线路熔体的选择

$$I_{er} \geqslant \frac{I_{qd1} + I_{g(n-1)}}{\alpha}$$

式中　I_{er}——熔体额定电流，A；

　　I_{qd1}——线路中启动电流最大的一台电动机的启动电流，A；

　　$I_{g(n-1)}$——除启动电流最大的一台电动机以外的线路工作（计算）电流，A；

　　α——计算系数，决定于启动状况和熔断器特性，为2～4。

（2）照明线路或电热负荷熔体的选择

$$I_{er} \geqslant \frac{I_g}{\alpha_m}$$

式中　α_m——计算系数，见表7-23。

表7-23　计算系数 α_m

熔断器型号	熔体材料	熔体额定电流/A	α_m		
			LED灯、荧光灯卤钨灯、金属卤化物灯、电热器	高压汞灯	高压钠灯
RL1	铜、银	≤60	1	0.59～0.77	0.67
RC1A	铅、铜	≤60	1	0.67～1	0.91

（3）电动机熔体的选择

① 单台直接启动电动机：熔体额定电流为电动机额定电流的1.5～2.5倍。

② 多台直接启动电动机：总保护熔体额定电流为各台电动机电流之和的1.5～2.5倍。

③ 降压启动电动机：熔体额定电流为电动机额定电流的1.5～2倍。

（4）配电变压器低压侧熔体的选择

熔体额定电流为变压器低压侧额定电流的1～1.5倍。

（5）移相电容器组熔体的选择

$$I_{er} \geqslant (1.5 \sim 2) I_{ec}$$

式中　I_{ec}——电容器组的额定电流，A。

当熔体过细时还需考虑机械强度的要求，一般不低于5A。

（6）变电所直流系统各级熔体的选择

① 直流电动机回路：

$$I_{er} = I_{qd}/K$$

式中　I_{qd}——直流电动机启动电流，A，一般为 $2.5 \sim 3$ 倍的额定电流；

　　　K——配合系数，一般取 3。

② 控制信号回路：

$$I_{er} = I_{max}/K$$

式中　I_{max}——最大负荷电流，A；

　　　K——配合系数，一般取 1.5。

③ 开关合闸回路：按开关额定合闸电流的 $0.25 \sim 0.3$ 倍来选择。其上一级合闸总电源的保险，应按两个开关同时动作合闸来考虑其大小。

183. 上下级熔断器怎样配合才能满足选择性要求？

经过对熔断器保护特性曲线的分析比较，并考虑熔断时间的误差，绘制出熔断器级间配合表，见表7-24。按表7-24选择熔断器，即能满足选择性保护的要求。例如在短路电流为2kA时，熔体电流40A的上一级至少应为80A，50A的上一级至少应为100A等。

184. 熔断器保护与导线之间怎样配合？

当线路发生短路或过载时，熔断器应可靠地熔断，从而保护导线或电缆的安全。熔断器与导线之间的配合，应满足以下条件：

$$I_{er} \leqslant K_{gf} I_{yx}$$

式中　I_{er}——熔体的额定电流，A；

　　　I_{yx}——导线或电缆的允许载流量，A；

　　　K_{gf}——导线或电缆的允许短时过载系数，见表7-25。

表 7-24　熔断器级间配合表

熔断器额定电流/A	熔体额定电流/A	短路电流(周期分量有效值)/kA				
		1.0	2.0	4.0	6.0	10~25
100/30	30					
100/40	40					
100/50	50					
100/60	60					
100/80	80					
100/100	100					
200/120	120					
200/150	150					
200/200	200					
400/250	250					
400/300	300					
400/350	350					
400/400	400					
600/450	450					
600/500	500					
600/550	550					
600/600	600					

表 7-25　系数 K_{gf} 值

熔断器保护作用	导线或电缆及敷设方式	K_{gf}
短路保护	绝缘导线明敷	1.5
短路保护	绝缘导线穿管或电缆	2.5
短路和过载保护	动力照明线路及明敷线路	0.8

配合线路保护（断路器、熔断器）的导线截面积选择，见表 6-11。

185. 怎样安装熔断器？

熔断器的安装应符合以下要求。

① 熔断器及熔体的容量应符合设计要求，并核对所保护电气设备的容量与熔体容量的匹配关系；对后备保护、限流、自复、半导体器件保护等有专用功能的熔断器，严禁替代。

② 熔断器的安装位置及相互间的距离，应便于更换熔体。

③ 有熔断指示器的熔断器，如 RT-18X 系列等，其指示器应装在便于观察的一侧。

④ 瓷质熔断器在金属底板上安装时，其底座应垫上软绝缘衬

垫。若将绝缘衬垫弃之，则熔体熔断发生的电弧会通过熔断器的固定螺钉及与之连接的金属支架，与大地构成回路，产生很大的短路电流，烧毁导线和电气元件。

⑤ 安装具有几种规格的熔断器时，应在底座旁标明规格。

⑥ 有触及带电部分危险的熔断器，如 RTO 系列等，应配备绝缘抓手。

⑦ 带有接线标志的熔断器，电源线应按标志进行接线。

⑧ 螺旋式熔断器的安装，其底座严禁松动，电源应接在熔芯引出的端子上。

⑨ 熔断器的安装高度为距地 1.6～1.8m（明装）。安装位置要避免潮湿、高温和有腐蚀性气体的场所，否则保险丝和连接螺钉等容易腐蚀。

⑩ 保险丝的额定电流不能超过熔断器的额定电流。保险丝的长度要适中，既不能卷曲，也不能拉紧；保险丝两头应按顺时针方向沿螺钉绕一圈，拧力要适当，不能过松而引起接触不良，也不能过紧而压伤熔体。

⑪ 对于家庭用单相电源，应在相线和零线上都装上熔断器。对于动力等用三相电源，熔断器应装在三根相线上，零线切不可装熔断器，否则当零线上的保险丝熔断后，可能会造成三相电压不平衡，引起电灯、家用电器群爆或造成触电事故。

186. 怎样检查和维护熔断器？

熔断器的日常检查和维护内容如下。

① 检查熔断指示器（如 RL1、RL2、RS 和 RTO 型等），尤其当线路发生过载等故障后，必须检查指示器，以便及时发现单相运行情况。

② 检查熔断器外观有无破损及闪络放电痕迹，清扫外部积尘。

③ 检查熔断器有无过热现象。如发现瓷底座有沥青流出（如 RC1A 型），说明过负荷或接头（尤其铜铝接头）及触刀接触不良，应及时处理。

④ 检查熔体与触刀之间、触刀与刀座之间接触是否良好。如果接触不良，会引起过热，使熔体温度升高，造成误熔断。

⑤ 管形熔断器的熔体熔断后，要检查钢纸熔管内壁有无烧焦现象，内壁烧焦后不能可靠灭弧，应及时换上新的熔断器。

⑥ 检查负荷是否与熔体的额定值相配。

⑦ 检查熔断器的使用环境温度，过高的环境温度会引起误熔断。

⑧ 当线路或负荷发生短路及严重过负载时，熔断器不能切断电源，应检查是否盲目用铜丝代替保险丝了。严禁用粗导线代替保险丝。

⑨ 当发现熔体熔断时，不可更换上熔体便马上投入运行，应先分析造成熔断的原因，查出故障所在并修复后再投入运行，否则容易发生损坏电气设备及弧光闪络伤人事故。

⑩ 正确安装熔体，避免机械损伤和拉得过紧而使熔体截面积变小，引起误熔断。

⑪ 注意检查 TN 接地系统中的 N 线（中性线）。在设备的接地保护线上，不允许使用熔断器。

187. 能否用铜丝代替熔体？

熔体（保险丝）熔断后，更换时如无同样规格的保险丝，尚可用铜丝代替。因为铜丝是一种热惯性小而熔断动作快的材料，但千万不能盲目选用铜丝，否则，当线路发生短路事故时不能熔断铜丝，会造成火灾及损坏电气设备等事故。以铜丝作保险丝时，应按表 7-26 的要求选择。

表 7-26　以铜丝作熔体时铜丝的选择

熔丝线径/mm	0.508	0.6	0.7	0.8	0.9	1.0	1.13	1.37
熔丝额定电流/A	15	20	25	29	37	44	52	63
熔丝熔断电流/A	30	40	50	58	74	88	104	126

还可利用以下估算公式求得铜丝的熔断电流 I_d 和额定电流 I_e，以及铜丝的直径 d。

$$I_d = 33d^2 + 55d - 6 \quad I_e = I_d/2$$

$$d = \sqrt{0.876 + 0.0303 I_d} - 0.83$$

比如，10kW 电动机的额定电流为 25A，铜丝熔断电流 $I_d =$ $2 I_e = 2 \times 25 = 50A$，代入上式得 $d = 0.7114$mm，可选用直径接近的铜丝代替。

又如，1.1kW 电动机的额定电流为 3A，则 $I_d = 6A$，代入上式得 $d = 0.1976$mm，可选用直径接近的铜丝代替。

再如，某楼房照明配电箱，其负荷电流为 100A，铜丝熔断电流选 $I_d = 200A$，代入上式得 $d = 1.792$mm，可选用直径接近的铜丝代替。

188. 熔断器有哪些常见故障？怎样处理？

熔断器的常见故障及处理方法见表 7-27。

表 7-27 熔断器的常见故障及处理方法

故障现象	可能原因	处理方法
熔断器过热	①熔断器规格太小,负荷过重 ②环境温度过高 ③接线桩头松动,导线接触不良,或接线螺钉锈死 ④导线过细,负荷过重 ⑤铜铝连接接触不良 ⑥触刀与刀座接触不紧密或锈蚀 ⑦熔体与触刀接触不良	①更换大号熔断器 ②改善环境条件或将熔断器安装在环境条件好的位置 ③清洁螺钉、垫圈,拧紧螺钉,或更换螺钉、垫圈 ④更换成相应较粗的导线 ⑤将铝导线改为铜线,或铝导线作搪锡处理 ⑥除去氧化层,使两者接触紧密,若已失去弹性,则予以更换 ⑦使两者接触良好
保险丝熔断	①外线路短路 ②保险丝选得过细 ③负荷过大 ④保险丝安装不当,压伤或拉得过紧 ⑤螺钉未压紧或锈死	①查明原因并消除故障点后,再更换上合适的保险丝投入使用 ②按要求选择保险丝 ③调整负荷,使其不过载 ④正确安装保险丝 ⑤压紧螺钉或更换螺钉、垫圈
瓷体等部件破损	①外力损坏 ②操作时用力过猛	①安装位置应有一定高度,避免机械损坏;插尾裂损时,暂可用绝缘胶带包扎后使用 ②操作时应用力适当

189. 怎样根据保险丝熔断状况判别故障性质?

保险丝的熔断状况有以下三种（见图7-8）。

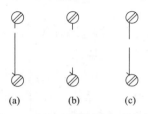

① 如图7-8（a）所示，断点在压接螺钉附近，断口较小，往往可以看到螺钉变色，生成黑色氧化层。这是由于压接过松、螺钉松动或螺钉锈死所致。对此，应清洁螺钉、垫圈，除去氧化层，或更换螺钉、垫圈，重新安装好新保险丝。

图7-8　保险丝熔断的三种情况

② 如图7-8（b）所示，保险丝外露部分大部分或全部熔爆，仅螺钉压接部有残存。这是由于短路大电流在极短的时间内产生大量热量而使保险丝熔爆所致。对此，应检查线路、负荷用电设备等，找出并消除短路点。在故障未消除前，切不可盲目地加大保险丝，以防事故扩大。

③ 如图7-8（c）所示，保险丝中部产生较小的断口。这是由于流过保险丝的电流长时间超过其额定电流所致。由于保险丝两端的热量能经压接螺钉散发掉，而中间部位的热量积聚较快，以致被熔断。因此，可以断定是线路过载或保险丝选择过细引起。对此，应查明过载原因，并选择合适的保险丝重新装上。

190. 怎样制作熔断器熔断声光报警器?

为了及时发现熔断器熔断故障，可自制熔断器熔断声光报警器，当熔断器熔断时，不但能发出光信号，而且能发出报警声。

（1）电路之一

电路如图7-9所示。

工作原理：当熔丝熔断后，市电经电容 C 及负荷 R_{fz} 降压，在稳压管 VS 两端产生约5V的方波信号，于是扬声器 B 发出声音，同时发光二极管 LED 发光。

元件选择：电容 C 选用 $0.47 \sim 2\mu\text{F}/400\text{V}$，发光二极管 LED

选用 BT201 等，扬声器 B 选用功率为 0.5W 左右、阻抗为 8～16Ω 的喇叭。

（2）电路之二

电路如图 7-10 所示。

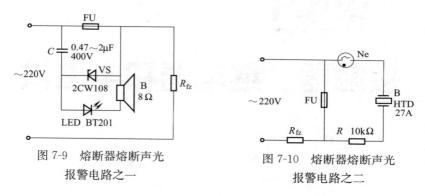

图 7-9 熔断器熔断声光
报警电路之一

图 7-10 熔断器熔断声光
报警电路之二

工作原理：当熔丝熔断后，市电经负荷 R_{fz} 加在报警器上（电阻 R 为降压电阻），氖泡 Ne 启辉，发出橘红色光，其内的两片金属片不断接通、断开，于是在压电陶瓷片 B 两端产生一系列断续电压，B 发出连续的"嘀嘀"声。

元件选择：氖泡 Ne 可采用荧光灯启辉器内的氖泡；压电陶瓷片 B 选用 HTD27-1 型；电阻 R 与负荷 R_{fz} 串联的总阻值对声音大小和氖泡亮度有影响，可根据具体情况试验决定，电阻功率为 1/2W。

第8章

接触器、继电器和电磁铁

191. 怎样选择交流接触器？

接触器广泛用于控制电动机及其他各种负荷。它可以远距离频繁地接通和分断用电设备的主回路。它与热继电器、熔断器等保护电器配合，能实现过载、断相及短路、失压等保护。

交流接触器应按使用类别、工作电压、容量、工作制及操作频率、电寿命等进行选用。

（1）按额定工作电压、额定工作电流选择

① 交流接触器主触头的额定工作电压有 220V、380V、660V、1140V；辅助触头的额定工作电压有交流 380V、直流 220V；线圈的额定电压有 110V、220V、380V、660V、1140V 等。它们的选择应与所使用电网的额定电压相一致。

② 交流接触器的额定工作电流按 R5 系列有 6.3A、10A、16A、25A、40A、63A、100A、160A、250A、400A、630A、1000A、1600A、2500A、4000A 等。应根据负荷类别、负荷大小、操作频率等具体情况正确选择。

（2）按额定工作制选择

交流接触器有下列四种工作制。

① 间断长期工作制（8h 工作制）　此工作制为基本工作制，接触器的约定发热电流 I_{th} 由这种工作制来确定。

② 不间断工作制　在此工作制下，接触器主触头在承载一稳定电流超过 8h（如几星期、几个月甚至几年）不分断。

③ 断续周期工作制　断续周期工作制的操作频率和通电持续率由产品标准规定。

④ 短时工作制　此工作制的标准值触头通电时间分为 10min、30min、60min 和 90min。

（3）按操作频率选择

操作频率与产品的寿命、额定工作电流等有关。交流接触器的操作频率一般为 300～1200 次/小时。

（4）按使用类别选择

按接通、分断能力来区分使用类别，接触器的接通和分断能力随着用途和控制对象的不同而有很大的差异，它是选用接触器的主要依据。

交流接触器可分为轻任务（一般任务）和重任务两类。轻任务接触器有 CJ16、3TB（德）、DSL（德）系列等；重任务接触器有 CJ40、CJ20、B（德）系列等。B 系列和 K 型辅助接触器是一种新型接触器，具有辅助触点多、电寿命和机械寿命长、线圈功耗小、安装维护方便等特点。另外，CJ10X 系列消弧接触器内部有晶闸管控制电路，可用于工作条件差、频繁启动和反接制动的电路中；CJZ 系列接触器适用于振动、冲击较大的场所，吸引线圈为直流供电，自带整流装置。

① AC-1 系列：无感或微感负荷、电阻炉、钨丝灯。

② AC-2 系列：绕线型电动机的启动、反接制动与反向、密接通断。

③ AC-3 系列：笼型电动机的启动、运转中分断。

④ AC-4 系列：笼型电动机的启动、反接制动与反向、密接通断。

用于 AC-1 类负荷时，所选接触器的额定电流与负荷电流相近。

用于 AC-2、AC-3 类负荷时，可选用 CJ20、CJ40 及 B 系列。

用于 AC-2 类负荷时，如电动机功率大于 20kW，可选用 CJ20、CJ40 及 B 系列，其额定电流与负载电流相近。

用于 AC-4 类负荷时，可选用 CJ20、CJ40、B 及 CKJ5（真空接触器）系列，可适当降低接触器的控制容量来选用。

（5）按接触器通断能力选择

接触器主触头的接通与分断能力，在 1.05 倍的额定电压，功率因数为 0.35，每次通电时间不大于 0.2s，每次操作间隔 6～12s 的情况下：

① 150A 及以下的接触器，能承受接通 12 倍额定电流 100 次，分断 10 倍额定电流 20 次；

② 250A 及以上的接触器，能承受接通 10 倍额定电流 100 次，

分断 8 倍额定电流 25 次。

交流接触器主触头的额定电流可由下面经验公式计算：

$$I_{ec} = \frac{P_e}{KU_e} \times 10^3$$

式中　I_{ec}——主触头的额定电流，A；

P_e——被控电动机的额定功率，kW；

U_e——被控电动机的额定电压，V；

K——系数，取 $1 \sim 1.4$。

实际选择时，接触器主触头的额定电流大于上式计算值。

[**例 8-1**]　有一台 Y 系列异步电动机，额定功率 P_e 为 22kW，额定电压 U_e 为 380V，试选择交流接触器。

解　$I_{ec} = \dfrac{P_e}{KU_e} \times 10^3 = \dfrac{22 \times 10^3}{1.2 \times 380} \approx 48.3\text{A}$

式中，K 取 1.2。

因此可选 CJ20-63A 交流接触器。线圈电压视控制电源电压而定，一般有 220V 和 380V 的。

192. CJ20 系列交流接触器的技术数据如何？

CJ20 系列交流接触器的技术数据见表 8-1～表 8-3。

表 8-1　CJ20 系列交流接触器主要技术数据

型号	额定电压 /V	额定电流 /A	可控制电动机的最大功率 /kW	1.1倍额定电压及 $\cos\varphi = 0.35 \pm 0.05$ 时的接通能力/A	1.1倍额定电压，$f \pm 10\%$ 和 $\gamma \pm 0.05$ 时的通断能力 /A	操作频率 /(次/小时)		电寿命 /万次		机械寿命 /万次
						AC-3	AC-4	AC-3	AC-4	
CJ20-40	380	40	22	40×12	40×10	1200	300	100	4	1000
	660	25	22	25×12	25×10	600	120			
CJ20-63	380	63	30	63×12	63×10	1200	300	8		
	660	40	35	40×12	40×10	600	120			
CJ20-160	380	160	85	160×12	160×10	1200	300	200 (100)		1000 (600)
CJ20-160	660	100	85	100×12	100×10	600	120		1.5	
CJ20-160/11	1140	80	85	80×12	80×10	300	60			

续表

型号	额定电压/V	额定电流/A	可控制电动机的最大功率/kW	1.1倍额定电压及cosφ=0.35±0.05时的接通能力/A	1.1倍额定电压,f±10%和γ±0.05时的通断能力/A	操作频率/(次/小时) AC-3	操作频率/(次/小时) AC-4	电寿命/万次 AC-3	电寿命/万次 AC-4	机械寿命/万次
CJ20-250	380	250	132	250×10	250×8	600	120	120(60)	1	600(300)
CJ20-250/06	660	200	190	200×10	200×8	300	60			
CJ20-630	380	630	300	630×10	630×8	600	120		0.5	
CJ20-630/11	660	400	350	400×10	400×8	300	60			
CJ20-630/11	1140	400	400	400×10	400×8	120	30			

注: 1. 表中 $f=2000I_e^{0.2}\times U_e^{-8}$; $\gamma=1.1$ (f 为固有振荡频率; γ 为幅值系数)。

2. 括号内的寿命次数为目前第一期达到的指标。

表 8-2 CJ20 系列交流接触器触头参数

型号	主触头 开距/mm	主触头 超程/mm	主触头 初压力/N	主触头 终压力/N	辅助触头 常开 开距/mm	辅助触头 常开 超程/mm	辅助触头 常闭 开距/mm	辅助触头 常闭 超程/mm	辅助触头 初压力/N	辅助触头 终压力/N
CJ20-40	5±0.4	2.3±0.6			4.6±0.7	2.7±0.6	4.6±0.7	2.7±0.6		
CJ20-63	5.7±0.5	2.5±0.6	12±1.2	16±1.6						
CJ20-160	6.7±0.6	3±0.6	25±2.5	30±3	4.5±0.6	3±1	4.5±1	3±0.5	1.32±0.132	1.98±0.198
CJ20-160/11	9.2±0.9		35±3.5	40±4						
CJ20-250	9±1	4±0.5	38±3.8	56±5.6						
CJ20-250/06					8±1	4±1	8±1	4±1	1.63±0.163	2.68±0.268
CJ20-630	9±1	4.5±0.5	80±8	145±15						
CJ20-630/11	12.5±1		75±8	108±11						

表 8-3 CJ20 系列交流接触器辅助触头控制容量

配用等级	额定工作电压/V 交流	额定工作电压/V 直流	额定发热电流/A	额定控制容量 交流/V·A	额定控制容量 直流/W
CJ20-63、CJ20-160	380	220	6	300	60
CJ20-250、CJ20-630	380	220	10	500	60

193. 3TH 和 3TB 系列交流接触器的技术数据如何？

3TH 和 3TB 系列是从德国西门子公司引进制造的一种接触器。这两种接触器的技术数据见表 8-4 和表 8-5。

表 8-4　3TH 系列辅助接触器技术数据

型　　号	触点					线圈额定电压/V		额定操作频率/(次/小时)	机械寿命/次	电寿命/次
	额定电压/V	额定发热电流/A	结构	形式						
				动合	动断	50Hz	60Hz			
3TH80 40-0A	交流660、直流600	16	单层	4	—	24	29	3000	30×10⁶	1.2×10⁶
3TH80 31-0A				3	1	36	42			
3TH80 22-0A				2	2					
3TH80 13-0A				1	3	48	58			
3TH80 04-0A				—	4					
3TH82 80-0A			双层	8	—	110	132			
3TH82 71-0A				7	1					
3TH82 62-0A				6	2	220	264			
3TH82 53-0A				5	3					
3TH82 44-0A				4	4	380	460			

194. 交流接触器怎样降容使用？

对于动作频繁且重载工作的接触器，如行车、机床用接触器，可降容使用，以免接触器触头损坏。这时接触器的工作电流可按以下经验公式计算：

$$I_c = \frac{P_e}{1.3 K_c U_e} \times 10^3$$

式中　I_c——接触器的工作电流，A；

P_e——被控电动机的额定功率，kW；

U_e——被按电动机的额定电压，V；

K_c——交流接触器的负荷系数，见图 8-1（额定电压为 220～380V），其值取决于接触器分断不同电流时的操作频率。

表8-5 3TB系列接触器技术数据

型号	主触点 额定电压/V	主触点 额定发热电流/A	主触点 额定工作电流/A 380V	主触点 额定工作电流/A 660V	可控电动机功率/kW 380V	可控电动机功率/kW 660V	辅助触点 额定发热电流/A	辅助触点 额定电流/A 220V	380V	660V	形式 动合	形式 动断	电寿命/次	AC-3工作制 电寿命/次	AC-3工作制 操作频率/(次/小时)
3TB40 10-0A	660	22	9	7.2	4	5.5	10	0.45	6	2	1	—	1.2×10⁶	1.2×10⁶	1000
3TB40 11-0A											—	1			
3TB40 12-0A											1	1			
3TB40 17-0A											2	2			
3TB41 10-0A		22	12	9.5	5.5	7.5					1	—			
3TB41 11-0A											—	1			
3TB41 12-0A											1	1			
3TB41 17-0A											2	2			
3TB42 10-0A		35	16	13.5	7.5	11					1	—			
3TB42 11-0A											—	1			
3TB42 12-0A											1	1			
3TB42 17-0A											2	2			
3TB43 10-0A		35	22	13.5	11	11		0.9	4	2.5	1	—		1.2×10⁶	750
3TB43 11-0A											—	1			
3TB43 12-0A											1	1			
3TB43 17-0A											2	2			
3TB44 17-0A		55	32	18	15	15					2	2			

　　如果按上式计算的结果大于接触器额定值的 20％以上时，应选高一级的接触器。

　　在图 8-1 中，曲线 1 是在额定转速或接近额定转速的分断情况下 K_c 与操作频率的关系曲线；曲线 2 是有 10％分断启动电流的情况；曲线 3 是有 50％分断启动电流的情况。

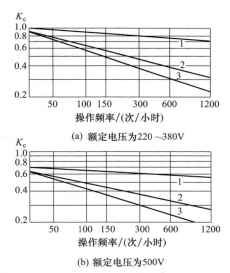

图 8-1　分断不同电流时在不同操作频率下的接触器负荷系数

　　在 AC-4 及 AC-2 重载工作时，将接触器降低 1～2 个电流等级使用，其降容的程度见表 8-6 和表 8-7。

　　另外，对于非电动机类负荷，如电容器、大型照明电器，选用接触器时，除考虑接通容量外，还应考虑可能出现的过电流。用接触器投切电容器时，需采用 CJ16、CJ19 等系列电容器专用接触器。

　　用接触器投入大型照明电器时，必须考虑启动电流的大小及启动时间的长短等。特别是对于白炽灯类和有功率因数补偿的照明电器，接通时的冲击电流可达额定电流的十几倍以上。一般大型照明电器的接触器应降容一半使用。

表 8-6　接触器选择

电动机	工作制	最大操作频率/(次/小时)	负荷性质	接触器选型
笼型电动机	轻载断续周期工作制	30	AC-3	用 CJ20 系列同容量选用
	重载断续周期工作制	300	AC-4（占全部负载的比重小于 10%）	①CJ20 接触器加大一级容量选用 ②不设计 250A 以上规格方案（即主接触器最大规格为 400A，型号表示为/3H）
			AC-4（占全部负载的比重大于 10%）	①CJ20 接触器加大二级容量选用（为区别于 AC-4 小于 10% 的情况，在代表电流等级的字母后附加"Z"字，如/3DZ） ②不设计 160A 以上规格方案（即主接触器最大规格为 400A，型号表示为/3GZ）
绕线转子电动机	轻载断续周期工作制	30	AC-2	按 CJ20 系列同容量选用
	重载断续周期工作制	300	AC-2	按 CJ20 系列同容量选用
		600	AC-2	①CJ20 接触器加大一级容量选用（为区别于操作频率为 300 次/小时的情况，在代表电流等级的字母后附加"Z"字，如/3DZ） ②不设计 160A 以上规格方案（即主接触器最大规格为 250A，型号表示为/3GZ）

表 8-7　接触器的降容等级

设备的主要功能	负荷性质	方案号	额定电流/A	主接触器容量
不可逆	AC-4≤10%	118/3C～/3E	25～63	加大一级容量
	AC-4>10%	118/3CZ～/3EZ	25～63	加大两级容量
不可逆	AC-4≤10%	119/3F～/3H	100～250	加大一级容量
	AC-4>10%	119/3FZ～/3GZ	100～160	加大两级容量
不可逆，带机械制动	AC-4≤10%	120/3C～/3E	25～63	加大一级容量
	AC-4>10%	120/3CZ～/3EZ	25～63	加大两级容量
不可逆，带机械制动	AC-4≤10%	121/3F～/3H	100～250	加大一级容量
	AC-4>10%	121/3FZ～/3GZ	100～160	加大两级容量
不可逆，带机械制动、能耗制动	AC-4≤10%	122/3B～/3H	16～250	加大一级容量
	AC-4>10%	122/3BZ～/3GZ	16～160	加大两级容量

续表

设备的主要功能	负荷性质	方案号	额定电流/A	主接触器容量
可逆	AC-4≤10%	138/3B～/3H	16～250	加大一级容量
	AC-4＞10%	138/3BZ～/3GZ	16～160	加大两级容量
可逆,带机械制动	AC-4≤10%	139/3B～/3H	16～250	加大一级容量
	AC-4＞10%	139/3BZ～/3GZ	16～160	加大两级容量
可逆,带能耗制动	AC-4≤10%	140/3B～/3H	16～250	加大一级容量
	AC-4＞10%	140/3BZ～/3GZ	16～160	加大两级容量
可逆,带能耗制动及机械制动	AC-4≤10%	141/3B～/3H	16～250	加大一级容量
	AC-4＞10%	141/3BZ～/3GZ	16～160	加大两级容量
不可逆,电阻分级启动,机械制动	AC-2 重载断续周期	146/3CZ～/3GZ	25～160	加大一级容量
不可逆,频敏变阻器启动,机械制动	AC-2 重载断续周期	147/3CZ～/3GZ	25～160	加大一级容量
不可逆,频敏变阻器启动、能耗制动、机械制动	AC-2 重载断续周期	148/3CZ～/3GZ	25～160	加大一级容量
可逆,电阻分级启动,机械制动	AC-2 重载断续周期	151/3BZ～/3GZ	16～160	加大一级容量
可逆,电阻分级启动,能耗制动、机械制动	AC-2 重载断续周期	152/3BZ～/3GZ	16～160	加大一级容量
可逆,频敏变阻器启动,机械制动	AC-2 重载断续周期	153/3CZ～/3GZ	25～160	加大一级容量
可逆,频敏变阻器启动,能耗制动、机械制动	AC-2 重载断续周期	154/3CZ～/3GZ	25～160	加大一级容量

195. 交流接触器降容使用，其寿命如何计算？

交流接触器降容使用后，电寿命提高可由图 8-2 得：

$$分断额定电流百分数 \ K\% = \frac{I_s}{I_e} \times 100$$

式中　I_s——接触器实际分断的电流，A；

　　　I_e——接触器的额定电流，A。

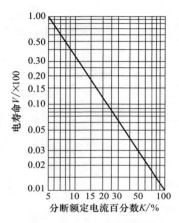

图 8-2 分断额定电流百分数与电寿命的关系

[例 8-2] 已知一 CJ20 系列接触器，额定电流为 40A，实际分断电流为 26A，用于 AC-3 类负载，试确定在这种情况下使用的电寿命。

解

$$K\% = \frac{I_s}{I_e} \times 100 = \frac{26}{40} \times 100 = 65$$

查图 得 $V = 1.8$

CJ20 系列接触器在 AC-3 类负载的电寿命为 100 万次，降容使用后的电寿命为 $1.8 \times 100 = 180$ 万次。

196. 怎样计算交流接触器的启动电流和吸持电流?

（1）启动电流的计算

$$I_q = \frac{P_q}{U_e}$$

式中　I_q——启动电流，A；

P_q——启动功率，即启动时线圈消耗的功率（可由产品技术数据中查得），V·A；

U_e——线圈的额定电压，V。

（2）吸持电流的计算

$$I_o = \frac{P_o}{U_e}$$

式中　I_o——吸持电流，A；

P_o——吸持功率（可由产品技术数据中查得），W。

[例 8-3] 求 CJ12-150A 交流接触器线圈的启动电流和吸持电流。已知该接触器的启动功率为 1450V·A，吸持功率为 30W，线圈额定电压为 380V。

解 ① 启动电流为

$$I_q = \frac{P_q}{U_e} = \frac{1450}{380} = 3.82A$$

② 吸持电流为

$$I_o = \frac{P_o}{U_e} = \frac{30}{380} = 0.079A$$

197. 怎样安装接触器？

接触器安装应符合以下要求。

① 安装前应检查接触器铭牌与线圈技术数据是否符合电源电压及实际使用要求。

② 检查各部件、零件有无损坏、锈蚀和松动等现象，并用手推接触器的可动部分，应灵活，无卡阻现象。

③ 如有必要，应测量线圈和导电部分的绝缘电阻。用500V兆欧表测量，绝缘电阻不应小于1.5MΩ，否则要进行烘燥处理。

④ 按规定留有适当的飞弧空间，以免飞弧烧坏相邻的器件，如CJ10-10、CJ10-20、CJ10-40在灭弧室前面至少应留有15mm的间距。

⑤ 接触器一般应安装在垂直面上，其倾斜角不超过5°；也可安装在水平面上，灭弧室朝上，衔铁在下，否则会影响接触器的动作特性。

⑥ 安装与接线时，切忌零件及导线头等落入接触器内部。安装应牢固，防止受振动松脱。

⑦ 安装完毕后应检查灭弧罩是否完整，并固定牢靠。绝不允许不带灭弧罩或带破损的灭弧罩投入运行。

⑧ 检查接线正确无误后，应在主触头不带电的情况下操作几次。

198. 怎样检查和维护接触器？

接触器的日常检查和维护内容如下。

① 检查外部有无灰尘，并定期清扫。

② 检查环境条件，如温度是否过高，通风是否良好，有无导电粉尘及过大的振动。

③ 检查负荷电流是否在接触器的额定值以内，可用钳形电流表测量。

④ 检查接线连接是否良好，有无过热现象；拧紧压紧螺钉。

⑤ 监听接触器有无异常声响、放电声、焦臭味和过大的振动。

⑥ 检查线圈有无过热、变色和烧焦现象。一般线圈温度应不超过 65℃，否则可能造成匝间短路。

⑦ 检查灭弧罩有无松动和破损。拧紧固定螺栓，更换破损的灭弧罩。

⑧ 检查接触器吸合是否可靠，触头有无打火和跳动，如有，应检查电源电压是否过低等；检查断开电源后触头能否回到正常位置。

⑨ 打开灭弧罩，检查罩内有无被电弧烧烟现象。如有，可用小刀及布条除去黑烟和金属熔粒。

⑩ 检查绝缘杆有无裂损现象。

⑪ 检查触头磨损及烧伤情况。对于银或银基合金触头，有轻微烧损、变黑时，一般不影响使用，可不必清理；若凹凸不平，可用细锉修平打光。不可用砂布打磨，以免砂料嵌入触头，影响正常工作。若触头烧伤严重，开焊脱落，或磨损厚度超过 1mm，则应予以更换。

辅助触头表面如要修理，可用电工刀背仔细修刮，不可用锉刀修刮，因为辅助触头质软层薄，用锉刀修刮会大大缩短触头寿命。

⑫ 检查三相触头的同时性，可通过调节触头弹簧来达到。

⑬ 测量三相触头间的绝缘电阻，应不低于 10MΩ。可用 500V 兆欧表测量。

⑭ 经检修或更换后的触头，还应调整开距、超行程和触头压力，使其符合技术要求。

CJ20 系列交流接触器的触头参数见表 8-2。

199. 交流接触器有哪些常见故障？怎样处理？

交流接触器的常见故障及处理方法见表 8-8。

表 8-8 交流接触器的常见故障及处理方法

序号	故障现象	可 能 原 因	处 理 方 法
1	通电后吸不上或吸力不足	①电源电压过低或波动过大 ②操作回路发生接线错误及控制触头接触不良 ③线圈参数与使用条件不符 ④线圈烧毁,机械卡死 ⑤触头弹簧压力与超行程过大 ⑥错装或漏装有关零件	①检查电源电压 ②纠正接线,检修控制触头 ③更换线圈 ④更换线圈,排除卡阻故障 ⑤按要求调整触头参数 ⑥重新装配
2	断电不释放或释放缓慢	①触头弹簧或反力弹簧压力过小 ②触头熔焊 ③机械卡死、生锈 ④铁芯极面有油污或尘埃 ⑤E形铁芯寿命终了时,因去磁气隙消失,剩磁增大,使铁芯不释放	①更换弹簧,调整触头参数 ②排除熔焊故障,修理或更换触头 ③排除卡阻现象,除锈修理 ④清理铁芯极面 ⑤更换铁芯
3	线圈过热或烧毁	①电源电压过高或过低 ②线圈参数与实际使用条件不符 ③线圈绝缘损坏 ④操作频率过高 ⑤运动部分卡死 ⑥铁芯极面不平或中柱铁芯气隙过大	①检查电源电压 ②更换线圈或接触器 ③更换线圈,改善环境条件 ④降低操作频率或选用合适的接触器 ⑤排除卡阻现象 ⑥修整极面,调换铁芯
4	电磁噪声大、振动明显	①电源电压过低 ②触头弹簧压力过大 ③铁芯极面生锈、有污垢,极面不平 ④短路环松脱或断裂 ⑤装配不良,松动、歪斜	①提高操作回路电压 ②调整触头弹簧压力 ③清理极面,磨损严重时需更换铁芯 ④装紧短路环或将断裂处焊牢 ⑤重新装配
5	触头熔焊	①操作频率过高或负荷过重 ②负荷侧短路 ③触头弹簧压力过小 ④触头表面有金属颗粒突起或有异物 ⑤两极触头动作不同步 ⑥电压过低或机械卡涩,使吸合过程中有停滞现象	①降低操作频率,减轻负荷,或调换合适的接触器 ②排除短路故障,更换触头 ③调整触头弹簧压力 ④清理触头表面 ⑤调整触头使之同步 ⑥提高操作电源电压,排除机械卡阻现象,使接触器可靠吸合

续表

序号	故障现象	可 能 原 因	处 理 方 法
6	触头过热或灼伤	①操作频率过高或工作电流过大 ②环境温度过高,如超过40℃ ③触头弹簧压力不足或超行程过小 ④触头接触不良或严重烧伤 ⑤铜触头用于长期工作制	①降低操作频率或调换容量较大的接触器;查明负载过大的原因 ②改善环境或接触器降容使用 ③调换弹簧和触头,调整超行程 ④检修触头,烧损严重时应予以更换 ⑤应降容使用或改用镀银、银基合金触头
7	触头过度磨损	①用于反接制动、点动、频繁操作时,触头容量不够 ②三相触头动作不一致,磨损不均匀 ③负荷侧短路	①应降容使用或改用重任务接触器 ②调整至同步 ③排除短路故障,更换触头
8	相间短路	①可逆转换的接触器联锁不可靠,由于误动作,致使两台接触器同时投入运行而造成相间短路,或因接触器动作过快,转换时间过短,在转换过程中发生电弧短路 ②积尘或粘有水汽、油污,使绝缘变坏 ③灭弧罩碎裂或其他部件损坏	①检查电气联锁与机械联锁;在控制线路上加中间环节或调换动作时间长的接触器,延长可逆转换时间 ②改善使用环境,加强维护,保持清洁 ③更换损坏零件

200. 怎样防止交流接触器因剩磁黏合的现象?

当交流接触器使用一段时间后出现剩磁而造成断电后不能释放的现象时,可在线圈两端并联一只袪磁电容,一般都能解决问题。

并联电容的电容量可按下式计算:

$$C=5080\frac{I_o}{U_e}$$

式中 C——电容器的电容量,μF;

I_o——接触器线圈的额定电流,即吸持电流,A;

U_e——接触器线圈的额定电压,V。

电容器的额定直流工作电压(即耐压值)应按接触器额定电压的2～3倍选取。

[**例8-4**] 一只 CJ12-100A 交流接触器使用中发生了"剩磁"不能释放的现象。已知线圈的额定电压为 220V。试选择祛磁电容器。

解 查 CJ12-100A 接触器的技术数据，得线圈的吸持功率为 $P_o = 22W$。

线圈的吸持电流为

$$I_o = \frac{P_o}{U_e} = \frac{22}{220} = 0.1A$$

电容器的电容量为

$$C = 5080 \frac{I_o}{U_e} = 5080 \times \frac{0.1}{220} = 2.3\mu F$$

电容器耐压为

$$U_C = (2 \sim 3)U_e = (2 \sim 3) \times 220 = 440 \sim 660V$$

因此可选用 CBB22 型或 CJ41 型 $2 \sim 2.5\mu F$，耐压为 630V 的电容器。

201. 造成交流接触器远距离控制失控的原因是什么？

当交流接触器用于远距离控制的电缆长度超过一定限度时，由于电缆线路上的电压降及电缆线间的分布电容的影响，有可能造成失控。为了减小线路压降，可加大电缆芯线的截面积。而减小电缆线间电容的影响，需采取限制控制回路的长度等措施。

（1）电缆电容对交流控制回路的影响

电缆线间的分布电容与电缆长度成正比，长度越长，电容越大，流过电容和接触器线圈的电容电流也越大。当电容电流大到足以使接触器维持吸合状态时，要想通过按钮去切断控制回路就不可能了。如果线路更长，电容更大，即便不按动启动按钮，电容电流也有可能大到足以使接触器吸合，造成误动。

（2）由电缆电容决定的电缆允许长度

由电缆电容决定的电缆允许长度可由以下公式计算（已留有一定的安全余量）。

① 公式一 用按钮控制接触器启动和释放时（三芯电缆）：

$$L=\frac{833P_e}{(1.1U_e)^2}\times10^3$$

式中　L——临界长度，m；

　　　P_e——接触器额定视在吸持功率，V·A；

　　　U_e——线圈额定电压，V。

式中系数 1.1 是考虑了电源电压波动（+10%）的因素。

② 公式二

$$L=0.9\times10^6/\{1.25\times2\pi fC_0[\sqrt{(1.1U_e/U_f)^2(R^2+X_L^2)-R^2}+X_L]\}$$

式中　f——电源频率，50Hz；

　　　C_0——电缆单位长度的电容量，μF/km；

其他符号见表 8-9。

以 LC 系列交流接触器为例，通过公式二计算得到的允许电缆长度见表 8-9。可见：a. 接触器的额定电流越小，即被控电动机的功率越小，电缆允许长度越短；b. 接触器线圈的交流额定电压越高，电缆允许长度越短。

表 8-9　由电缆电容决定的电缆允许长度

型号	线圈额定电压 U_e/V	释放电压 U_f/V	线圈电阻 R/kΩ	线圈电抗 X_L/kΩ	电缆允许长度 /m
LC1-D09	220	66	1.361	5.895	136
	380	114	4.061	17.583	46
LC1-D16	220	66	1.200	4.233	188
	380	114	3.580	12.630	63
LC1-D40	220	66	0.726	2.309	342
	380	114	2.166	6.887	115

202. 怎样防止交流接触器远距离控制失控问题？

当控制电缆长度超过允许值时，可采取以下防止误动措施。

① 调换接线的芯线，以改变线间距离。此法简单，但效果不一定好。

② 选用阻抗小的接触器。此法效果好，但增加了接触器的功耗。

③ 选用较大容量的接触器。线圈额定功率较大的接触器允许

控制回路的临界电容及长度均较大，但增加了接触器的功耗。

④ 换用释放电压下限高的接触器。

⑤ 采用低压控制。但要注意，采用低控制电压后，线圈启动电流要增大，控制线路压降也增大。

⑥ 接触器线圈并联附加负荷。这样能使线圈电流减小并保持其压降低于吸持电压，使接触器能可靠释放。

a. 并联电阻负荷。电阻参数可按下列公式选择：

$$R = 1000/C_L, C_L = 1000 I_C/(2\pi f U_e)$$

$$P = U_e^2/R$$

式中　R——并联电阻的阻值，Ω；

P——电阻的功率，W；

C_L——控制线路电容，μF；

I_C——实际测量所得的控制线路的杂散电流，mA；

U_e——线圈的额定电压，V。

一般并联电阻的损耗应小于 10W。

b. 并联阻容负荷。此法是将电阻和电容串联，然后并联在接触器线圈上。并联阻容负荷损耗较小。电容和电阻的参数可按下列公式选择：

$$C = 0.45 C_L, R = 100\Omega$$

$$P = R(2\pi f U_e C \times 10^{-6})^2$$

式中　C——电容，μF；

P——电阻的功率（W），当 $U_e = 200$V，$f = 50$Hz，$R = 100\Omega$ 时，$P = 0.5 C^2$。

⑦ 改进释放按钮接线，使接触器线圈断开电源的同时被导线短接。此法动作可靠，但需要增加一根控制线，按钮需有一常开一常闭触点。

203. 怎样选择直流接触器？

直流接触器的选用条件与交流接触器基本相同。应按使用类别、工作电压、容量、工作制及操作频率、电寿命等进行选用。

(1) 按额定工作电压、额定工作电流选择

① 直流接触器主触头的额定工作电压按不同使用场合选择。

a. 一般工业使用场合，主要有 220V、330V、440V、600V、750V 和 1200V 等。

b. 用于牵引场合，有 600V。

c. 用于蓄电池供电场合，主要有 24V、30V、48V 和 72V。

直流接触器的辅助触头的额定工作电压主要有交流 380V、直流 220V。

线圈的额定电压有 24V、48V、110V、220V、330V、440V、600V 等。

它们的选择应与所使用电源的额定电压相一致。

② 直流接触器的额定工作电流主要有 1.5A、2.5A、5A、10A、20A、40A、60A、100A、150A、250A、400A、600A、1000A、1500A、2500A 和 4000A 等。应根据负荷类别、负荷大小、操作频率等具体情况正确选择。

(2) 按额定工作制选择

直流接触器有下列四种工作制。

① 间断长期工作制（即 8h 工作制）：中、大容量直流接触器作为主开关用，多属此类工作制。

② 长期工作制（即不间断工作制）：中、大容量直流接触器作为总开关用，多属此类工作制。

③ 反复短时工作制（即断续周期工作制）：绝大多数直流接触器主要用于此类工作制。

④ 短时工作制：可分以下几种。

a. 60min 工作制：主要用于控制蓄电池供电的电动车辆中的行车场合。

b. 15min 工作制：主要用于控制蓄电池供电的电动车辆中的油泵直流电动机场合。

c. 5min 工作制：主要用于控制蓄电池供电的电动车辆中的油

泵直流电动机场合。

d. 15s 工作制：主要用于高压断路器的合闸系统及直流电动机的能耗制动回路中。

（3）按操作频率选择

操作频率与产品的寿命、额定工作电流、额定工作电压及负载的使用类别有关。1000A 以下直流接触器的操作频率一般为 600～1200 次/小时，1000A 及以上直流接触器的操作频率一般为 150～300 次/小时。目前产品的额定操作频率主要有 150 次/小时、240 次/小时、300 次/小时、600 次/小时、1200 次/小时五种。

当使用场合的操作频率高于直流接触器的额定操作频率时，应选用大一级额定工作电流的产品。

（4）按使用类别选择

直流接触器的使用类别如下。

① DC-1 系列：无感或微感负荷、电阻炉、钨丝灯。

② DC-2 系列：启动和运转中断开并励直流电动机。

③ DC-3 系列：并励电动机的启动、反接制动与反向、点动。

④ DC-4 系列：启动和运转中断开串励直流电动机。

⑤ DC-5 系列：串励电动机的启动、反接制动与反向、点动。

（5）按控制性质选择（见表 8-10）

表 8-10　按控制性质选择直流接触器

回路类别	负荷性质	选用产品类别	产品容量
主回路	DC-1,DC-3	具有二常开或二常闭主触头的产品	按产品额定工作电流选用
	DC-5		按产品额定工作电流的 30%～50%选用
能耗回路	DC-3,DC-5	具有一常闭主触头的产品	按产品额定工作电流选用
启动回路	DC-3,DC-5	具有一常开主触头的产品	按产品额定工作电流选用
动力制动回路	DC-2～DC-4	具有二常开主触头的产品	按产品额定工作电流选用
高电感回路	电磁铁	具有二常开主触头的产品	选用比回路电流大一级电流等级的产品

204. 直流接触器与交流接触器有何区别？

直流接触器的结构与交流接触器的结构类似，也由电磁机构、触头系统和灭弧装置等部分组成，但直流接触器与交流接触器比较有以下区别。

① 直流接触器的电磁机构由于没有涡流损耗和磁滞损耗，所以它的铁芯由整块软钢组成，铁芯端面上也无须安装短路环。电流通过线圈时存在铜损，为了散热，线圈做成长而薄的圆筒状。

② 直流接触器采用的是磁吹或灭弧装置。

③ 交流接触器启动电流大，不适用于很频繁吸合和分断的场合，它的最高操作频率是 600 次/小时。而直流接触器的操作频率较高，最高可达 1200 次/小时。

④ 直流接触器的固有动作时间为 $0.09\sim0.4s$，固有释放时间为 $0.03\sim0.12s$。而交流接触器的平均固有动作时间仅为 $0.05\sim0.07s$，固有释放时间为 $0.02\sim0.05s$。

205. CZ0 系列直流接触器的技术数据如何？

CZ0 系列直流接触器的技术数据见表 8-11。

表 8-11　CZ0 系列直流接触器的技术数据

型号	主触头 额定工作电压/V	主触头 额定工作电流/A	触头数目 常开	触头数目 常闭	辅助触头 额定电压 交流	辅助触头 额定电压 直流	额定发热电流/A	组合情况 常开	组合情况 常闭	吸引线圈 额定电压/V	吸引线圈 消耗功率/W	动作时间/ms 闭合	动作时间/ms 断开	通断能力 电压/V	通断能力 电流/A	临界分断电流/A	操作频率/(次/小时)
CZ0-40/20	440	40	2	—	380	110, 220	5			24 48 110 220	22	100	30	1.05 U_n	4I_n	0.2I_n	1200
CZ0-40/02			—	2				2	2		24	90	45		2.5I_n		600
CZ0-100/10		100	1	—							24	110	30		4I_n		1200
CZ0-100/01			—	1				2	1		24	70	50		2.5I_n		600
CZ0-100/20			2	—				2	2		30	130	35		4I_n		1200
CZ0-150/10		150	1	—							30	130	30		4I_n		1200
CZ0-150/01			—	1				2	1		25	90	60		2.5I_n		600
CZ0-150/20			2	—				2	2		40	135	50		4I_n		1200

续表

型号	主触头				辅助触头					吸引线圈		动作时间/ms		通断能力		临界分断电流/A	操作频率/(次/小时)
	额定工作电压/V	额定工作电流/A	触头数目		额定电压		额定发热电流/A	组合情况		额定电压/V	消耗功率/W	闭合	断开	电压/V	电流/A		
			常开	常闭	交流	直流		常开	常闭								
CZ0-250/10	440	250	1	—	380	110,220	10	共有5对触头，其中1对为固定常开，另外4对可任意组合		24 48 110 220	31	180	60	1.05 U_n	4I_n	0.2I_n	600
CZ0-250/20			2	—							40	220	60		4I_n		
CZ0-400/10		400	1	—							28	200	50		4I_n		
CZ0-400/20			2	—							43	250	70		4I_n		
CZ0-600/10		600	1	—							50	200	90		4I_n		

206. 直流接触器有哪些常见故障？怎样处理？

直流接触器的常见故障及处理方法见表 8-12。

表 8-12　直流接触器的常见故障及处理方法

序号	故障现象	可能原因	处理方法
1	吸不上或吸不足	①～⑤同表 8-8 第 1 条①～⑤项； ⑥双绕组线圈并联在保持绕组或经济电阻上的常闭辅助触头过早断开	①～⑤按表 8-8 第 1 条①～⑤项处理； ⑥调整或修理常闭辅助触头
2	不释放或释放缓慢	①～⑤同表 8-8 第 2 条①～⑤项； ⑥电磁铁非磁性垫片脱落或磨损	①～⑤按表 8-8 第 2 条①～⑤项处理； ⑥装上或更换非磁性垫片
3	线圈过热或烧毁	①～⑤同表 8-8 第 3 条①～⑤项； ⑥电磁铁的双绕阻线圈因常闭辅助触头不释放	①～⑤按表 8-8 第 3 条①～⑤项处理； ⑥修复常闭辅助触头
4	电磁铁噪声大	①～⑤同表 8-8 第 4 条①～⑤项	①～⑤按表 8-8 第 4 条①～⑤项处理
5	触头熔焊	①过载使用； ②～⑥同表 8-8 第 5 条②～⑥项； ⑦永久磁铁退磁，磁吹力不足	①调换合适的接触器； ②～⑥按表 8-8 第 5 条②～⑥项处理； ⑦更换永久磁铁

续表

序号	故障现象	可能原因	处理方法
6	触头过热或灼伤	①～⑤同表 8-8 第 6 条①～⑤项	①～⑤按表 8-8 第 6 条①～⑤项处理
7	触头过度磨损	①～③同表 8-8 第 7 条①～③项； ④永久磁铁退磁，磁吸力不足	①～③按表 8-8 第 7 条①～③项处理； ④更换永久磁铁
8	相间短路	①～③同表 8-8 第 8 条①～③项； ④永久磁铁磁吹接触器的进、出线极性接反了，电弧反吹	①～③按表 8-8 第 8 条①～③项处理； ④更正进、出线极性

207. 怎样对修理后的接触器进行动作试验？

（1）修理后的交流接触器的动作试验

在接触器线圈两端接上可调交流电源，调升电压到衔铁完全吸合时，所测电压即为吸合电压，其值一般不应大于线圈额定电压的 85%。然后将电源电压调低到线圈额定电压的 45%～55%，衔铁应能释放。最后调升电压到线圈额定电压，测量线圈中流过的电流值，计算线圈在正常工作时所需要的功率。同时观察衔铁，不应产生异常的振动和噪声。

（2）修理后的直流接触器的动作试验

在接触器线圈两端接上可调直流电源，调升电压到衔铁完全吸合时，所测电压即为吸合电压，其值一般不应大于线圈额定电压的 65%。然后将电源电压调低到线圈额定电压的 5%～10%，衔铁应能释放。最后调升电压到线圈额定电压，测得线圈中流过的电流值，计算线圈在正常工作时所需要的功率。同时观察衔铁，不应产生异常的振动和噪声。

208. 怎样使直流接触器、继电器延缓释放？

（1）电路之一

利用电容器对直流接触器、继电器的充放电来延缓释放时间的电路如图 8-3 所示。图 8-3（a）～图 8-3（c）所示为瞬时吸合、延时释放电路；图 8-3（d）所示为延时吸合、延时释放电路。

在图 8-3（a）中，当控制继电器 KA_1（图中未画出）处于释放状态时，电源经 KA_1 的常闭触点给电容 C 充电。当 KA_1 吸合时，其常闭触点断开，常开触点闭合，电容 C 向接触器（或继电器）KA_2 的线圈放电，为 KA_2 线圈提供电压，使 KA_2 继续吸合。当电容放电电流小于 KA_2 的吸合电流时，KA_2 释放。KA_2 的延缓释放时间由电容 C 的容量决定。

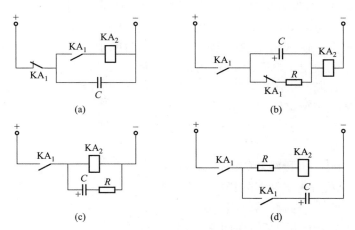

图 8-3 直流接触器、继电器延缓释放电路（一）

电容 C 的容量可按下式估算：

$$C = \frac{t}{0.85R} \times 10^6 \quad (\mu F)$$

式中　t——要求接触器动作的时间，s；

　　　R——接触器线圈的电阻，Ω。

在图 8-3（b）中，当控制继电器 KA_1 处于释放状态时，电容 C 上的电压因被电阻 R 短接而早已消失。当继电器 KA_1 吸合时，由于电容 C 上的电压为零，电压加到接触器 KA_2 的线圈上，KA_2 瞬时吸合。随着电容 C 不断被充电，它两端的电压不断升高，充电电流逐渐减小，当充电电流小到 KA_2 的维持电流时，KA_2 释放。KA_2 延缓释放时间由电容 C 和 KA_2 线圈的电阻决定。

在图 8-3（c）中，电容 C 的作用与图 8-3（a）中电容 C 的作用相同。线圈串联电阻 R 的作用是：在接通电源时，限制电容 C 的充电电流；在断开电源时，控制电容对线圈的放电过程。因此，它也有延缓释放的作用。

在图 8-3（d）中，当控制继电器 KA_1 吸合时，因电容 C 两端的电压不能突变，所以 KA_2 不能立即吸合，只有当电容上的电压等于 KA_2 的吸合电压时，KA_2 才吸合，吸合延时时间由 RC 决定。当继电器 KA_1 释放后，电容 C 通过电阻 R 向接触器 KA_2 的线圈放电，使 KA_2 延缓释放。释放延时时间由电容 C、电阻 R 和线圈电阻决定。电阻 R 的作用是：接通电源时，限制电容 C 的充电电流；断开电源时，限制电容对线圈的放电过程。

R 的阻值可按下式估算：

$$R=0.37\times\frac{U_g}{I_s}-R_k \quad (\Omega)$$

式中　U_g——接触器的工作电压，V；

　　　I_s——接触器的释放电流，A；

　　　R_k——接触器线圈电阻，Ω。

接触器的最大延时值可按下式估算：

$$t=0.85R_\Sigma C\times10^{-6} \quad (s)$$

式中　R_Σ——回路总电阻，即 R 与 R_k 之和，Ω；

　　　C——电容，μF。

（2）电路之二

电路如图 8-4 所示。在线圈两端并联一个辅助电阻 R_f 或二极管 VD，就等于断电后给铁芯增加了一个短路线圈，因而使释放时间延长了。R_f 愈小，延时的作用就愈大，但在线圈正常工作时，R_f 上消耗的电能也愈大。反向并联二极管 VD 就能克服这一缺点，因为断电后线圈的感应电势所产生的电流正好从 VD 的正向流过，电阻很小，延时作用大；正常工作时则因 VD 的反向电阻很大，其

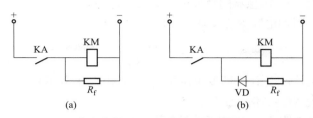

图 8-4　直流接触器、继电器延缓释放电路（二）

中流过的电流很小，故电能的损耗也很小。

并联二极管时，接触器（或继电器）的放电时间为

$$t \approx \frac{LI_g}{0.7} \text{（ms）}$$

式中　L——线圈电感，mH；

$\quad I_g$——接触器 KM 的工作电流，mA；

$\quad 0.7$——二极管的正向压降，V。

209. 怎样提高直流接触器、继电器的返回系数？

所谓返回系数是指接触器（或继电器）的释放电压与吸合电压

之比。有些场合需要提高接触器在线
路中的返回系数时，可采用图 8-5 所
示电路。

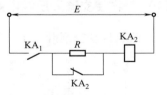

图 8-5　提高接触器、继电器
返回系数的电路

在控制继电器 KA_1（图中未画
出）未吸合前，电阻 R 由接触器
KA_2 的常闭触点短接；继电器 KA_1
吸合后，接触器 KA_2 的常闭触点打
开，此时电阻 R 与接触器 KA_2 的线圈串联。

如果不设电阻 R，则接触器 KA_2 的返回系数为

$$K = \frac{U_f}{U_x} = \frac{I_f R_q}{I_x R_q}$$

式中　R_q——接触器线圈的电阻，Ω；

$\quad U_f$、U_x——接触器的释放电压和吸合电压，V；

I_f、I_x——接触器的释放电流和吸合电流，A。

串联附加电阻 R 后，其返回系数为

$$K' = \frac{I_f(R_q + R)}{I_x R_q}$$

可见，$K' > K$，即变更附加电阻 R 可调整其返回系数，但 R 不能过大（$1\sim2$ 倍的 R_q）。

串联电阻 R 也可按下式计算：

$$R = \frac{K U_e R_q}{U_f} - R_q$$

式中　U_e——直流电源额定电压，V；

　　　K——系数，可取 0.8。

必须注意：接触器附加电阻后，释放电压一般为（$0.7\sim0.75$）U_e。因此，当电压低于 $0.75U_e$ 时，接触器就返回。若接触器的吸合电压高于释放电压，接触器将又吸合，出现跳跃现象。所以，接触器的吸合电压值需调整到释放电压值的 1.1 倍左右。

如果需要改变接触器的释放电压值，变更上式中的系数 K 即可。

210. 怎样使交流失压继电器延时释放？

低压自动空气开关上的失压线圈 YC 一旦失压（约 0.5s）便会引起空气开关自动跳闸，造成停电事故。为了避免这类事故的发生，可采用图 8-6 所示的电路，该电路能使空气开关在失压后延时 $2\sim3$s 断开。

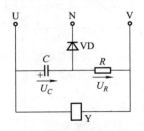

图 8-6　失压继电器延时释放电路

工作原理：正常时，交流失压继电器 Y（即空气开关失压线圈）上加有交流线电压（$U_{UV}=$ 380V）而保持吸合状态。此时电容 C 经二极管 VD 被充电至约 300V 直流电压。

当线路瞬时停电时，电容 C 通过电阻 R 向线圈 Y 放电，使其继续维持吸合状态 $2\sim3$s。在这期间若又恢复供电，则空气开关还处于闭合状态，不会造成停电事故。当线路停电时间超过 $2\sim3$s，则由于电容 C 的放电电流小于失压继电器 Y 的释放电流值，Y 释放，空气开关跳闸。

该电路的不足之处是在电阻 R 上有 30W 左右的功耗。

电容选用 CD11 220μF、500V，电阻选用 R 为 20kΩ、50W，二极管的耐压不小于 500V，如选用 1N4007。

211. 怎样消除直流接触器、继电器触头打火现象？

直流接触器、继电器和电磁铁是感性负载，当线圈断电时，因存在自感电势，会在触点处产生很高的电压，将触点间隙击穿而放电，形成火花放电。这不但会加速触点损坏，还会产生一种高频信号，严重干扰无线电通信，因此必须设法消除。通常可采用消火花电路。必须指出，消火花电路同时有使继电器动作延缓的作用。

（1）电路之一

电路如图 8-7 所示。该电路利用电阻为线圈中产生的自感电势提供放电回路，故称电阻消火花电路。

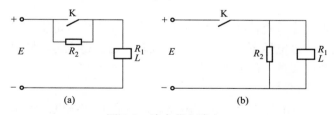

图 8-7　消火花电路之一

图中，L、R_1 为线圈的电感和电阻，R_2 为消火花电阻。具体应用时要考虑 R_1 的大小，若 R_1 很小，采用图 8-7（b）所示电路较好，因为这时 R_2 也较小。若采用图 8-7（a）所示电路，则触点 K 两端会有较大的泄漏电流。图 8-7（b）所示电路的缺点是触点闭合时，电阻 R_2 上要消耗一定的电能。

通常电阻 R_2 取 $(5 \sim 10)R_1$。如果要求接触器、继电器或电磁铁的释放时间短，R_2 值宜选得大一点；如果要求消火花效果好（即触点过电压小），则 R_2 值宜选得小一点，可取 $(2 \sim 5)R_1$，对于图 8-7 (a) 可选 $(2 \sim 3)R_1$，对于图 8-7 (b) 可选 $(3 \sim 5)R_1$。

（2）电路之二

图 8-8 所示为阻容消火花电路。它将线圈中的磁能转化为电容 C 的电能，从而达到消火花的目的。

该电路与图 8-7 所示电路比较，电容 C 隔断了仅有电阻 R_2 时存在的泄漏电流〔见图 8-8 (a)〕，或者避免了触点 K 闭合时 R_2 上的电能消耗〔见图 8-8 (b)〕。另一方面，电容 C 两端的电压不能突变，在触点 K 断开的瞬间 C 两端的电压仍由 R_2 决定。因此，R_2 不能任意选取。通常 $R_2 = 50 \sim 100\Omega$，$C = 0.1 \sim 2\mu\text{F}$。

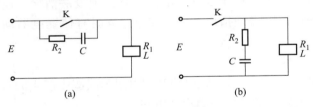

(a)　　　　　　　　(b)

图 8-8　消火花电路之二

另外，也可直接在线圈上并联电容（而不串联电阻）来消灭火花。这时，过电压下降幅度大，释放时间延长得也多，同时在闭合触头时会造成过大的放电电流而使触头工作不利。

（3）电路之三

图 8-9 所示为氖管消火花电路。取氖管的启辉电压大于工作电

图 8-9　消火花电路之三

压 E 而小于 400V，并联在触点 K 的两端。当 K 断开时，触点两端电压升高至 $200 \sim 500$V 时，氖管即启辉放电，避免触点烧蚀。当 S 两端的电压恢复到稳定值 E 时，氖管熄灭，阻断泄漏

电流，从而达到消火花目的。

（4）电路之四

图 8-10 所示为二极管消火花电路。图 8-10（a）所示电路的作用与图 8-8 所示电路相同，二极管 VD 的方向应当使触头闭合时电流不通过它。这样，当触头断开时，由于放电电流的方向相反而将磁能消耗在二极管并联回路中。必须注意：该方法可能会使接触器的释放时间延长。

二极管 VD 的选择：反向击穿电压大于 E，正向电流大于 E/R（R 为线圈的直流电阻）。

在图 8-10（b）中，在二极管回路中串联一只电阻（200Ω～1kΩ）。此电路消火花效果较图 8-10（a）所示电路为好，但接触器的释放时间较图 8-10（a）所示电路长。

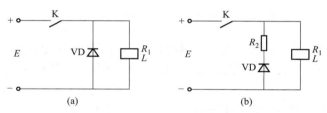

图 8-10 消火花电路之四

（5）电路之五

图 8-11 所示为压敏电阻消火花电路。

氧化锌压敏电阻的阻值对外加电压很敏感，外加电压增大时，其阻值减小，外加电压越大，阻值下降越显著。当线圈工作时，加在 RV 两端的电压为线圈的工作电压，RV 阻值极大。当触头 K 断开时，RV 两端电压

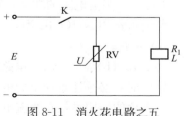

图 8-11 消火花电路之五

剧增，其阻值剧减，于是就抑制了浪涌电压的产生，避免了触头火花。

氧化锌压敏电阻可选用 MY31 型，其标称电压 $U_{1mA} > 1.3E$（E 为线圈额定电压）。当 E 较小时或接触器的动作频繁时，可取 $U_{1mA} = (1.5 \sim 2.5)E$。

212. 怎样制作接触器、继电器工作状态指示器？

为了指示接触器、继电器的工作状态，可采用图 8-12 所示电路。当接触器、继电器吸合时，指示灯亮；当释放时，指示灯灭。

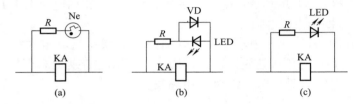

图 8-12 接触器、继电器工作状态指示电路

图 8-12（a）所示电路用氖泡进行指示。当电源电压高于 110V 时，为了节电，宜采用此电路。氖泡 Ne 与限流电阻 R 的配合计算如下：

$$R = (U - U_{Ne})/I_{Ne}, P_{Ne} \geqslant I_{Ne}^2 R$$

式中　U——电源电压，V；

　　U_{Ne}——氖泡的初始启辉电压，V；

　　I_{Ne}——氖泡的工作电流，A；

　　P_{Ne}——限流电阻的功率，W。

氖泡可选用 NHO-4C 型，其初始启辉电压为 65V，工作电流为 1mA 左右。

图 8-12（b）、（c）所示电路用发光二极管进行指示。当用于直流电路中时，必须注意使电源的极性能够将发光二极管 LED 燃亮。二极管 VD 的作用是：在交流电路中，在电源负半周时维持电阻 R 中的电流通路，保护 LED 不因反向电压过高而被击穿损坏；在直流电路中，该二极管可在电源关断时保护 LED 不被线圈中产生的反电势击穿。

限流电阻 R 可按下式计算。

① 用于交流继电器、接触器：$R = 100U$（Ω）。

② 用于直流继电器、接触器：$R = 200U$（Ω）。

电阻 R 消耗的功率为

$$P = U^2/R \text{（W）}$$

式中　U——电源电压，V。

213. 交、直流接触器怎样改压计算？

在保证吸力、温升、工作制不变的情况下，进行计算。

（1）交流接触器改压计算

$$W_2 = W_1 \frac{U_2}{U_1}, \quad d_2 = d_1 \sqrt{\frac{U_1}{U_2}}$$

式中　W_1、W_2——原线圈和改压后线圈的匝数；

$\quad\quad d_1$、d_2——原线圈和改压后线圈导线的直径，mm；

$\quad\quad U_1$、U_2——原线圈和改压后线圈的额定电压，V。

对于交流串联励磁线圈，则可按下列公式计算：

$$W_2 = W_1 \frac{I_1}{I_2}, \quad d_2 = d_1 \sqrt{\frac{I_2}{I_1}}$$

式中　I_1、I_2——原线圈和改压后线圈的电流，A。

（2）直流接触器改压计算

$$d_2 = d_1 \sqrt{\frac{U_1}{U_2}}, \quad W_2 = W_1 \left(\frac{d_1}{d_2}\right)^2$$

$$R_2 = \frac{W_2}{W_1} \left(\frac{d_1}{d_2}\right)^2 R_1 = \frac{W_2}{W_1} \times \frac{U_2}{U_1} \cdot R_1$$

式中　R_1、R_2——20℃时，原线圈和改压后线圈的直流电阻，Ω。

[例 8-5]　已知交流接触器线圈电压为 220V，3520 匝，导线直径为 ϕ0.19mm，现欲改用在 24V 电源上，试求改绕的参数。

解　$\quad W_2 = W_1 \dfrac{U_2}{U_1} = 3520 \times \dfrac{24}{220} = 384$ 匝

$$d_2 = d_1 \sqrt{\frac{U_1}{U_2}} = 0.19 \times \sqrt{\frac{220}{24}} = 0.575 \text{mm}$$

查线规表，取标称直径为 0.57mm 的漆包线。

214. 交、直流接触器怎样改频计算？

在保证线圈电压、温升、工作制不变的情况下进行换算。

$$W_2 = W_1 \frac{f_1}{f_2}, \quad d_2 = d_1 \sqrt{\frac{f_2}{f_1}}$$

式中　W_1、W_2——原线圈和改频后线圈的匝数；

d_1、d_2——原线圈和改频后线圈导线的直径，mm；

f_1、f_2——原线圈和改频后线圈的额定频率，Hz。

[**例 8-6**]　有一只 100A 交流接触器，已知线圈电压为 380V，50Hz，1980 匝，导线直径为 ϕ0.44mm，现欲改用在 60Hz 电源上，试求改绕的参数。

解　　　　$$W_2 = W_1 \frac{f_1}{f_2} = 1980 \times \frac{50}{60} = 1650 \text{ 匝}$$

$$d_2 = d_1 \sqrt{\frac{f_2}{f_1}} = 0.44 \times \sqrt{\frac{60}{50}} = 0.482 \text{mm}$$

查线规表，取标称直径为 0.49mm 的漆包线。

215. 什么是真空接触器？其结构是怎样的？

真空接触器以真空为灭弧介质，其主触头密封在特制的真空灭弧管内。真空介质具有很高的绝缘强度，且介质恢复速度很快，因此真空中的燃弧时间一般小于 10ms。

真空接触器具有以下特点。

① 分断能力强。分断电流可达额定电流的 $10 \sim 20$ 倍。

② 寿命长。电寿命达数十万次，机械寿命可达百万次。

③ 体积小，重量轻，无飞弧距离，安全可靠。

④ 维修简便，主触头无需维修，运行噪声小，可在恶劣环境下工作。

⑤ 可频繁操作。

CKJ 系列真空接触器的结构如图 8-13 所示。它由真空灭弧室、绝缘支座、金属基座、电磁操动机构、绝缘摇臂、整流装置等部分组成。

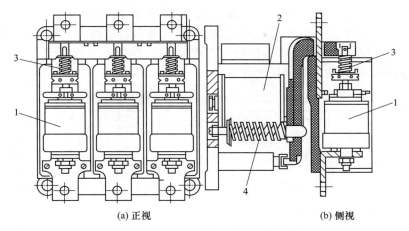

(a) 正视　　　　　　　　　　　　(b) 侧视

图 8-13　CKJ 系列真空接触器的结构

1—真空灭弧室；2—线圈；3,4—弹簧

真空灭弧室由动触头、静触头、金属屏蔽罩、波纹管和一个由陶瓷圆环构成的密封容器等组成。波纹管与动触点和密封容器的法兰焊接，保证了动触头作轴向运动时，容器内的真空度不受影响。机构动作使动、静触头分离，在触头缝隙中形成金属蒸气的等离子体被其他的金属屏蔽罩所凝聚。当电流过零时，金属蒸气减少，最终触头间隙出现真空状态，电路就可以可靠分断了。

电磁操动机构由铁芯、线圈、磁轭、绝缘摇臂等组成。当操动线圈通电时，衔铁吸合，转动摇臂，在触头弹簧和真空灭弧室负压力的共同作用下，动触头闭合，使接触器合闸。当操动线圈断电时，分闸弹簧使衔铁释放，转动摇臂，推开真空灭弧室的动触头，使接触器分闸。

辅助触头位于接触器一侧，由绝缘摇臂直接操动。

216. CKJ、CKJ1 系列交流真空接触器的技术数据如何？

交流真空接触器的产品很多，常用的有 CKJ、CKJ1 系列，CKJP 系列，CKJ5、CKJ6 系列等。

CKJ、CKJ1 系列交流真空接触器适用于额定工作电压至 1200V、额定工作电流至 400A 的三相电路中，供远距离接通和开断线路及频繁地启动和控制交流电动机。其技术数据见表 8-13；辅助触头的技术数据见表 8-14。

表 8-13　CKJ 系列交流真空接触器技术数据

型号	极数	额定电压/V	额定电流/A	固有合闸时间/s	固有分闸时间/s	每小时允许操动次数 AC-3 时	每小时允许操动次数 短时(20s 内操动)	接通与分断能力 接通	接通与分断能力 分断
CKJ-100	3	660 或 1140	100	<0.2	<0.1	300	3600	—	—
CKJ-125			125						
CKJ1-160			160						
CKJ1-250			250						
CKJ1-300			300						
CKJ5-250			250			300	2000	2500A 100 次	2000A 25 次
CKJ5-400			400					4000A 100 次	3200A 25 次
CKJ5-600			600			300	1200	6000A 100 次	4800A 25 次
CKJ5-600/1	1		600			—	—	—	—

型号	电寿命/万次 AC-3 时	电寿命/万次 AC-4 时	机械寿命/万次	极限分断能力	主回路热稳定电流 电流/A	主回路热稳定电流 时间/s	主回路接触电阻/μΩ	质量/kg
CKJ-100	30	6	300	2500A 3 次	1000	10	—	—
CKJ-125								
CKJ1-160	—	—	250	4500A 3 次	—	—	—	—
CKJ1-250								
CKJ1-300								
CKJ5-250	60	2	300	4500A 3 次	2000	10	≤250	—
CKJ5-400				4500A 3 次	3200	10	≤160	—
CKJ5-600	60	0.5	300	6000A 3 次	4800	10	≤100	20
CKJ5-600/1	—	—	—	—	—	—	—	12

表 8-14 CKJ 系列接触器辅助触头技术数据

控制电源电压/V	辅助触头额定电压/V	辅助触头发热电流/A	最高额定工作电压下的工作电流/A	辅助触头				辅助触头的电气间隙/mm	辅助触头的爬电距离/mm
				对数	操作频率/(次/小时)	电寿命/万次	机械寿命/万次		
交流50Hz 220V（或36V）	交流50Hz、380V、220V，直流220V	5	交流0.78A① 直流0.27A	三常开、三常闭，其中一对大超程常闭触头用于接触器吸合时转换线圈电流	600	30	300	5.5	6.3

① 在较低工作电压下可以有较大的工作电流，可按额定控制容量换算。

217. VS317、VS507 型交流真空接触器的技术数据如何?

VS317、VS507 型交流真空接触器适用于额定工作电压至 1200V、额定工作电流至 500A 的三相电路中，供远距离频繁通断电路和控制交流电动机之用。其技术数据见表 8-15；辅助触头的技术数据见表 8-16。

表 8-15 VS317、VS507 型交流真空接触器技术数据

型号	极数	额定频率/Hz	额定绝缘电压/V	额定工作电压 U_n/V	工频耐压/(V/1min)	额定工作电流/A	峰值耐受电流/A
VS317	3	40~60	1500	1200	6500	317	8000
VS507						507	

型号	1s时的短时耐受电流/A	在 AC-3、AC-4 时控制电动机容量/kW				额定接通能力/(A/次)	额定分断能力/(A/次)
		380V	500V	660V	1140V		
VS317	6000	160	220	290	450	5000/100	5000/25
VS507		250	340	450	690		

型号	最高操作频率/(次/小时)	线圈额定电压/V	吸合电压范围	释放电压	线圈消耗功率/W		动作时间/ms		电寿命/万次
					吸合	保持	接通	分断	
VS317	1200	吸合：220、110 保持：17、8.5	(0.75~1.1)U_n 最低(0.5~0.65)U_n	(0.35~0.7)U_n	375	4	20~40	20~30	AC-3 为100, AC-4 为20
VS507									AC-3 为100, AC-4 为10

续表

型号	机械寿命/万次	配合熔断器的额定电流/A	主电路接线截面积		外形尺寸（宽×高×厚）/mm	质量/kg
			电缆（根数×截面积）	母线（宽×厚）/mm		
VS317	200	400～630	$2\times95mm^2\sim$ $2\times150mm^2$	35×10	206×188×160	8
VS507		630～800	$2\times120mm^2\sim$ $2\times150mm^2$	35×10		

表8-16　VS317、VS507型交流真空接触器辅助触头技术数据

额定绝缘电压/V	约定发热电流/A	额定工作电压、电流				辅助触头数量（对数）		允许连接导线截面积（根数×截面积）
		AC11、$\cos\varphi=0.7$		DC11、$T=15ms$		动合	动断	
		电压/V	电流/A	电压/V	电流/A			
AC 660 DC 800	10	220	2.5	24	10	3	2	$2\times(1.0\sim$ $2.5mm^2)$
		380	1.5	60	6			
		500	1.5	110	4			
		600	1.2	220	1			

218. 怎样安装真空接触器？

① 安装前详细阅读产品说明书，了解产品安装的有关要求。

② 检查可动衔铁及拉杆动作应灵活可靠、无卡阻。

③ 检查触头应随绝缘摇臂的动作可靠动作，且触头接触应良好。

④ 按产品接线图检查内部接线应正确。

⑤ 对新安装和新更换的真空开关管要事先检查其真空度，根据产品说明书要求在 1×10^{-2}Pa 以上。可用工频耐压法检查。接触器的真空管应承受工频电压 4200V 1min。

触头间距为 (1.8 ± 0.2)mm 时，要求耐压 8kV 以上，经三次检查后，不允许有击穿和连续闪络现象。

⑥ 真空接触器接线时应按出厂接线图接外接导线，接地线可接在固定接地极或地脚螺栓上。

⑦ 真空接触器运行前应进行外观检查，应将表面擦干净，机

械转动部分涂润滑油。

⑧ 运行前按操作程序进行试操作，确认无异常情况，方可投入运行。

219. 怎样检查和维护真空接触器？真空接触器有哪些常见故障？怎样处理？

真空接触器的日常检查和维护内容如下。

① 真空接触器的维护工作除真空灭弧室（可参见真空断路器）外，其他项目均与电磁式接触器相同（见图 198 问）。

② 每季度应检查一次辅助触头有无损伤。

③ 每半年检查一次真空开关管主触头的开距和超行程。CKJ系列接触器对主触头、辅助触头的技术要求见表 8-17。

表 8-17　CKJ 系列接触器对主触头、辅助触头的技术要求

| 型号 | 主触头 | | | | 辅助触头 | | | |
| | | | | | 常开 | | 常闭 | |
	初压力/×10N	终压力/×10N	开距/mm	超行程/mm	开距/mm	超行程/mm	开距/mm	超行程/mm
CKJ-100 CKJ-125	—	4±1	2.2±0.22	0.8±0.1	3.5	2.5	3.5	2.5
CKJ-250	—	7±1	1.5±0.1	1±0.1	—	—	—	—
CKJ-215	—	—	1.5±0.1	1±0.1	—	—	—	—
CKJ-400	—	7.5±1.5	2±0.1	1±0.1	—	—	—	—
CKJ5-250	—	8±1.5	2±0.1	1±0.1	—	—	—	—
CKJ5-400	11.5±1	12±1	2±0.1	1±0.1	—	—	—	—
CKJ5-600	19±1.5	20±1.5	2.1±0.1	1.1±0.1	—	—	—	—

注：因厂家不同，表中数值略有不同。

接触器主回路的电气间隙为 14mm，爬电距离为 20mm；控制回路的电气间隙为 3mm，爬电距离为 4mm。

④ 每年检查一次其动作性能。

真空接触器的常见故障及处理方法见表 8-18。

表8-18　真空接触器的常见故障及处理方法

故障现象	可能原因	处理方法
不能吸合或工作中自动释放	①电源无电压或电压过低 ②接线错误或接线松脱 ③熔断器熔断 ④线圈烧坏 ⑤二极管击穿 ⑥真空开关管损坏	①测量电源电压,设法提高电压 ②检查并纠正接线或接好连线 ③更换熔体 ④更换线圈 ⑤检查并更换二极管 ⑥检查真空开关管的真空度(是否有负压)。对于新安装或新更换的真空开关管,要求在 1×10^{-2} Pa 以下
线圈过热或烧毁	①线圈电压与电源电压不符 ②电源电压过高或过低 ③运动部分卡住	①检查并纠正 ②测量电源电压,设法稳定电压 ③排除卡住现象
真空开关管漏气	真空开关管表面附有杂物或水	测量真空开关管的绝缘电阻,清洁其外壳

220. 怎样计算低压真空接触器抑制操作过电压的压敏电阻的参数?

真空接触器抑制操作过电压可采用 RC 浪涌吸收器或压敏电阻保护。采用压敏电阻保护的接线如图 8-14 所示。当定子绕组为星

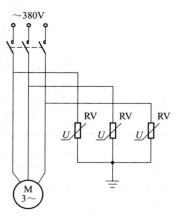

图 8-14　压敏电阻保护的接线

形的电动机时，压敏电阻应采用三角形接法。

压敏电阻可按下列公式选择：

$$U_{1mA} \geq (2 \sim 2.5)U_g$$
$$I_e \geq 5kA$$

式中　U_{1mA}——压敏电阻的标称电压，V；

　　　U_g——工作电压（如接于线电压上，$U_g = U_{VW} = 380V$），V；

　　　I_e——压敏电阻的通流容量，kA。

[例 8-7]　一台 Y315M2-4 型异步电动机，额定功率为 160kW，额定电压为 380V，采用 VS317 型真空接触器控制。为抑制操作过电压，采用压敏电阻保护，试选择压敏电阻。

解　压敏电阻的选择：

$$U_{1mA} \geq (2 \sim 2.5)U_g = (2 \sim 2.5) \times 380 = 760 \sim 950V$$
$$I_e \geq 5kA$$

可选择标称电压为 820V 或 910V、通流容量为 10kA 的 MY31-820/10 型或 MY31-910/10 型压敏电阻。

221. 怎样试验真空接触器？

① 每 1～2 年用耐压试验法检测一次真空灭弧管的真空度。试验方法见真空断路器。

② 测量绝缘电阻。主回路的绝缘电阻不应小于 2.5MΩ，控制回路的绝缘电阻不应小于 1.5MΩ。

③ 做绝缘强度交流耐压试验。主回路应能承受交流 50Hz、4.2kV 电压 1min，控制回路应能承受交流 50Hz、2kV 电压 1min。

222. 控制继电器有哪些种类？其主要用途是什么？

继电器可分为控制继电器和继电保护继电器。控制继电器主要用于工业自动控制设备及传动装置的控制和保护。

控制继电器的分类及用途见表 8-19。

表 8-19　控制继电器的分类及用途

类型		动作特点	主要用途
电压继电器		当与电源回路并联的励磁线圈电压达到规定值时动作	电动机失压保护和制动以及反转控制等,有时也作过压保护
电流继电器		当与电源回路串联的励磁线圈中通过的电流达到规定值时动作	电动机的过载及短路保护,直流电机的磁场控制及失磁保护
中间继电器		实质上是电压继电器,但触头数量较多,容量较大	通过它的中间转换作用,增加控制回路数或放大控制信号
时间继电器		得到动作信号后,其触头动作有一定延时	用于交直流电动机以时间原则启动或制动时的控制及各种生产工艺程序的控制等
热继电器		由过电流通过热元件热弯曲推动机构动作	用于交流电动机的过载、断相运转及电流不平衡的保护等
温度继电器		当温度达到规定值时动作	用于电动机的过热保护或温度控制装置等
速度继电器和制动继电器		当转速达到规定值时动作	用于感应电动机的反接制动及能耗制动
特种继电器	舌簧继电器	当舌簧片被磁化到规定值时动作	用于生产过程的自动控制和自动检测等
	极化继电器	当励磁线圈中通过的电流值和方向符合规定时动作	用于自动控制与调节系统中作高灵敏度的继电控制、放大和变流控制等
	脉冲继电器	当励磁线圈通过规定大小和方向的电流脉冲时动作	用于要求功耗特别小的自动控制及检测通信系统中

223. 怎样选择电磁式控制继电器?

电磁式控制继电器的选用,需考虑额定工作电压、额定工作电流、线圈电压和电流、负荷性质及使用环境等因素。

（1）按额定工作电压和额定工作电流选择

继电器额定工作电压和电流系指其触点在相应使用类别下的额定工作电压 U_e 和额定工作电流 I_e。选择时，应满足：

$$U_e \geqslant U_{g \cdot max}$$
$$I_e \geqslant I_{g \cdot max}$$

式中　$U_{g \cdot max}$——最大工作电压；

　　　$I_{g \cdot max}$——最大工作电流。

若产品样本给出的是继电器额定绝缘电压 U_i 和额定发热电流 I_{th}，则最高工作电压 $U_{g \cdot max}$ 即为 U_i，而 I_{th} 应按以下情况区别对待。

① 对于适用于 8h 工作制的继电器，$I_e = I_{th}$。

② 对于适用于长期工作制的继电器，当采用银基合金触点并有防尘措施时，$I_e = I_{th}$；当采用铜触点时，$I_e = (0.7 \sim 0.8) I_{th}$。

③ 用于短期（小于 8h）和断续工作制的继电器时，则允许 $I_e > I_{th}$。

需要指出，额定工作电流一般是就触点切换纯阻性负荷而言的，若用于切换感性或容性负荷，一般只能为纯阻性负载（即标称额定工作电流）时的 $20\% \sim 30\%$。

（2）按线圈电压和电流选择

电压线圈的电流种类和额定电压值、电流线圈的电压种类和额定电流值，都应注意与所接电路及工作环境相一致。一般来说，常温下交流继电器的吸合电压应不大于额定电压的 85%，直流继电器的吸合电压应不大于额定电压的 80%；在环境温度为 $80℃$ 时，其吸合电压应为额定电压的 $55\% \sim 60\%$；而在 $125℃$ 环境温度下，则只能是 $50\% \sim 55\%$。

（3）按工作制选择

继电器一般仅适用于 8h 工作制，即间断长期工作制。若用于反复短时工作制和短时工作制时，对其过载能力和额定操作频率都要按照产品说明书校核。当交流电压继电器用于反复短时工作制时，因吸合启动电流较大，其负担反而比长期工作制时重，故此时实际操作频率应低于额定操作频率。

常用中间继电器的主要技术数据见表 8-20。

表 8-20　常用中间继电器的主要技术数据

型号	触头参数						操作频率/(次/小时)	线圈消耗功率/V·A	动作时间/s	线圈电压/V 交流	用途
	常开	常闭	电压/V	电流/A	分断电流/A	闭合电流/A					
JZ7-44	4	4	380	5	2.5	13	1200	12		12,24,36,48,110,127,220,380,420,440,500	主要用于增大被控线路的数量及容许的断开容量
JZ7-62	6	2	220	5	3.5	18					
JZ7-80	8	0	127	5	4	20					
JZ8-□□$\frac{J}{Z}$/□	6 开	2 闭	交流500	5	1	10	2000	10	0.05	110,127,220,380	
JZ8-□□$\frac{J}{Z}$S/□	4 开	4 闭	交流380		1.2	12					

注：JZ7、JZ8 可取代 JZ1 等老产品。

其中 JZ7 系列常用型号有 JZ7-44、JZ7-62、JZ7-80 等，触点额定电流为 5A，最大开断电流为交流 5A，直流 1A、0.5A、0.25A（对应电压为 110V、220V、440V）。继电器线圈电压为交流 12V、24V、36V、48V、110V、127V、220V、380V、420V、440V、500V 等，吸持功率为 12V·A。

224. 怎样选择电流继电器？

电流继电器常用于电动机的过载及短路保护、直流电动机磁场控制或失磁保护和同步发电机失磁保护。当负荷电流达到规定值时，继电器动作，且能自动复位。

电流继电器有交流和直流之分，有过电流和欠电流继电器之分。当线圈电流高于整定值时动作的继电器称为过电流继电器；当线圈电流低于整定值时动作的继电器称为欠电流继电器。过电流继电器在正常工作时，衔铁是处于释放状态的；欠电流继电器在正常工作时，衔铁是处于吸合状态的。

过电流继电器应按以下条件选用。

① 按电流种类选择继电器的型式。

② 继电器额定电流 I_{ej} 不小于电动机额定电流 I_{ed}。

③ 继电器动作电流整定值 I_{jd}：

$$I_{jd} = (1.1 \sim 1.3) I_q$$

式中　I_q——电动机启动电流最大值，A。

继电器动作电流应留有一定的上下限调整范围。

225. 怎样选择电压继电器?

电压继电器常用于发电机过电压保护和电动机失压或欠电压保护、制动及反转控制等控制器件中。当电路中端电压达到规定值时，继电器动作，且能自动复位。

电压继电器有交流和直流之分，有过电压和低（欠）电压继电器之分。过电压继电器在正常工作时，衔铁是处于释放状态的；欠电压继电器在正常工作时，衔铁是处于吸合状态的。

过电压继电器应按以下条件选择。

① 当控制系统过电压时，加于继电器线圈的电压不应超过继电器额定电压值。

② 继电器动作电压整定值 U_{jd}：

$$U_{jd} = (1.1 \sim 1.15) U_e$$

式中　U_e——线路额定电压，V。

对于 JT3 系列直流继电器，其额定线圈电压 U_e 为 220V 时，吸合动作电压约为 $(0.3 \sim 0.5) U_{ej}$，当用于 220V 线路上作过电压保护时，继电器线圈必须串接附加电阻 R_f，以达到既能保护线路过电压，又不使加于继电器的电压超过其额定电压而遭损坏。

假定吸引电压为继电器线圈额定电压的 40%，则

$$0.4 U_{ej} = (1.1 \sim 1.15) U_e \frac{R_j}{R_j + R_f}$$

$$R_f = (2.75 \sim 2.9)\frac{U_e}{U_{ej}}R_j - R_j$$

式中　R_f——附加电阻，Ω；

　　　U_e——控制系统线路的额定电压，V；

　　　U_{ej}——继电器线圈的额定电压，V；

　　　R_j——继电器线圈的电阻，Ω。

226. 怎样选择失磁保护继电器？

失磁保护继电器通常用于直流电动机和同步发电机的失磁保护。

（1）直流电动机失磁保护

选择条件如下。

① 继电器额定电流 I_{je} 不小于电动机额定励磁电流 I_{le}。

② 继电器的释放电流整定值 I_{jf} 为

$$I_{jf} = (0.8 \sim 0.85)I_{lmin}$$

式中　I_{lmin}——电动机的最小励磁电流，A。

继电器的释放电流应留有一定的上下限调整范围。

（2）同步发电机失磁保护

选择条件如下。

① 继电器额定电流 I_{je} 不小于同步发电机额定励磁电流 I_{le}。

② 继电器的释放电流整定值 I_{jf} 为

$$I_{jf} = (0.6 \sim 0.8)I_{l0}$$

式中　I_{l0}——同步发电机空载励磁电流，A。

③ 保护装置动作时限。不允许立即跳闸，应按运行规程规定。

失磁保护通常采用 JT18 系列欠电流继电器。

例如，某发电机的额定励磁电流为 220A，空载励磁电流为90A，则可选择 JT18-250L 欠电流继电器。该继电器的额定电流为250A，能长期承受 220A 励磁电流。若吸合电流按 $30\%I_e$ 整定，则吸合电流为 $250 \times 30\% = 75A$，小于空载励磁电流90A，所以能满足要求。

227. 怎样检查和维护中间继电器？

中间继电器，包括其他控制继电器，其日常检查和维护内容如下。

① 检查使用环境。对于冶炼、矿山等多尘场所，应选用带罩壳的全封闭式继电器；对于湿热带地区，应选用湿热带式（TH）继电器；对于有冲击振动的场所及有有害气体侵袭的场所，应给继电器以可靠的防护措施，否则继电器将不能正常、可靠地工作。

② 检查继电器能否适应动作频率的要求。因为工作制不同，对继电器过载能力的要求也不同。对用于反复短时工作制的场合，应选用相应额定操作频率的继电器，否则继电器会因过热而烧毁。

③ 检查继电器的安装是否牢固以及螺钉有无松动，并拧紧各固定螺钉。

④ 定期检查继电器各部件，要求可动部件无卡阻，紧固件不松动。如有损坏零部件，应及时修复或更换。

⑤ 清除触头接点上的灰尘、油垢，检查触头磨损程度。当触头磨损至原来厚度的 1/3 时应及时更换。触头表面因电弧作用而烧损时应及时修整，修整后的开距、超行程、接触压力和动、静触头的接触面应符合要求。

⑥ 修理后的继电器，应检查开距、超行程、接触压力和动、静触头的接触面等是否符合要求。如有必要，应对继电器进行整定（见第 115 问）。

228. 电磁铁有哪些类型？其用途如何？

电磁铁的种类、特点及用途见表 8-21。

表 8-21　电磁铁的种类、特点及用途

类型		代表系列型号	特点及主要用途
制动电磁铁	单相转动型	MZD1 系列	该系列电磁铁必须配用于 JWZ 系列或 TJ2 系列闸瓦式制动器上，作机械设备操动装置之用，由单相交流电源供电

续表

类型		代表系列型号	特点及主要用途
制动电磁铁	三相长行程保护式	MZS1 系列	MZS1 系列电磁铁采用三相交流长行程、保护式结构,属反复短时工作制电器制动类,用在闸瓦式制动器上
	短行程开启式	MZZ1A 系列	该系列电磁铁是直流短行程开启式制动电磁铁,适用于操动闸瓦式制动器,220V 并励线圈,如用于 440V 时则应在结构上增加附加电阻
	长行程直流电磁铁	MZZ2 系列	该系列为直流并励长行程制动电磁铁,从保护方式分为保护式及防水式,通电持续率有 25% 及 40% 两种。用于操作负荷动作的闸瓦制铁动器上,必须装在空气流通设备上
牵引电磁铁	单相螺管式	MQ1 系列	该系列又分拉式和推式两种,但无复位装置。用在机床及自动化系统中,用于远距离控制与操作各种机构,也可控制液压阀门
	单相牵引电磁铁	MQ2 系列	MQ2 系列的结构基本上与 MQ1 系列相同,主要用在自动控制设备中,用于开启和关闭气压及液压油门、阀门,也可牵引其他机械设备
起重电磁铁	分 MW1 型、MW2 型与 MW3 型三种		体积均比前两大类电磁铁大,重量大,吸引力也大。主要用在钢铁企业及机械运输行业,用于吸取钢铁、钢材,作吊运和移位用

229. 交流电磁铁和直流电磁铁各有何特点?

交流电磁铁和直流电磁铁的性能比较见表 8-22。

表 8-22 交、直流电磁铁的性能比较

项目	直流	交流	说　　明
铁芯	圆柱体	选片	交流电磁铁有铁耗,其防剩磁的气隙比直流电磁铁长
振动噪声	无	有	交流电磁铁有脉动电磁力 F,而直流电磁铁无

续表

项目	直流	交流	说　明
机械强度	强	弱	交流电磁铁叠压成形,机械强度弱
启动电流	$0 \rightarrow I_e$（小）	$nI_e \rightarrow I_e$（大）	交流电磁铁的电抗与气隙近似成反比
吸合时间	慢	快	直流电磁铁时间常数大,磁通建立缓慢
吸力特性	陡	平坦	见图 8-15
操作频率	高	低	交流电磁铁铁芯的机械强度弱,启动电流大,线圈温度高
线圈形状	细长	扁平	采用扁平线圈,改善交流电磁铁特性配合

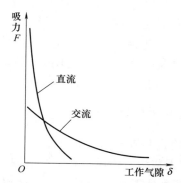

图 8-15　交、直流电磁铁 $F = f(\delta)$ 特性比较

230. 怎样安装电磁铁?

① 安装前应检查并清洁铁芯表面, 应无锈蚀。

② 电磁铁的衔铁及其传动机构的动作应迅速、准确和可靠, 并无卡阻现象。直流电磁铁的衔铁上, 应有隔磁措施。

③ 制动电磁铁的衔铁吸合时, 铁芯的接触面应紧密地与其固定部分接触, 且不得有异常响声。

④ 有缓冲装置（空气缸）的长行程制动电磁铁（如 MZSL 系列）, 应调节其缓冲器道孔的螺栓, 使衔铁动作至最终位置时平稳、无剧烈冲击。

⑤ 采用空气隙作为剩磁间隙的直流制动电磁铁（如 MZZ5 系

列，其目的是为了避免非磁性垫片被打坏），增加了磁隙指示，有利于电磁铁的维护和调整。安装调整时，应使衔铁行程指针位置符合产品技术条件的规定。

⑥ 牵引电磁铁固定位置应与阀门推杆准确配合，使动作行程符合设备要求。

⑦ 起重电磁铁第一次通电检查时，应在空载（周围无铁磁物质）的情况下进行，空载电流应符合产品技术文件的规定。

⑧ 对于有特殊要求的电磁铁，如直流串联电磁铁，应测量吸合电流和释放电流，其值应符合设计要求或产品技术规定。通常其吸合电流为传动装置额定电流的40%，释放电流小于传动装置额定电流的10%，即空载电流。

⑨ 双电动机抱闸及单台电动机双抱闸电磁铁动作应灵活、一致。

⑩ 需接地（接零）的电磁铁，接地（接零）必须牢靠。

231. 怎样检查和维护电磁铁？

电磁铁的日常检查和维护内容如下。

① 检查外部有无灰尘、污垢，并定期清扫。

② 检查铁芯表面是否光洁、平整，有无锈蚀，如有应除锈；检查电磁铁闭合时中间铁芯有无适当的间隙。

③ 检查电磁铁有无过热、异常振动和噪声。

④ 检查电磁铁的出线端子、软导线、绝缘物及线圈固定是否牢靠。

⑤ 检查衔铁的吸力是否与负荷相适应，一般负荷宜小于规定值的60%。

⑥ 检查电磁铁动作是否灵活，有无卡阻现象及机械磨损。当可动部分的磨损程度影响正常工作时，应予以更换，并定期在可动部分上擦油。

⑦ 定期检查衔铁行程的大小，以免行程增加过大，降低电磁铁的吸力，并引起线圈过热。

⑧ 对于需保护接地（接零）的电磁铁，要检查接地（接零）

是否牢靠。

⑨ 更换电磁铁时，必须要调整，符合要求后方可投入运行。

⑩ 有缓冲装置的制动电磁铁，应调节其缓冲器气道孔的螺钉，使衔铁动作至最终位置时平稳，无剧烈冲击。

⑪ 牵引电磁铁固定位置应与阀门推杆准确配合，使动作行程符合设备要求。

232. MQ1 系列、MQ2 系列交流电磁铁的技术数据如何？

常用 MQ1 系列、MQ2 系列交流电磁铁的技术数据见表 8-23 和表 8-24。

表 8-23　MQ1 系列交流电磁铁技术数据

型号	额定吸力/N	额定行程/mm	通电率/%	操作频率/(次/小时)	衔铁质量/kg	总质量/kg	消耗功率/V·A	
							启动	吸合
MQ1-5101	15	20	100	600	0.25	1.1	450	50
MQ1-5111	30	25	100	600	0.45	1.5	1000	80
MQ1-5121	50	25	100	200	0.90	3	1700	95
MQ1-5131	80	25	100	200	1.3	4	2200	130
MQ1-5141	150	50	100	200	2.3	9	10000	480
MQ1-5151	250	30	100	200	4	15.6	10000	780
MQ1-6101	15	20	100	600	0.3	1.17	450	50
MQ1-6111	30	25	100	600	0.55	1.7	1000	80
MQ1-6121	50	25	100	200	1.23	3.7	1700	95
MQ1-6131	80	25	100	200	1.65	4.7	2200	130
MQ1-5102	30	20	10	400	0.25	1.1		
MQ1-5112	50	25	10	400	0.49	1.5		
MQ1-5122	80	25	10	400	0.9	3		
MQ1-5132	150	25	10	400	1.3	4		
MQ1-6102	30	20	10	400	0.3	1.17		
MQ1-6112	50	25	10	400	0.55	1.7		
MQ1-6122	80	25	10	400	1.23	3.7		
MQ1-6132	150	25	10	400	1.65	4.7		

注：型号后第一位数字 5 表示拉动式，6 表示推动式。

表 8-24　MQ2 系列交流电磁铁技术数据

型号	额定吸力/N	额定行程/mm	线圈电压/V	通电率/%	操作频率/（次/小时）	衔铁质量/kg	线圈功率/V·A	
							启动	吸合
MQ2-0.7	7	10			600	0.15	102	16
MQ2-1.5	5	20	127		600	0.20	532	49
MQ2-3	30	25	220		600	0.25	817	68
MQ2-5	50	25	380	100	400	0.35	1825	99
MQ2-8	80	25		拉动式	400	0.5	1980	110
MQ2-15	150	50	220		200	1.6	8560	342
MQ2-25	250	30	380		200	3	10120	437
MQ2-1.5A	15	20	127		600	0.20	532	49
MQ2-3A	30	25			600	0.25	817	68
MQ2-5A	50	25	220	100	400	0.35	1825	99
MQ2-8A	80	25	380	推动式	400	0.50	1980	110

233. 交、直流电磁铁怎样改压计算？

当电磁铁工作参数（如电压、电流、通电持续率、频率）改变时，都需要重新换一个线圈，这时在磁路系统和线圈骨架都已确定的条件下，线圈参数要作相应的改变。

交、直流电磁铁的改压计算与交、直流接触器的改压计算相同（见第 213 问）。

[例 8-8]　已知直流电磁铁线圈的工作电压为 48V，匝数为 6000 匝，线圈高度为 50mm，导线为 QZ 聚酯漆包圆铜线，直径为 0.20mm，绝缘导线外径为 0.23mm。现欲改为在 110V 电压下工作，保持原来电磁力不变，试求改绕参数。

解　① 改绕后的导线直径为

$$d_2 = d_1 \sqrt{\frac{U_1}{U_2}} = 0.20 \times \sqrt{\frac{48}{110}} = 0.132 \text{mm}$$

查线规表，取导线直径 d_2 为 0.14mm、绝缘导线外径 d_2' 为 0.165mm 的圆铜漆包线。

② 改绕后线圈的匝数为

$$W_2 = W_1 \left(\frac{d_1}{d_2} \right)^2 = 6000 \times \left(\frac{0.20}{0.14} \right)^2 = 12244 \text{匝}$$

③ 原线圈厚度为

$$b_1 = \frac{W_1 q_1}{l_k f_{k1}} = \frac{6000 \times \frac{\pi}{4} \times 0.20^2}{50 \times 0.545} = 6.92 \text{mm，取7mm}$$

式中，线圈填充系数 $f_{k1} = 0.545$；l_k 为线圈高度。

改绕后线圈厚度为

$$b_2 = \frac{W_2 q_2}{l_k f_{k2}} = \frac{12244 \times \frac{\pi}{4} \times 0.14^2}{50 \times 0.505} = 7.46 \text{mm，取7.5mm}$$

式中，取 $f_{k2} = 0.505$。

234. 直流电磁铁怎样改变通电持续率计算？

在保证线圈电压、温升不变的情况下，进行换算。

$$W_2 = W_1 \sqrt{\frac{FZ_2}{FZ_1}}, \quad d_2 = d_1 \sqrt[4]{\frac{FZ_1}{FZ_2}}$$

式中，W_1、W_2——原线圈和改通电持续率后线圈的匝数；

$\quad d_1$、d_2——原线圈和改通电持续率后线圈导线直径，mm；

FZ_1、FZ_2——原线圈和改后线圈的通电持续率。

[例 8-9] 已知一直流电磁铁线圈工作电压为 220V，匝数为 660 匝，导线直径为 $\phi0.69$mm，通电持续率为 40%。现欲改为通电持续率为 80%，试求改绕参数。

解
$$W_2 = W_1 \sqrt{\frac{FZ_2}{FZ_1}} = 660 \times \sqrt{\frac{80}{40}} = 933 \text{匝}$$

$$d_2 = d_1 \sqrt[4]{\frac{FZ_1}{FZ_2}} = 0.69 \times \sqrt[4]{\frac{40}{80}} = 0.58 \text{mm}$$

查线规表，取标称直径为 0.59mm 的漆包线。

235. 电磁铁有哪些常见故障？怎样处理？

电磁铁的常见故障及处理方法见表 8-25。

表 8-25　电磁铁的常见故障及处理方法

故障现象	可能原因	处理方法
通电后衔铁不吸合	①电源电压过低 ②内部有杂物卡阻 ③内部元件损坏 ④线圈烧毁或开路 ⑤负荷过重,吸力不足 ⑥制动器故障 ⑦三相电磁铁的3个线圈端子的极性错误	①检查线圈两端电压,不应低于线圈额定电压的90% ②拆开检查,清除杂物 ③更换元件 ④更换线圈 ⑤减轻负荷或更换大一级的电磁铁 ⑥检修或更换制动器 ⑦检查接线,并纠正
断电后衔铁落不下	①制动机构卡阻 ②直流电磁铁剩磁过大 ③直流电磁铁非磁性垫片磨损 ④寒冷季节润滑油冻结	①检查制动机构 ②拆下消除剩磁后再装上使用 ③更换非磁性垫片 ④检查并使用适当的润滑油
电磁铁线圈过热或烧毁	①衔铁被杂物卡阻 ②电源电压过低 ③操作频率过高 ④在工作位置上衔铁极面之间有间隙 ⑤线圈绝缘电阻过低 ⑥线圈有匝间短路 ⑦三相电磁铁的一相线圈烧毁 ⑧三相电磁铁的3个线圈端子的极性错误	①清除杂物,并加以润滑,使衔铁运动自如 ②检查电源电压 ③减小操作频率或更换相适应的电磁铁 ④调整机械装置,消除间隙 ⑤烘燥线圈或更换线圈 ⑥更换线圈 ⑦重绕线圈 ⑧检查接线并纠正
有较大的声响和振动	①未安装牢固 ②电磁铁过载 ③电磁铁极面有污垢、生锈或极面磨损不平 ④衔铁吸合时未与铁芯对正 ⑤短路环断裂 ⑥衔铁与机械部分连接松脱 ⑦电源电压过低 ⑧弹簧反力大于电磁铁平均吸力 ⑨三相电磁铁的3个线圈端子的极性错误	①将电磁铁固定牢固 ②调整弹簧压力与重锤位置 ③除去污垢、铁锈或修正极面 ④纠正工作位置 ⑤重焊或更换短路环 ⑥重新装配好 ⑦检查线圈两端电压 ⑧调整反力系统 ⑨检查接线并纠正

续表

故障现象	可能原因	处理方法
机械磨损断裂	电源电压过高、冲击力过大，衔铁振动，润滑不良，工作过于繁重	找出原因，有针对性地进行处理

236. 怎样试验电磁铁？

修理后的电磁铁应进行以下试验和调整。

① 调整电磁铁的冲程。要求制动器工作时，闸瓦和制动轮闸有合适的张开量。MZD1 系列电磁铁的允许冲程（即制动杆的位移）见表 8-26，若冲程不符合要求，可用扳手调整调节螺母。

② 调整主弹簧的压力。当弹簧压力过小时，制动力矩不够，而弹簧压力过大时，又会使线圈的负荷增大，甚至可能烧毁线圈。调整时先将主弹簧锁紧螺母松开，用一扳手把住弹簧压紧螺母，用另一扳手转动制动杆即可调整。

③ 调整闸瓦与制动轮之间的间隙。闸瓦与制动轮之间的间隙要求见表 8-26。调整时，将电磁铁推合，使制动瓦张开，再用扳手调整螺栓，直到间隙均匀并符合表 8-26 中的要求。

④ 测量电磁铁线圈的电阻和线圈对铁芯的绝缘电阻，它们均应符合要求。

⑤ 电磁抱闸通电试验。增大加到线圈上的电压，当不低于线圈额定电压的 85% 时，衔铁应可靠吸合，正常工作电流不应超过表 8-26 所列的吸合时电流的数值。正常工作的温度不应超过 105℃。

表 8-26 MZD1 系列短行程制动电磁铁的技术数据

型号	电磁铁转矩 /N·cm 通电持续率		衔铁的重力转矩 /N·cm	吸住时电流/A	回转角	额定回转角度下制动杆的位移 /mm	反复短时制时操作频率/（次小时）	闸瓦与闸轮间的允许间隙/mm
	40%	100%						
MZD1-100	550	300	50	0.8	7.5°	3		0.6
MZD1-200	4000	2000	360	3	5.5°	3.8	300	0.8
MZD1-300	10000	4000	920	8	5.5°	4.4		1.0

237. 怎样选择时间继电器?

时间继电器的特点是当它接收到信号后,经过一段时间延时,其触头才动作。因此,通过时间继电器可实现按时间顺序进行控制。时间继电器按不同的延时原理,可分为电磁式、空气阻尼式、电动机式、钟摆式和晶体管式等。

时间继电器的选择如下。

① 在动作较频繁的场合,可选用电磁式时间继电器,如JS3、JT3型。

② 在延时精度要求不高的场合,可选用空气阻尼式延时继电器(得电延时),如JS-7、JS-16型。

③ 在延时精度要求较高的场合,可选用晶体管式(如JJS1型)或电动机式时间继电器(如JS-10型)。

④ 在动作频率较高的场合,可选用晶体管式时间继电器。

⑤ 长延时(以min或h计)可选用电动机式或晶体管式时间继电器。

⑥ 在多尘或有潮气的场合,可选用水银式、封闭式或防潮型时间继电器。

各类时间继电器的性能比较见表8-27。

表8-27 各类时间继电器的性能比较

类别		延时范围	精度	环境温度/℃	参考型号	备注
电磁式		10ms~2s	±10%	-20~40	JRB、JR-2	
机械式	钟表机构	0.1~10s	±2%	-20~40	DS-110、DS-120	
	电动机式	0.5s至数小时	±2%	-10~40	JS-10、JS-11	直流产品制造困难
电热式	热敏电阻式	0.5~100s				
	双金属片式	1~200s	±10%	-55~85	JF-7F、JE-10M	
阻尼式	空气阻尼式	0.4~180s	±10%		JS-7、JSK-1	
	水银式	0.25~20s			JSS	
电子式	闸流管式	10ms~600s	±4%	-10~50		低压直流困难
	晶体管式 阻容式	10ms~60s	±5%	-20~50	JS-12、JSB-3	特殊要求可用于-55~85℃
	计数式	0.1~9999s	±1位	0~40	JSSB	

238. 时间继电器有哪些常见故障？怎样处理？

时间继电器的常见故障是延时不准确，其原因及处理方法见表 8-28。

表 8-28 时间继电器延时不准确的原因及处理方法

时间继电器的类型	可能原因	处理方法
空气阻尼式	①空气室装配不严，漏气 ②空气室内部不清洁，灰尘进入空气通道，造成气道阻塞 ③空气室中橡胶膜破损或使用日久橡胶膜变质老化 ④使用环境恶劣，促使橡胶膜过早老化 ⑤安装方向不对，造成空气室工作状态改变	①拆开重装，保证空气室密封，平时维修时不要随意拆开空气室 ②拆开空气室，清除灰尘，重新装配，装配时必须拧紧螺钉 ③更换橡胶膜，拆装时注意不可使橡胶膜受损 ④改善环境条件，更换橡胶膜 ⑤不能倒装或水平安装
晶体管式	①调节延时时间的电位器因使用日久，灰尘、油污进入其内，且碳膜磨损 ②晶体管、稳压管、电容器等元器件损坏、老化 ③电路板上的电子元器件虚焊 ④电路板插头与插座接触不良	①可用少量汽油或高纯度酒精沿着电位器旋柄或拆开电位器滴入，反复转动旋柄，以清洁碳膜；对磨损严重的电位器需更换 ②将元器件一脚从电路板上焊下测量，对不良元器件予以更换，在更换或代用时，应用相同型号和参数的元器件，以免影响延时范围 ③检查并重新焊牢 ④使插头与插座接触紧密
钟表式	①钟表机构故障 ②拆装时将灰尘、杂物带入钟表机构内 ③插头与插座接触不良	①清洁，加注润滑油，检修钟表机构 ②检修钟表机构时必须保持清洁，操作要小心，也不要碰伤机构零件 ③使插头与插座接触紧密
数显式	①～④项同晶体管式时间继电器的①～④项 ⑤数显部分故障，如集成电路引脚虚焊、元器件损坏、引线断线、显示器进水损坏等 ⑥使用环境恶劣	①～④项同晶体管式时间继电器的①～④项 ⑤检修或报废 ⑥改善环境条件

239. 怎样试验电磁式控制继电器？

检修后的继电器或新装需要做试验的继电器，可按表 8-29 中的参数加以检验和整定。

表 8-29　电磁式控制继电器的整定参数

继电器类型	电流种类	可调参数	可调参数范围
电压继电器	直流	动作电压	吸合电压$(30\%\sim50\%)U_e$ 释放电压$(7\%\sim20\%)U_e$
过电压继电器	交流	动作电压	$(105\%\sim120\%)U_e$
过电流继电器	交流 直流	动作电流	$(110\%\sim350\%)I_e$ $(70\%\sim300\%)I_e$
欠电流继电器	直流	动作电流	吸合电流$(30\%\sim65\%)I_e$ 释放电流$(10\%\sim20\%)I_e$
时间继电器	直流	断电延时时间	$0.3\sim0.4$s $0.8\sim3$s $2.5\sim5$s $4.5\sim10$s $9\sim15$s

注意：电磁式继电器整定值的调整应在线圈工作温度范围内进行，防止冷态和热态下对动作值产生影响。

返回系数的检验可按下式进行：

$$返回系数=\frac{返回电压}{动作电压}\left(或=\frac{返回电流}{动作电流}\right)$$

电压或电流继电器的返回系数可达 0.65。

电磁式继电器的动作值和返回值的调整方法如下。

① 粗调：通过改变非磁性垫片的厚度来调整返回电流。非磁性垫片夹在衔铁与铁芯柱的吸合端面之间，垫片越厚，磁路的气隙和磁阻就越大，磁路中的磁通就越小，衔铁在较大电流时就能释放，即释放电流增大；反之亦然。

② 细调：通过调整释放弹簧的松紧程度来调整动作电流和返

回电流。如果旋紧弹簧，则反力增大，动作电流和返回电流都相应增大；反之，旋松弹簧，则反力减小，动作电流和返回电流都减小。

240. 怎样消除电压、电流继电器的抖动现象？

电压、电流继电器工作于交流电路中，又没有短路环，所以继电器本身存在抖动现象。可动部分的振动频率约为电源频率的 2 倍，即 100Hz。抖动会使触点接触不良，还会导致轴尖、轴承过早损坏，为此应力求消除抖动。具体措施如下。

① 调整触点系统，使动触点转动灵活，两静触点片的弹力一致，防振片与静触点片的距离适当；使初始接触角合适，动触点有一段滑动行程。

② 在额定电压下（电压继电器），放松铝架，调整衔铁与导磁体之间的气隙，以触点无振动为准，但应注意气隙不得小于 1mm，以防止在动作过程中卡住。

③ 调整可动系统，使转动角度不要太大，避免触点接触时冲击太大。

④ 必要时可将衔铁端部向内弯曲。但弯曲后应重新校验动作电压及返回电压（电压继电器）。

⑤ 在衔铁上或止挡螺杆上加弹簧片，以避免衔铁和止挡螺杆直接碰撞。

⑥ 增加可动部分的惯量以减轻抖动。

241. 什么是固体继电器？它有哪些特点？

固体继电器（简体 SSR）是一种无触点电子开关，没有任何可动触点或部件，但具有相当于电磁继电器的功能。当施加输入信号后，其主回路呈导通状态，无信号输入时呈阻断状态。它可以实现用微弱的控制信号对几十安甚至几百安电流的负载进行无触点的接通和断开。

与电磁继电器相比，固体继电器具有许多独特的优点，例如抗振性能好、工作可靠、对外干扰小、抗干扰能力强、开关速度快、寿命长、能与逻辑电路兼容等，因此应用广泛，并逐步扩展到电磁继电器无法应用的领域（如计算机终端接口、程控装置、腐蚀潮湿环境及要求防爆的场合）。

但固体继电器也有不足之处，如具有导通压降、漏电流大、交直流通用性差、触点单一、耐温及过载能力差等。

固体继电器有许多类型，也有很多分类方法。固体继电器按其负载特性来分有交流固体继电器和直流固体继电器两类，而交流固体继电器又可分为过零型和非过零型。固体继电器按隔离方式分类有光隔离固体继电器和变压器隔离固体继电器。另外，还可按封装结构和用途分类。

固体继电器通常由三部分组成：输入电路、驱动电路和输出电路。图 8-16 为交流固体继电器的结构方框图，图 8-17 为直流固体继电器的结构方框图。

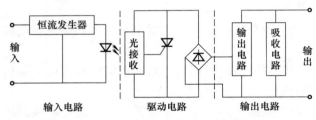

图 8-16　交流固体继电器结构方框图

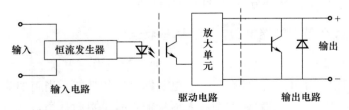

图 8-17　直流固体继电器结构方框图

交流固体继电器（AC-SSR）的主要技术参数见表 8-30，直流固体继电器（DC-SSR）的主要技术参数见表 8-31。

表 8-30　AC-SSR 的主要技术参数

参　数	V23103-S 2192-B402	G30-202P	GTJ-1AP	GTJ-2.5AP
开关电流/A	2.5	2	1	2.5
开关电压/V	24～280	75～250	30～220	30～220
控制电压/V	3～30	3～28	3～30	3～30
控制电流/mA	<30	<30	<30	<30
断态漏电流/mA	4.5	10	<5	<5
通态压降/V	1.6	1.6	1.8	1.8
过零电压/V	±30	±30	±15	±15
绝缘电阻/Ω	10^{10}	10^8	10^9	10^9

表 8-31　DC-SSR 的主要技术参数

参数	#675	GTJ-0.5DP	GTJ-1DP
开关电流/A	3	0.5	1
开关电压/V	4～55	24	24
控制电压/V	10～32	6～30	6～30
控制电流/mA	12(max)	3～30	3～30
断态漏电流/μA	4000	10	10
通态压降/V	2(2A 时)	1.5(1A 时)	1.5(1A 时)
开通时间/μs	500	200	200
关断时间/ms	2.5	1	1
绝缘电阻/Ω	10^9	10^9	10^9

242. 固体继电器的工作原理是怎样的?

现以直流固态继电器（DC-SSR）为例进行介绍，其内部电路如图 8-18 所示。

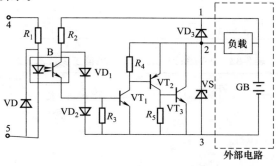

图 8-18　DC-SSR 的内部电路

工作原理：当有输入电压 U_{sr} 时，光电耦合器 B 中的光电三极管导通，于是三极管 VT_1、VT_2 和 VT_3 导通。其中，VT_3 是大功率晶体管，它导通时即可带动负载。当输入电压 U_{sr} 消失时，光电三极管截止，三极管 VT_1、VT_2 和 VT_3 均截止，切断负载。

图中，二极管 VD_1、VD_2 的作用是限制光电三极管截止时的开路电压，以保护光电三极管；VD_3 是用来保护三极管 VT_3 的。稳压管 VS 的稳压值应与 DC-SSR 的设计工作电压相等，以保证在电源电压较高时 DC-SSR 仍能正常工作。

243. 固体继电器有哪些技术参数？

固体继电器的种类繁多，现仅举几种型号的主要技术参数，见表 8-32～表 8-34。

表 8-32　HS、GTJ 系列固体继电器主要技术参数

名称	型号	输入参数		输出参数	
		工作电压/V	输入电流/mA	输出电流/A	负载电压/V
HS 系列固体继电器	HS316Z	DC 4～8	>10	16	AC 160～430
	HS330Z			30	
	HS350Z			50	
	HS360Z			60	
GTJ 系列固体继电器	GTJ3-2.5AP	DC 3～30	1	2.5	AC 30～220
	GTJ3-15AS			15	
	GTJ4-40AM			40	
	GTJ5-5AM			5	AC 30～380
	GTJ5-10AM			10	
	GTJ5-15AM			15	

表 8-33　JGW 系列无源固体继电器主要技术参数

名称	型号	输入参数		输出参数		
		输入阻抗范围/kΩ	切换电阻/kΩ	输出电流/A	负载电压/V	输出工作状态
JGW 系列阻抗型	JGWX-1W2K 1A220VB	1.0～6	2	1	AC220	常闭

续表

名称	型号	输入参数		输出参数		
		输入阻抗范围 /kΩ	切换电阻 /kΩ	输出电流 /A	负载电压 /V	输出工作状态
JGW 系列 阻抗型	JGWX-1W3K 5A220VB	1.0～6	3	5	AC220	常闭
	JGWX-1W5K 1A220VK		5	1	AC220	常开
	JGWX-2W5K 5A220VK		5	5	AC220	常开

表 8-34　JGX-53FA 小型 25A 直流固体继电器主要技术参数

参数		最小值	典型值	最大值	参数		最小值	典型值	最大值
输出电流/A		0.002		25	输出电压降 /V	480			2.25
过负载(100ms)/A				87.5		730			2.5
输出电压 DC/V	050	0		50	输出漏电流/μA				200
	080	0		80	输入电压 DC/V		3.6	5	7
	180	0		180	输入电流(5V 时)/mA			7	
	320	0		320	保证接通电压 DC/V		3.6		
	480	22.5		480	保证关断电压 DC/V				1.5
	730	25		730	接通时间/μs				150
输出接通 电阻/mΩ	050			20	关断时间/ms				5
	080			40	绝缘电阻/MΩ		100		
	180			60	介质耐压 AC/V		1000		
	320			80	储存温度/℃		−20		100

244. 使用固体继电器时应注意哪些事项？

① SSR 输入电压范围的下限就是确保接通电压的最小值。多数 DC-SSR 的确保关断电压最大值为 0.8～2V。对于多数 SSR，控制接通电压宜设计为 5～6V，控制关断电压设计在 0.8V 以下。

② 当线路控制电压超过输入电压最高值时，需在外部串联限流电阻（具体计算见第 245 问）。

③ 一般要求控制信号的周期应为 SSR 接通、关断时间之和的 10 倍。

④ 当 SSR 的输入端可能引入反极性电压时，电压值切不可超过其规定的反极性电压值，否则会造成 SSR 损坏。

⑤ 注意当工作环境温度上升或 SSR 不带散热器时，SSR 的最大输出电流将下降。

⑥ 当负荷过轻（如为最大额定电流的 15％）时，AC-SSR 有可能会使接触器"嗡嗡"作响，或使输出晶闸管不能在规定的零电压范围内导通。为此，可在负荷两端并联一定的电阻、RC 元件或灯泡。

⑦ 选用 SSR 时，必须考虑不同负荷的涌流情况。如用于 10W 以下的交流电动机，SSR 的额定输出电流（最大值）应为电动机额定电流的 2～4 倍；用于白炽灯时，为额定电流的 1～2 倍；用于脉冲电流达 100 倍的金属卤化物灯时，为额定电流的 10 倍以上；用于交流接触器时，为额定电流的 1.5～3 倍。

⑧ 选用 SSR 时，必须考虑不同负荷引起的过电压及 dV/dt。对于一般的感性负荷，SSR 的最大额定输出电压应为线电压的 1.5 倍；对于 dV/dt 和过电压严重的线路，应为线电压的 2 倍。

⑨ 当 SSR 用于控制直流电动机、继电器时，应在负荷两端并接续流二极管以阻断反电势；当 SSR 用于控制交流负荷时，应在负荷两端并接 RC 吸收回路或压敏电阻等；当控制感性负荷时，在 SSR 的两端必须加接压敏电阻（保护元件的选择见第 246 问）。

245. 怎样选择固体继电器的限流电阻？

当线路控制电压超出固体继电器的输入电压最高值时，应加限流电阻限流。限流电阻的阻值可按下式计算：

$$R = \frac{U_c - U_{1e}}{I_{1e}}$$

$$P > I_{1e}^2 R$$

式中　R——限流电阻的阻值，Ω；

　　　P——限流电阻的功率，W；

U_c——线路电压最大值，V；

U_{1e}、I_{1e}——SSR 的额定输入电压和额定输入电流，V、A。

晶体管驱动 SSR 电路如图 8-19 所示。

已知 SSR 的额定输入电压 U_{1e} 为 3.5V，额定输入电流 I_{1e} 为 10mA，则有

限流电阻 $$R_1 = \frac{U_+ - U_{1e}}{I_{1e}} = \frac{5 - 3.5}{10} = 0.15k\Omega = 150\Omega$$

限流电阻功率 $$P > I_{1e}^2 R = 0.01^2 \times 150 = 0.015W$$

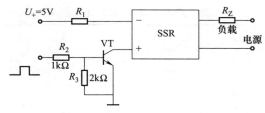

图 8-19　晶体管驱动 SSR 电路

SSR 控制单相可逆电动机的电路如图 8-20 所示。限流电阻按下式计算：

$$R = \frac{0.2U_m}{I_{2e}}$$

$$P > I_{de}^2 R$$

式中　U_m——电网电压峰值，如图为 $\sqrt{2} \times 220 = 311V$；

　　　I_{2e}——SSR 的额定输出电流，A；

　　　I_{de}——电动机额定电流，A。

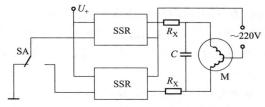

图 8-20　SSR 控制单相可逆电动机的电路

246. 怎样选择固体继电器 *RC* 元件和压敏电阻？

当 SSR 用于控制直流电动机时，应在负荷两端接入二极管，以阻断反电势。控制交流负荷时，应加装 *RC* 吸收电路或压敏电阻等。当控制感性负荷时，在 SSR 的两端必须加接压敏电阻。压敏电阻的额定电压可选为电源电压有效值的 1.9 倍。

JGD 型多功能固体继电器（JSSR）的 *RC* 元件及压敏电阻的选用见表 8-35。

表 8-35　JGD 型 JSSR 保护元件的选用

推荐量值 保护电路 负荷电流	RC 吸收回路		压敏电阻（MYH 型）	串联小电阻
	$C/\mu F$	R/Ω		
1A	0.022	240	$\phi 12$ 390V(470V)	①感性负荷： 5 倍额定电流＝工作电压/(串联小电阻＋负载电阻) ②容性负荷： 5 倍额定电流＝工作电压/串联小电阻
5A	0.1	68	$\phi 12$ 390V(470V)	
10A	0.22	22	$\phi 16$ 390V(470V)	
20A	0.22～0.47	22	$\phi 16$ 390V(470V)	

247. 固体继电器的基本应用电路有哪些？

AC-SSR 的基本应用电路如图 8-21（a）所示，用 TTL 驱动 SSR 的电路如图 8-21（b）所示，用 CMOS 驱动 SSR 的电路如图 8-21（c）所示，用 SSR 驱动晶闸管的电路如图 8-21（d）所示。

DC-SSR 驱动大功率负荷的电路如图 8-22（a）所示，驱动高压大功率负荷的电路如图 8-22（b）所示。

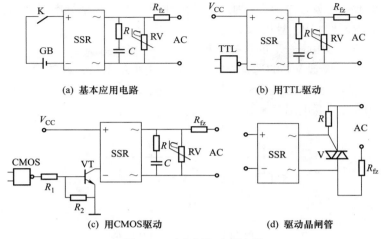

(a) 基本应用电路　　　　(b) 用TTL驱动

(c) 用CMOS驱动　　　　(d) 驱动晶闸管

图 8-21　AC-SSR 应用电路

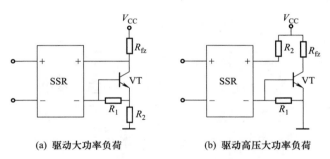

(a) 驱动大功率负荷　　　　(b) 驱动高压大功率负荷

图 8-22　DC-SSR 应用电路

248. 怎样选择晶体管电子继电器元器件参数？

几种常用晶体管电子继电器的原理电路如图 8-23 所示。图中，触点 K 代表发信元件的触点。K 闭合时，三极管 VT 导通，继电器 KA 吸合；K 断开时，VT 截止，KA 释放。为了防止误动作，VT 的基极可外加正偏压（对 PNP 管）或负偏压（对 NPN 管）。电子继电器元件的选择及计算如下。

① 继电器 KA 的选择：继电器 KA 可用直流电阻 R 为几百欧

到几千欧，吸合电流 I_H 为几毫安到几十毫安的小型继电器，如 JR 型、JRX 型、JQ 型和 JQX 型等。

② 电源电压 E_c 的选择：$E_c \geqslant U_H = I_H R$。

③ 三极管 VT 的选择：VT 一般采用小功率锗管或硅管。要求集电极最大允许电流 $I_{CM} > I_H$；集-射极反向击穿电压（基极与发射极间有并联电阻时）$BV_{CER} > E_c$。

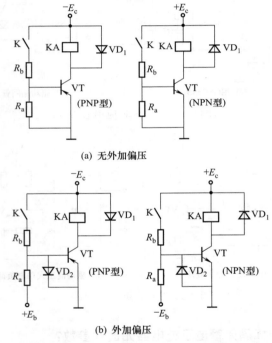

(a) 无外加偏压

(b) 外加偏压

图 8-23 晶体管电子继电器原理电路

④ 二极管 VD_1 的选择：VD_1 用于保护三极管，要求其最高反向工作电压 $U_R > E_c$；额定正向电流 $I_F \geqslant I_{zmax}$（I_{zmax} 为最大负载电流）。

⑤ 二极管 VD_2 的选择：VD_2 用于保护三极管 VT，要求其额定电流 $I_F > E_b / R_a$。

⑥ 电阻 R_a 的选择：对于图 8-23（a），对低频小功率锗管取几百欧到几千欧。R_a 小些，管子截止更可靠，但损耗大。当 $R_a \approx 1\mathrm{k\Omega}$ 时，$BV_{CER} \approx 1.5 BV_{CEO}$（$BV_{CEO}$ 为集-射极反向击穿电压）。对于图 8-23（b），为使管子可靠截止，BV_{CBO} 不小于 0.3V，即要求：

$$R_a \leqslant \frac{E_b - 0.3}{I_{CBO}}(\Omega)$$

式中　E_b——基极电压，一般取 6V；

I_{CBO}——集电极反向饱和电流，A，取最高可能环境温度下的数值。

⑦ 电阻 R_b 的选择：对于图 8-23（a），为使管子饱和，要求 $\dfrac{E_c}{R_b} \geqslant \dfrac{E_c}{\beta R_H}$，即 $R_b \leqslant \beta R_H$（R_H 为继电器吸合时的线圈电阻）。对于图 8-23（b），可按下列公式计算 R_b：

锗管　　　$E_c - \left(I_b + \dfrac{E_b + 0.2}{R_a}\right) R_b \geqslant 0.2$

硅管　　　$E_c - \left(I_b + \dfrac{E_b + 0.7}{R_a}\right) R_b \geqslant 0.7$

由于管子性能有差异，偏差电阻 R_b 尚需实际调整。R_b 值取得略小，能使管子得到充分饱和，但开关速度有所下降。

249. 无声节电器的工作原理是怎样的？

无声节电器即交流接触器无声运行装置，具有降低噪声、节约电能、降低线圈温度等优点。无声节电器线路方案很多，主要有电容式和变压器式两大类。

（1）电容式无声节电器

电路如图 8-24 所示。它在保留原有交流接触器线圈的基础上，增加一套简单的整流电路，把交流操作改为直流操作。

工作原理：当 N 端为正、U 端为负时，按下启动按钮 SB_1，电压经限流电阻 R_1、二极管 VD_1 半波整流后，供给交流接触器线圈 KM 脉动直流，KM 吸合，其常闭触点断开，切断 R_1、VD_1 回路（退出工作）。当 U 端为正、N 端为负时，二极管 VD_2 正向导通，电源经 VD_2 向电容 C_1 充电，并通过已吸合的 KM 线圈续流回路。当 N 端再次变为正时，则 KM 靠 C_1 的充电电流维持直流供电。S 为交直流切换开关，如整流电路有故障时，可将 S 置于交流位置，

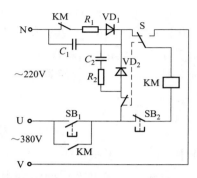

图 8-24　电容式无声节电器电路

使接触器转入交流运行，不影响电气设备的正常运行。

（2）变压器式无声节电器

电路如图 8-25 所示。

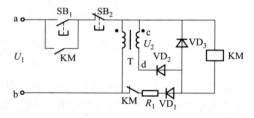

图 8-25　变压器式无声节电器电路

工作原理：按下启动按钮 SB_1，当 a 端为正时，流过线圈的电流共有两路。其中一路由 a 端经 SB_1、SB_2、KM 线圈、VD_1、R_1、KM 常闭触点到 b 端，此时二极管 VD_3 截止。另一路由变压器 T 的次级同名端 c 经 KM 线圈、VD_2 至 d 端。两路电流同时加在 KM 线圈上，在线圈中流过一半波电流，使接触器吸合。此时启动电流为

$$I_Q = 0.45\left(\frac{U_1}{R_1+R} + \frac{U_2}{R+R_{VD}+R_{b2}}\right)$$

式中　U_1——电源电压，V；

U_2——变压器 T 的次级电压，V；

R_1——启动限流电阻，Ω；

R——线圈电阻，Ω；

R_{VD}——二极管正向内阻，Ω；

R_{b2}——变压器次级绕组的电阻，Ω。

当 b 端为正时，因 VD$_1$、VD$_2$ 截止，故电流不能流过 KM 线圈，待下一半波 a 端为正时才能启动。

接触器吸合后，其常闭触点断开，切断 R_1 和 VD$_1$ 回路（退出运行）。若 a 端为正（即同名端 c 为正）时，变压器 T 次级电源经 VD$_2$ 整流向 KM 线圈供电；当 a 端为负时，VD$_2$ 截止，KM 线圈通过 VD$_3$ 续流而保持吸合状态。

250. 怎样计算电容式无声节电器元器件参数？

典型的电容式无声节电器电路如图 8-26 所示。

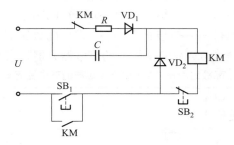

图 8-26　典型的电容式无声节电器电路

（1）启动限流电阻 R

$$R = \frac{0.45U}{I_x} - R_0$$

$$P_R = (0.01 \sim 0.015)I_x^2 R$$

式中　R——启动限流电阻，Ω；

P_R——启动限流电阻的功率，W；

I_x——交流接触器 KM 的吸合电流，即保证接触器正常启动

所需的电流（A），一般 $I_x=10I_b$（交流操作时的保
持电流 I_b 可由产品目录查得）；

U——电源交流电压，V；

R_0——接触器线圈电阻与二极管内阻之和，Ω。

（2）电容 C

$$C=(6.5\sim8)I_z$$

$$U_C\geqslant2\sqrt{2}U$$

式中　C——电容 C 的电容量，μF；

U_C——电容 C 的耐压值，V；

I_z——接触器线圈直流工作电流（A），$I_z=(0.6\sim0.8)I_b$。

额定电流大的接触器，其电容器的容量取上式中较小的系数。

（3）整流二极管 VD_1、VD_2

$$I_{VD1}=I_{VD2}\geqslant5I_b$$

$$U_{VD1}>\sqrt{2}U,U_{VD2}\geqslant2\sqrt{2}U$$

式中　I_{VD1}、I_{VD2}——二极管 VD_1 和 VD_2 的额定电流，A；

U_{VD1}、U_{VD2}——二极管 VD_1 和 VD_2 的耐压值，V。

配额定电压 380V 交流接触器的节电器元器件参数见表 8-36。

表 8-36　配额定电压 380V 交流接触器的节电器元器件参数

元器件符号 接触器规格	C	VD_1	VD_2	R
60～200A	CZJD 1～1.5μF 630V	2CZ1A 600V	2CZ1A 1000V	15Ω 10W
250～350A	CZJD 3～4μF 630V	2CZ3A 600V	2CZ3A 1000V	27Ω 10W
400～600A	CZJD 4～6μF 630V	2CZ5A 600V	2CZ5A 1000V	5.1Ω 30W

251. 怎样计算变压器式无声节电器元器件参数？

变压器式无声节电器电路如图 8-25 所示。

（1）启动限流电阻的计算

$$R_1 = \frac{0.45U_1}{I_Q} - R_0$$

式中　R_1——限流电阻，Ω；

　　　U_1——电源电压，V；

　　　I_Q——吸合电流（A），一般 $I_Q = 10I_g$（I_g 为工作电流）；

　　　R_0——总电阻（Ω），等于接触器线圈电阻、变压器次级电阻和二极管内阻之和。

限流电阻功率为

$$P_{R_1} = (0.01 \sim 0.015)I_Q^2 R_1$$

（2）变压器次级电压 U_2

$$U_2 = 2.2I_g R_0$$

（3）二极管的选择

$$I_{VD1} \geqslant 5I_g, I_{VD2} \geqslant 2I_g, I_{VD3} > 2I_g$$

$$U_{VD1} = U_{VD2} = U_{VD3} > \sqrt{2}U_1$$

式中　I_{VD1}、I_{VD2}、I_{VD3}——二极管 VD_1、VD_2 和 VD_3 的额定电流，A；

　　　U_{VD1}、U_{VD2}、U_{VD3}——二极管 VD_1、VD_2 和 VD_3 的耐压值，V。

252. 怎样检查和维护无声节电器？

无声节电器的日常检查和维护内容如下。

① 检查无声节电器和交流接触器有无异常声响及冒烟、失控等现象。如有，应立即停止运行，查出原因，并加以处理。

② 无声节电器投入后，如发现接触器不能可靠吸合，应立即切断无声节电器的电源进行检修，否则会烧坏无声节电器的元件或接触器的线圈。

③ 更换无声节电器的元件时，应使用原型号规格参数的元件，否则会影响无声节电器的技术性能。

④ 检修电容式无声节电器时，如电容器没设放电电阻，则应

先将电容器用导线短路放电，以确保检修人员的安全。

⑤ 检修变压器式无声节电器时，不能碰及次级输出端，以防触电。这是因为初级与次级有一端是导通的，所以次级带有高电位。

⑥ 检修或安装电流互感器式无声节电器时，切不可将次级输出端开路，否则会有高电压，易造成触电事故。

⑦ 在安装无声节电器或更换交流接触器时，应注意无声节电器是否规定要对接触器常闭辅助触头进行调整。一般额定电流超过250A 的接触器，其常闭辅助触头应按以下方法进行调整，以确保动作的可靠。将接触器衔铁用力压到完全吸合位置，调整常闭辅助触头的开距为 2.5～3mm 即可。

⑧ 检修后的无声节电器应空载操作数次，无异常现象后方可正式投入运行。如有必要，用调压器检验无声节电器能否在 80% 额定控制电源电压下使接触器连接可靠地闭合 10 次以上。

253. 无声节电器有哪些常见故障？怎样处理？

无声节电器的常见故障及处理方法见表 8-37。

表 8-37   无声节电器的常见故障及处理方法

序号	故障现象	可能原因	处理方法
1	通电不吸合	①无声节电器型号规格选错 ②控制线路接线错误 ③保险丝熔断 ④接线松动或断线 ⑤接触器常闭辅助触头或其他保护继电器、中间继电器的联锁触头接触不良 ⑥无声节电器中的元件损坏或脱焊 ⑦控制电路的连接导线太细、太长	①改用正确型号规格的无声节电器 ②按无声节电器使用说明书要求检查，并改正接线 ③更换保险丝 ④拧紧接头或更换断线 ⑤修理触头,使接触良好 ⑥更换元件或焊牢 ⑦改用较粗的导线,对于额定电流大于 250A 的接触器,应采用截面积为 1.5mm² 、长度不超过 50m 的铜导线

续表

序号	故障现象	可能原因	处理方法
2	能吸动,但不能吸住	①常闭辅助触头过早断开 ②电容器或变压器损坏或线头松脱 ③电流互感器或变压器抽头接错 ④电源电压太低	①严格按无声节电器使用说明书的要求进行调整 ②更换电容器或变压器,重新接好线头 ③按无声节电器使用说明书要求检查并纠正 ④检查电源电压
3	能吸持,但有交流噪声	①续流二极管损坏或脱焊 ②无声节电器的转换开关处于交流操作位置上	①更换二极管或焊牢 ②使无声节电器在无声节电器位置上运行
4	断电后交流接触器不释放	①铁芯极面有油垢 ②铁芯有剩磁 ③邻近回路有碰线或有泄漏电流 ④相邻载流导体产生感应电流或分布电容电流	①清洁铁芯极面 ②将操作线圈的两接线端对调或更换铁芯 ③检查线路或测量绝缘电阻 ④将控制线路与相邻载流导体拉开,缩短连接导线,断开触头尽量靠近无声节电器安装
5	断电后交流接触器延时释放	①铁芯有剩磁 ②断开按钮(触头)接在电源电路中	①按第4条②项处理 ②将断开按钮(触头)接在操作线圈电路中

第9章

漏电保护器、热继电器、行程开关和按钮

254. 什么是漏电保护器？它是怎样工作的？

漏电保护器俗称触电保安器、漏电开关，是一种行之有效的防止人身触电和防止漏电引起火灾、电气设备损坏等事故的保安电器。

漏电保护器主要由零序电流互感器、放大器、漏电脱扣器、试验检查部分（电阻和试验按钮）和开关装置等部分组成。零序电流互感器供检测漏电电流用；放大器起电流放大作用；漏电脱扣器是将检测到的漏电电流与一个预定基准值作比较，从而判断是否动作；开关装置由漏电脱扣器控制，以分合被保护电路；试验检查部分是为检验漏电保护器能否正确动作而设置的。

图 9-1 为漏电保护器的结构原理图，图 9-2 为其工作原理图。

在正常情况下，电气布线和家用电器等无漏电现象，即 $I_0 = 0$，所以 $I_1 = I_2$，即进入零序电流互感器 ZCT 的电流和出来的电流大小相等，在零序电流互感器 ZCT 内形成的磁通 $\Phi_0 = 0$，故二次回路没有输出，即 $U_2 = 0$，放大器 A 的输出电流 $I_{20} = 0$，漏电脱扣器不动作，主开关 S 保持在闭合状态，以保证正常供电。

当电气布线或家用电器等有漏电或人体触电（如图 9-2 所示）时，通过人体的电流 $I_0 \neq 0$，所以 $I_1 = I_2 + I_0$，即 $I_1 - I_2 = I_0 \neq$

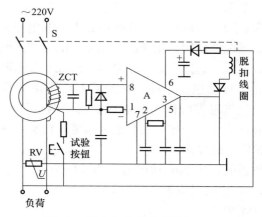

图 9-1　漏电保护器的结构原理图

0，在零序电流互感器 ZCT 内就形成了一个磁通 Φ_0，其二次回路就有一个电压 U_2 输出，放大器 A 就输出一个电流 I_{20}。该电流带动漏电脱扣器动作，使开关 S 断开，切断家庭的供电回路，起到保护作用。只有当漏电或触电消除后，按下漏电指示按钮使之复位，再合上开关，才能继续使用。

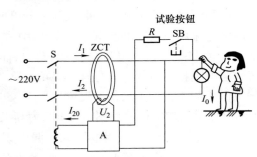

图 9-2　漏电保护器的工作原理图

255. 怎样配置农村漏电保护器？

农网漏电保护应以配电变压器台区为独立单位，各自组成一个保护网络，可按照三级漏电保护配备。

（1）漏电总保护

漏电总保护即一级保护，装在配电盘上。漏电保护器需与低压断路器或接触器配合使用。用于漏电总保护的鉴漏式漏电保护器的种类有总路普通式、总路节能式、分路普通式和分路节能式等。其中总路节能式是较理想的一种，它无需主导线穿绕零序电流互感器，只要将交流接触器线圈与漏电保护器的两个接线端子相接即可，不仅安装接线十分简单，而且能大幅度降低交流接触器线圈的电耗，彻底消除电磁噪声。

漏电保护器的额定漏电动作电流为 300mA，额定触电动作电流为 100mA，动作时限应为 0.2～0.3s。

（2）中级保护

中级保护即二级保护，装在集中电表箱中。4～5 个家庭设一个漏电保护器。作为二级保护，负荷电流不大，为 40～100A，所以应采用直通式的集多种保护功能于一体的低压断路器。可选用单相鉴漏自复式漏电断路器，其突出特点是：体积小，重量轻，负载能力大，对人畜触电电流和线路泄漏电流有较强的鉴别能力。

漏电保护器（断路器）的额定电流为 40～100A，额定漏电动作电流选为 100mA，额定触电动作电流选为 50mA，动作时限选为 0.12～0.2s。

（3）末级保护

末级保护即三级保护，装在用户家里。它是用户漏电或触电的主保护。由于用户进线处还装有熔断器和闸刀开关等作为过载和短路保护，所以无需漏电保护器具有短路保护功能。可选用具有漏电、过电压保护（防止长时间过电压烧毁家电）两种功能的 JLB 系列家用漏电保护器。

漏电保护器的额定电流为 20～32A，额定漏电动作电流为 30mA，动作时限不大于 0.1s，过电压动作值为 285V±5V。

另外，对于农村小型动力（如磨坊、泵房等），宜采用集多种保护功能于一体的漏电断路器。对于三相电动机，可采用 DZ15LE/3902 或 DZ25LE/3902 系列漏电断路器；对于单相电动机，可采用 DZL38H 系列漏电断路器。

上述漏电断路器的额定漏电动作电流为 30mA，如果电动机工作场所潮湿，应选择 10mA，动作时限应不大于 0.1s；额定脱扣电流应为电动机额定电流的 5～6 倍，脱扣电压可选 280V±10V。

256. 怎样配置城市住宅漏电保护器？

城市住宅漏电保护一般以每 4～5 个家庭设一个漏电保护器（单极式）作为一级保护，装在集中电表箱内；也可不设一级保护，而在集中电表箱内装设诸如 TSH-32 型等双极隔离开关。

如果设一级保护，漏电保护器应选用带有短路、漏电等多种保护功能的漏电断路器，其额定漏电动作电流为 300～500mA，动作时限为 0.2～0.3ms。

二级保护设在用户配电箱内,可以装在进线侧(包括照明和插座),也可以装在所需要的插座回路中。保护器可选用 32 型双极断路器和 TSML-32 型漏电保护器等,额定电流可选 32A 级。目前采用 C45N 型组合小型断路器带 ViGiC 漏电保护附件的方案也较多,其额定漏电动作电流为 30mA,动作时限不大于 0.1s。

257. 常用农用漏电保护器有哪些?其主要技术数据如何?

常用农用漏电保护器及其主要技术数据见表 9-1。

表 9-1　常用农用漏电保护器及其主要技术数据

型号	相数	额定电压/V	额定电流/A	额定漏电动作电流/mA	额定漏电不动作电流/mA	漏电动作时间/s
BQZ610-10/D	单相	220	10	50	15	≤0.1
BQZ610-25/D	单相	220	25	50	15	≤0.1
BQZ610-10	三相	380	10	30	15	≤0.1
BQZ610-20	三相	380	20	30	15	≤0.1
BQZ610-40	三相	380	40	30	15	≤0.1
瞬时动作型 100A 农用漏电保护器	三相	380	100	100	50	≤0.1
延时动作型 100A 农用漏电保护器	三相	380	100	100	50	0.1~0.15

258. 常用住宅用漏电保护器有哪些?其主要技术数据如何?

常用住宅用漏电保护器及其主要技术数据见表 9-2。

表 9-2　常用住宅用漏电保护器及其主要技术数据

型号	名称	原理	极数	额定电压/V	额定电流/A	额定漏电动作电流/mA	漏电动作时间/s	保护功能
DZL18-20	漏电自动开关	电流动作型(集成电路)	2	220	20	10 15 30	<0.1	漏电保护或兼有漏电与过载两种保护,选用时注意
YLC-1	移动式漏电保护插座	电流动作型	单相二极、三极		10			漏电保护专用

续表

型号	名称	原理	极数	额定电压/V	额定电流/A	额定漏电动作电流/mA	漏电动作时间/s	保护功能
CBQ-A	触电保安器	电磁式	2	220	16	30	≤0.1	
LDB-1	漏电自动开关	电流动作型	2		5 10	30 (漏电不动作电流15mA)	<0.1	
DZL16	漏电开关	电磁式	2		6 10 16 25	15 30	≤0.1	漏电保护专用
JC	漏电开关	电磁式	2	220	6 10 16 25	30	≤0.1	漏电保护专用
C45NLE C45ADLE	漏电断路器		2		6 10 16 20 25 32 40	30	<0.1	过载、短路及过压保护

型号	极限分断能力	外形尺寸/mm	质量/kg	备注
DZL18-20	有条件短路电流 1500A	85×65×42	0.2	该产品为冲击波不动作型
YLC-1				
CBQ-A			0.23	

续表

型号	极限分断能力	外形尺寸 /mm	质量 /kg	备注
LDB-1				
DZL16	耐短路能力 220V 3000A	72×76×80	0.4	
JC		78×71×86	0.6	
C4C5NLE C45ADLE		18×27×36 36×27×36		

现代家庭使用最普遍的是模数化漏电保护器，可方便地与模数化断路器、隔离开关等一起安装在配电箱内的固定支架上。

259. 怎样选择漏电保护器的动作电流？

不同的供电系统、不同场合，由于环境条件、危险程度等不同，漏电保护器所选择的动作电流也应不同，具体选择如下。

① 有保护接零或采用三相五线制（有专用保护接零线 PE）供电时，额定漏电动作电流可选择较大，如 75～100mA 及以上。但为确保安全，家庭用漏电保护器应不大于 30mA。

② 无保护接零和保护接地时，额定漏电动作电流可选择 15～30mA 以内。

③ 装于分支线路上防止漏电火灾和爆炸事故的漏电断路器，额定漏电动作电流可选择 100mA 及以上。

④ 一般家庭用总线路上的漏电保护器，其额定漏电动作电流应不大于 30mA，动作时间应不大于 0.1s。浴室宜单独设漏电保护器，如电热水器所附带的漏电保护器，动作电流不大于 5mA，动作时间不大于 0.1s。

⑤ 使用于潮湿和有腐蚀介质场所的漏电保护器应采用防溅型产品。其额定漏电动作电流应不大于 15mA，动作时间不大

于 0.1s。

⑥ 手持电动工具、移动电器、家用电器插座回路的设备，应选用额定漏电动作电流不大于 30mA 快速动作的漏电保护器。

260. 怎样安装漏电保护器？

漏电保护器的安装及接线必须正确，否则会造成拒动或误动。

① 按漏电保护器产品标志进行接线。进线端接在电源侧，出线端接在负荷侧。这是由于：对需要有控制电源的漏电保护器，其控制电源取自主回路，当漏电开关断电后加在电压线圈上的电源应立即断开，如将电源侧与负荷侧接反（即将开关进、出线接反），即使漏电开关断开，仍有电压加在电压线圈上，可能将电压线圈烧毁。进、出线接反虽然对漏电脱扣器无影响，但也会影响漏电开关的接通与分断能力，因此也应按规定接线。

② 带电导线（相线和零线）必须全部经过漏电保护器（即穿过零序电流互感器），而保护零线 PE 不允许穿过。经过漏电保护器的零线必须对地绝缘。

③ 不得将被保护设备的接地线穿入漏电保护器的零序电流互感器内，否则会引起误动作。

④ 安装带有短路保护功能的漏电保护器时，应确保有足够的灭弧距离。

⑤ 在高温场所（例如阳光直射、靠近炉火等）设置的漏电保护器，应加装隔热板或调整安装地点；在多尘或有腐蚀性气体的场所，应将漏电开关设在有防尘或防腐蚀功能的保护箱内；如果设置地点湿度很大，则应选用在结构上能防潮的漏电保护器，或在漏电保护器的外部另加防潮外壳。

⑥ 漏电保护器动作可靠时方能投入使用。因此，安装完毕后，应操作试验按钮 3 次，检查漏电保护器的动作功能。

261. 怎样检查和维护漏电保护器？

漏电保护器的日常检查和维护内容如下。

① 检查漏电保护器的使用环境。普通的漏电保护器应避开以下场所装用。

a. 明露在腐蚀性气体、可燃性气体或爆炸性气体中。

b. 有水、水蒸气及多尘的场所。

c. 温度超过 40℃或低于－5℃的环境。

d. 有强烈振动的场所。

如无法避免恶劣环境,应采用特殊环境使用的漏电保护器(如防水型、防尘型等),或采取防护措施。

② 经检修后投入运行的漏电保护器,必须经过试跳(按试验按钮),确认能可靠动作后方可投入运行。对使用中的漏电保护器每月要试跳一次。除农网漏电保护器由责任电工每月试跳外,对于住户很难做到,但当雷击或其他原因使漏电保护器动作后,及停用的漏电保护器使用前应试跳一次。平时也应注意试跳。若按下试验按钮不动作,则应立即检修或更换。

③ 检查漏电保护器的额定电流是否与被保护设备负荷相匹配。一般其额定电流应以大于被保护设备最大负荷电流的 1.4 倍为宜。

④ 检查漏电动作电流整定值是否适当。一般场所,电流整定值不大于 30mA;危险场所,不大于 15mA;浴室、游泳池等场所,不大于 10mA。用于以上场所的漏电保护器,其动作时间均不得大于 0.1s。

⑤ 在使用中如果漏电保护器动作,可先看一下白色漏电指示按钮(如 DZL18-20 型)。若已跳起凸出,则说明电气线路或用电设备漏电,也可能是发生触电事故,应查明故障原因,排除后才可将漏电指示按钮按下复位,再合上开关。若漏电指示按钮没有凸起,则是过载故障(当漏电保护器兼有过载保护功能时)。

⑥ 检查开关通电部分有无发热现象。如有,往往是接触不良引起的,应将端子螺钉拧紧。

⑦ 检查端子部分是否被腐蚀或有污垢。如有,应清除氧化层及污垢。

⑧ 为了防止事故的发生,应按表 9-3 的要求定期做内部检查。

表 9-3　漏电保护器检查周期

序号	使用环境	检查周期
1	清洁且干燥的环境	2～3 年一次
2	灰尘多及有腐蚀性气体、蒸汽、盐分、油气等的环境	6 个月一次
3	其他环境	每年一次

262. 漏电保护器有哪些常见故障？怎样处理？

漏电保护器的常见故障及处理方法见表 9-4。

表 9-4　漏电保护器的常见故障及处理方法

故障现象	可能原因	处理方法
拒动作	①选型错误，如把三极漏电保护器用于单相电路中，或将四极漏电保护器用于三相电路中，将设备的接地作为一相接入漏电保护器中 ②接线错误，如负载侧的零线接地点分流，使通过零序互感的电流差变小，当小于漏电保护器动作电流时，会造成拒动 ③漏电保护器本身有故障	①正确选型，严格按产品使用说明书规定安装接线 ②正确接线 ③修理或更换漏电保护器
漏电保护器刚投入运行就动作跳闸	①接线错误 ②漏电保护器本身有故障 ③线路泄漏电流过大，导线绝缘电阻太小或绝缘损坏 ④线路太长，对地电容较大 ⑤线路中接有一线一地负荷 ⑥装有漏电保护器和未装漏电保护器的线路混接在一起 ⑦零线在漏电保护器后重复接地 ⑧在装有漏电保护器的线路中，用电设备外壳的接地线与工作零线相连	①严格按产品使用说明书规定安装接线 ②检修或更换 ③检查线路绝缘电阻，处理线路绝缘 ④更换成合适的漏电保护器 ⑤拆除一线一地负荷 ⑥将两种线路分开 ⑦取消重复接地 ⑧将接地线与工作零线断开

续表

故障现象	可能原因	处理方法
漏电保护器误动作	①漏电保护器本身不良	①更换成良好的漏电保护器
	②接地不当,如零线重复接地等	②取消重复接地等
	③操作过电压	③换上延时型的漏电保护器或在触点之间并联电容、电阻,以抑制过电压
	④雷电过电压	④再投入一次试试
	⑤多台大容量电动机一起启动	⑤再投入一次,并改为顺序投入电动机
	⑥电磁干扰,如附近有磁性设备接通或大功率电气设备开合	⑥使漏电保护器远离上述设备安装
	⑦水银灯和荧光灯回路的影响	⑦应减少回路中水银灯或荧光灯的数量,缩短灯与镇流器的距离
	⑧过载或短路,当漏电保护器兼有过电流保护、短路保护时,会因过电流、短路脱扣器的电流整定不当而引起漏电保护器误动作	⑧重新整定过电流保护装置的动作电流值,使其与工作电流相匹配

263. 热继电器具有怎样的特性?

热继电器是利用电流热效应的一种保护继电器,其内部有一双金属片(热元件),当电流达到一定值时,由于双金属片被加热弯曲,从而顶断控制回路,使用电设备不致过载而烧坏。热继电器主要用于电动机过载保护。

热继电器的保护特性具有反时限性,即过载电流与额定电流的比值越大,相应的热继电器动作时间就越短。热继电器控制触头的通断能力见表9-5,热继电器的保护特性见表9-6。

表9-5　热继电器控制触头的通断能力

触头种类		常闭触头		常开触头	
工作电压/V		220	380	220	380
额定电流/A		5		1.5	
通断能力/A	分断 $\cos\varphi=0.2$	3	2		
	接通 $\cos\varphi=0.2$			5	5

表 9-6　热继电器的保护特性

整定电流倍数	动作时间	备注
1.05	大于 2h	从冷状态开始
1.2	小于 20min	从热状态开始
1.5	2.5A 以下小于 1min 2.5A 以上小于 2min	从热状态开始
6.0	大于 5s	从冷状态开始

注：1. 热状态开始是指热元件已被加热至稳定状态。

2. 不同型号的热继电器的动作时间稍有出入，具体可参考产品目录。

264. 怎样选择热继电器？

热继电器应根据电动机的工作环境、启动情况及负荷性质等来选用。对于长期工作或间断长期工作电动机保护用热继电器，可按下列要求进行选择。

① 按电动机的启动时间选择。一般热继电器在 $6I_e$ 下的可返回时间与动作时间有如下关系（I_e 为热元件的额定电流）：

$$t_f = (0.5 \sim 0.7)t_d$$

式中　t_f——热继电器在 $6I_e$ 下的可返回时间，s；

t_d——热继电器在 $6I_e$ 下的动作时间，s。

按电动机的启动时间，选取 $6I_e$ 下具有相应可返回时间的热继电器。

② 按电动机的额定电流选择。

$$I_z = (0.95 \sim 1.05)I_{ed}$$

式中　I_z——热继电器整定电流，A；

I_{ed}——电动机额定电流，A。

③ 按断相保护要求选择。对于星形接法电动机，采用二极或三极热继电器；对于三角形接法电动机，应采用带断相运转保护装置的热继电器，具体见表 9-7。

目前常用的热继电器有 JR20 系列、T 系列和 JR16 系列等。

普通电动机一般采用二极不带断相保护的热继电器即可；对于重要场合，当电动机又为三角形接法时，可采用三极带断相保护的热继电器。

265. 电动机缺相运行时热继电器有多大的保护能力？

电动机在运行中缺相，可能是电动机输入端直接断相（如保险丝熔断），也可能是三角形接线电动机内部断相（如由绕组内部开路或星-三角启动器的某触头接触不良引起），如图9-3所示。

缺相时流过电动机的电流、热继电器中的电流及热继电器的保护能力见表9-7。

表9-7 对于各种缺相情况热继电器的保护能力

序号	电动机接线方式	负荷率	动作条件（见图9-3）	线电流的最大值（对额定线电流的百分数）	电动机绕组电流的最大值（对额定相电流的百分数）	流过热继电器的电流（对整定电流的百分数）		热继电器能否动作		
						2元件	3元件	2元件	3元件	带断相保护器
1	Y,△	100%	正常三相	100%	100%	100%	100%	不动作	不动作	不动作
2	Y	100%	x点断路	173%	173%	173%	173%	能	能	能
3	△	100%	y点断路	173%	200%	173%	173%	能	能	能
4	△	100%	z点断路	150%	150%	87%	150%	不	能	能
5	△	80%	z点断路	120%	120%	69%	120%	不	尚	能
6	△	85%	y点断路	147%	170%	147%	147%	能	能	能
7	△	78%	y点断路	135%	156%	135%	135%	能	能	能
8	△	66%	y点断路	114%	132%	114%	114%	不	不	不

注：热继电器能否动作根据缺相时，2元件热继电器按132%，3元件按120%，带断相保护器按115%来决定。

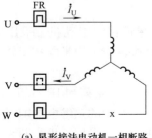

(a) 星形接法电动机一相断路

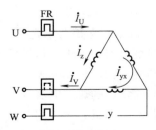

(b) 三角形接法电动机外部一相断路

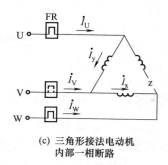

(c) 三角形接法电动机
内部一相断路

图9-3 电动机各种缺相情况

266. 不同环境温度下热继电器怎样整定？

对于无温度补偿或部分温度补偿的热继电器，其动作特性会随温度变化而有所变化。若使用环境温度不同于所规定的温度（40℃），则需根据图9-4所示的曲线对整定电流进行修正。

对于高原地区，虽然随着海拔升高，温度也降低，但空气也变得稀薄，影响散热，这使电动机出力也有所下降，额定电流也不可能像平原地区随温度降低而增加。而且高原地区会使双金属片热继电器的动作时间缩短。因此不能简单地对热继电器的整定电流加以计算，而应在现场调试整定。

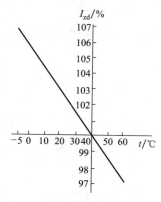

图9-4 热继电器在不同空气
温度下的整定电流

[例9-1] 一台7.5kW三相异步电动机，额定电流为15A，用于长期工作，采用RJ14-20/2型热继电器保护，热元件额定电流为22A（电流调节范围为14~22A）。现使用环境温度为-5℃，问应如何整定电流。

解 长期工作的电动机，热继电器的整定电流为

$$I_{zd} = (0.95 \sim 1.05)I_{ed}$$

设取 $I_{zd} = I_{ed} = 15A$，即热继电器电流调在 15A 位置。

-5℃时，由图 9-4 查得，整定电流应提高至 106%，即 $I'_{zd} = 15 \times 1.06 = 15.9A$，电流约调在 16A 位置。

267. 怎样选择星-三角启动电动机和双速电动机的热继电器？

（1）星-三角启动电动机热继电器的选择

星-三角启动电动机的保护热继电器有两种接法：一种是热继电器串接在线路回路；另一种是热继电器串接在绕组回路。对于前者，热继电器可按电动机的额定电流 I_e 来选择；对于后者，热继电器可按 $1/\sqrt{3} I_e$ 来选择。

（2）双速电动机热继电器的选择

双速异步电动机在不同转速下，其电流是不同的。保护双速电动机需要两个热继电器。低速时热继电器的整定值为 I_{e1}，高速时热继电器的整定电流值为 I_{e2}（I_{e1}、I_{e2} 分别为低速时和高速时电动机的额定电流）。

268. 怎样选择重载启动电动机的热继电器？

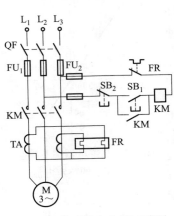

图 9-5　带速饱和电流互感器
的热继电器保护线路

重载启动电动机的启动时间可长达几十秒，这时应按以下要选择。

①选择间接加热的热继电器，在 6 倍整定电流下，动作时间可达 15s 左右。

②选择带速饱和电流互感器的热继电器，在 6 倍整定电流下，动作时间可达 20s 以上，最长达 40s。如图 9-5 所示。

③启动时间很长时，可采用时间继电器调整延时，启动过程中不能进行保护，可用于反复启

动或在启动过程中不要求控制的设备。

采用此方法通常有以下几种接线。

a. 启动时利用接触器把磁力启动器及热继电器短接，启动后再断开接触器。如图9-6所示。

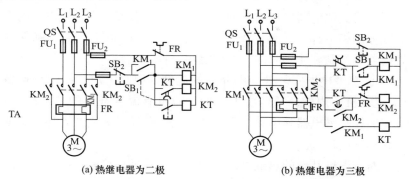

(a) 热继电器为二极　　　　　　(b) 热继电器为三极

图9-6　启动时短接热继电器的保护线路

b. 热继电器经电流互感器接入，启动中把互感器次级短接。如图9-7所示。

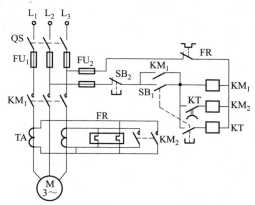

图9-7　启动时短接互感器次级的保护线路

269. 怎样安装热继电器？

热继电器的安装方向、位置及所用连接线等都会影响其动作性能。热继电器的安装应符合以下要求。

① 对间接加热和复式加热的热继电器，在安装时如果热元件在双金属片的下面，双金属片热得就快，动作时间就短；如果热元件在双金属片的旁边，双金属片热得较慢，动作时间就长。另外，为了免受其他电器发热的影响，应将热继电器安装在其他电器的下方或控制柜下部，并远离周围其他电器 50mm 以上，从而确保热继电器在试验和使用时的动作性能相一致。

② 热继电器安装处周围介质的温度，原则上应和被保护设备（如电动机）周围介质的温度相同。对没有温度补偿的热继电器，应安装在热继电器和电动机两者环境温度差异不大或两者环境温度变化相同的地方。

对有温度补偿的热继电器，由于它能弥补环境温度的影响，因此可用于热继电器与电动机两者环境温度有差异的地方（实际上，它或多或少地仍会受一些影响）。

③ 必须按规范正确选用热继电器的连接导线。如果连接导线太细，会缩短热继电器的脱扣动作时间；反之，导线太粗，则会延长热继电器的脱扣动作时间。连接导线的选择可参照表 9-8。

表 9-8　热继电器连接导线的选择

热继电器额定电流 I_e/A	连接导线截面积/mm²	热继电器额定电流 I_e/A	连接导线截面积/mm²
$0 < I_e \leqslant 8$	1	$50 < I_e \leqslant 65$	16
$8 < I_e \leqslant 12$	1.5	$65 < I_e \leqslant 85$	25
$12 < I_e \leqslant 20$	2.5	$85 < I_e \leqslant 115$	35
$20 < I_e \leqslant 25$	4	$115 < I_e \leqslant 150$	50
$25 < I_e \leqslant 32$	6	$150 < I_e \leqslant 160$	70
$32 < I_e \leqslant 50$	10		

④ 热继电器的出线端螺钉必须拧紧，以免螺钉松动导致接触电阻增大，影响热元件的温升，引起误动作。

270. 怎样检查和维护热继电器？

热继电器的日常检查和维护内容如下。

① 检查外部有无灰尘，并定期清扫。

② 检查热继电器的整定值是否与被保护电动机相配合。一般整定值等于电动机额定电流。

③ 当用于反复短时工作电动机的过载保护时，为得到较可靠的过载保护，应注意现场试验、调整，可先将热继电器的额定电流调到比电动机额定电流小一些，运行时如发现经常脱扣，再逐渐调大电流，直到能满足要求为止。

④ 当用于启动时间长的重载电动机的过载保护时，为了避免热继电器在启动阶段误动作，可在热继电器上并联接触器触点。在启动阶段，该接触器触点闭合短接热继电器，启动结束后该接触器的触点断开，热继电器投入运行，起过载保护。

⑤ 检查热继电器使用的环境温度是否超出允许范围（+40～-30℃）。

⑥ 检查热继电器的使用环境温度与被保护设备的环境温度的差别。如前者较后者高出 15～25℃时，应调换大一号等级的热元件；如低于 15～25℃时，应调换小一号等级的热元件。

⑦ 检查热继电器与外部连线的连接是否牢固。

⑧ 检查热继电器动作机构是否灵活可靠（通常可用手拨动数次进行观察），复位按钮是否灵活，调整部件是否可靠，有无松动情况。

⑨ 热继电器一般具有手动复位和自动复位两种形式，可借复位螺钉的调节，成为手动复位或自动复位。能自动复位的热继电器，应在动作后 5min 内自动复位。手动复位要求在动作后 2min 内用手按下手动复位按钮时，能可靠复位。

271. 热继电器有哪些常见故障？怎样处理？

热继电器的常见故障及处理方法见表 9-9。

表 9-9 热继电器的常见故障及处理方法

故障现象	可能原因	处理方法
热继电器误动作	①电流整定值太小 ②安装热继电器处与电动机处的环境温度相差太大 ③电动机启动时间过长 ④操作频率过高 ⑤连接导线太细 ⑥安装处振动强烈	①调大整定值 ②尽可能将两者安装在同一环境中,否则应按实际情况进行现场配置 ③按启动时间要求,选择具有合适的可返回时间的热继电器,或在启动过程中将热继电器短接 ④减小操作频率,或更换热继电器 ⑤按规定选用标准导线 ⑥更换安装地点或采取防振措施
热继电器不动作	①电流整定值太大 ②热元件烧断或脱掉 ③触头接触不良 ④动作机构卡阻 ⑤导板脱出	①调小整定值 ②更换热元件或整个热继电器 ③清除触头表面的污垢及氧化层 ④拆开检修 ⑤拆开检修,调整好导板位置
热元件烧毁	①负荷侧短路,电流过大 ②操作频率过高	①排除短路故障,更换热元件 ②减小操作频率,更换热元件或热继电器
热继电器的主电路、控制电路不通	①热元件烧毁 ②接线螺钉松脱 ③复位装置未复位 ④调节旋钮转不到合适的位置	①查出原因,更换热元件或热继电器 ②拧紧接线螺钉 ③按动复位按钮使之复位 ④调整旋钮或调整螺钉

272. 怎样试验热继电器?

试验接线如图 9-8 所示。用秒表测定动作时间,试验时周围温度以 20℃±5℃为宜。

合上开关 QS,指示灯 HL 发亮。调节调压器,使电流升至整定电流,停留一段时间,热继电器不应动作。再使电流增大至 1.2

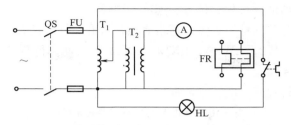

图 9-8　热继电器动作试验接线

FR—热元件；T_2—变流器；QS—刀开关；

T_1—自耦调压器；HL—指示灯

倍的整定电流，热继电器应在 20min 内动作（常闭触点断开，指示灯熄灭）；然后将电流降至零，待热元件复位，这时常闭触点闭合，指示灯发亮。随即将电流调至 1.5 倍整定电流，热继电器应在 2min 内动作。同样将电流降至零，待热元件完全冷却后，快速地调节电流至 6 倍整定电流时，即拉开闸刀开关 QS 并又瞬时合上，同时测定动作时间，热继电器应大于 5s 动作。

　　以上动作特性要在调节装置中标明的最大和最小整定电流值下分别试验。如果动作时间误差较大，可旋动调节装置中的螺钉进行调整。

273. 怎样检查和维护行程开关？

　　行程开关又称限位开关，它是用来把机械信号转换为电信号，

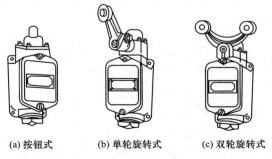

(a) 按钮式　　　　　(b) 单轮旋转式　　　　　(c) 双轮旋转式

图 9-9　行程开关的结构

以控制运动部件行程、位置和速度的电器。

行程开关的种类繁多，通常有按钮式和旋转式两种。常用的行程开关有 LW2、LW2A、LX19、LX22 等系列。行程开关的结构如图 9-9 所示。

常用行程开关的技术数据见表 9-10 和表 9-11。

表 9-10　LX19 系列行程开关技术数据

型号	触头数量		额定电压/V		额定电流/A	触头换接时间/s	动作力/N	动作行程（或角度）/mm
	常开	常闭	交流	直流				
LX19K							<9.8	1.5～3.5
LX19-001							<1.5	1.5～4
LX19-111								
LX19-121	1	1	380	220	5	0.04		30°
LX19-131							<20	
LX19-212								
LX19-222								60°
LX19-232								

表 9-11　LX23 系列行程开关技术数据

型号	额定电压/V	约定发热电流/A	动作值	超行程/mm	动作力/N	同步误差	操作频率/(次/小时)	通电率/%	电寿命/万次
LX23-122			12°～18°		≤14.7	≤6.5°			
LX23-322			1～2.5mm	≥1.5	≤14.7	≤0.4mm			
LX23-422	AC 380		1～2.5mm	≥1.5	≤14.7	≤0.4mm			
LX23-122S		5	12°～18°		≤19.6	≤6.5°	2400	400	100
LX23-322S	DC 220		1～2.5mm	≥1.5	≤19.6	≤0.4mm			
LX23-422S			1～2.5mm	≥1.5	≤19.6	≤0.4mm			
LX23-422S/1			1～2.5mm	≥1.5	≤19.6	≤0.4mm			

注：船舶用行程开关为 LX23M-422 型。

行程开关的日常检查和维护内容如下。

① 检查行程开关的安装使用环境。若环境恶劣，应选用防护式，否则易发生误动作和短路故障。

② 检查安装是否牢固，拧紧固定螺钉，以免因松动而使控制失灵。

③ 检查并清除外部灰尘、油垢，定期清洁内部；检查触头是否良好，修理磨损的触头。

④ 检查行程开关的接线是否牢靠，并拧紧接线螺钉。当用于有振动的场所时，应加强维护，防止螺钉松动引起控制失灵。

⑤ 经常检查行程开关动作是否可靠，因为开关动作不可靠，有可能损坏设备，引起生产事故及人身安全事故。

274. 行程开关有哪些常见故障？怎样处理？

行程开关的常见故障及处理方法见表 9-12。

表 9-12　行程开关的常见故障及处理方法

序号	故障现象	可能原因	处理方法
1	行程开关控制失灵	①安装不当，碰块或撞杆对行程开关的作用力及动作行程过大，甚至损坏开关 ②使用日久，因受碰块或撞杆的反复作用，造成安装螺钉松动，引起行程开关位移 ③行程开关破损，灰尘、油垢进入内部，使机械卡阻 ④触点接触不良，触点被灰尘、油垢黏着，如密封垫老化、破损	①正确安装，作用力及动作行程均不应大于允许值 ②加强巡视检查，发现松动应及时紧固 ③对行程开关进行定期检查，发现问题及时修复或更换 ④清洁触点，更换密封垫，做好行程开关的密封工作
2	行程开关不能复位	①同第1条③项 ②弹力减弱 ③长期不用，行程开关内的油泥干涸 ④碰块或撞杆长期压迫行程开关，使弹簧失效	①按第1条③项处理 ②更换弹簧 ③用汽油清洗行程开关，待干燥后加一些润滑油 ④改变设计方法，不让行程开关长期受压
3	行程开关可以复位，但动断（或常闭）触点不能闭合（或断开）	①触点损坏 ②同第1条③项 ③弹簧失去弹力 ④弹簧卡住	①更换触点或整个行程开关 ②按第1条③项处理 ③更换弹簧 ④清除杂物，重新装配
4	杠杆偏转，但触点不动作	①工作行程不到 ②行程开关内有杂物，机械卡阻 ③触点变形或损坏 ④接线松脱	①调整行程开关或碰块位置 ②清除杂物，加注润滑油 ③修理触点或更换 ④拧紧接线螺钉

275. 怎样使用和维护按钮?

按钮主要用于接触器、继电器及其他电气控制线路中,作远距离控制之用,并可实现按钮之间的电气联锁。

按钮的种类很多,有普通式、防护式,不带灯式、带灯式等。常用的按钮有 LA18、LA19 和 LA20 等系列。

按钮的颜色有红、黄、蓝、绿、白、黑等,可根据辨别和操作的需要进行选择。颜色所代表的意义如下。

红色:停车、开断、紧急停车。

绿色或黑色:启动、工作、点动。

黄色:返回的启动、移动出界、正常工作循环或移动开始时去抑制危险情况。

白色或蓝色:以上颜色所未包括的特殊功能。

常用按钮的技术数据见表 9-13～表 9-15。

表 9-13　LA18 系列按钮技术数据

| 型号 | 形式 | 触头数量 | | 额定电压 /V | 额定电流 /A | 额定控制容量 /W | 按钮的颜色 |
		常开	常闭				
LA18-22	一般式	2	2	交流 380 直流 220	5	交流 300 直流 60	红、绿、黄、白、黑
LA18-44		4	4				
LA18-66		6	6				
LA18-22J	紧急式	2	2				红
LA18-44J		4	4				
LA18-66J		6	6				
LA18-22X2	旋钮式	2	2	交流 380 直流 220	5	交流 300 直流 60	黑
LA18-22X3		2	2				
LA18-44X		4	4				
LA18-66X		6	6				
LA18-22Y	钥匙式	2	2				锁芯本色
LA18-44Y		4	4				
LA18-66Y		6	6				

表 9-14　LA19 系列按钮技术数据

型号	形式	触头数量		信号灯		钮的颜色	额定电压、电流和控制容量
		常开	常闭	电压/V	功率/W		
LA19-11A	一般式	1	1	—	—	红、绿、蓝黄、白	电压：交流 380V
LA19-11A/J	紧急式	1	1	—	—	红	直流 220V
LA19-11A/D	带指示灯式	1	1	6	<1	红、绿、蓝白	电流：5A容量：交流 300W
LA19-11A/DJ	紧急、带指示灯式	1	1	6	<1	红	直流 60W

表 9-15　LA20 系列按钮技术数据

型号	形式	触头数量		信号灯		按钮	
		常开	常闭	电压/V	功率/W	钮数	颜色
LA20-11	揿钮式	1	1	—	—	1	红、绿、黄、蓝、白
LA20-11J	紧急式	1	1	—	—	1	红
LA20-11D	带灯揿钮式	1	1	6	<1	1	红、绿、黄、蓝、白
LA20-11DJ	带灯紧急式	1	1	6	<1	1	红
LA20-22	揿钮式	2	2	—	—	1	红、绿、黄、蓝、白
LA20-22J	紧急式	2	2	—	—	1	红
LA20-22D	带灯揿钮式	2	2	6	<1	1	红、绿、黄、蓝、白
LA20-22DJ	带灯紧急式	2	2	6	<1	1	红
LA20-2K	开启式	2	2	—	—	2	白、红或绿、红
LA20-3K	开启式	3	3	—	—	3	白、绿、红
LA20-2H	保护式	2	2	—	—	2	白、红或绿、红
LA20-3H	保护式	3	3	—	—	3	白、绿、红

按钮的日常检查和维护内容如下。

① 检查按钮的安装位置是否妥当，要求各按钮之间的距离不小于 50mm。

② 检查并改善环境条件，防止按钮受潮和污脏，以免引起漏电及击穿胶木的事故。

③ 检查接线是否牢固，可用改锥将接线螺钉拧紧。对用于振

动场合的按钮（应尽量避免），应定期检查并拧紧接线螺钉。

④ 检查触点磨损程度和动触点弹簧是否失效。如操作不灵、失控，应拆开检修，更换部件或整个按钮。

⑤ 使用年久或密封不良的按钮，或使用环境恶劣，灰尘、油污侵入内部，会造成绝缘能力降低甚至击穿，为此应加强维护和清洁。对于有炭化现象的按钮，必须及时更换，以免炸裂。

⑥ 避免湿手、脏手操作按钮。

276. 按钮有哪些常见故障？怎样处理？

按钮的常见故障及处理方法见表 9-16。

表 9-16　按钮的常见故障及处理方法

序号	故障现象	可能原因	处理方法
1	漏电	①使用环境恶劣,周围有酸、碱介质,潮湿 ②按钮内部污垢较多	①改善周围环境,加强维护,采取密封措施 ②清洁按钮
2	按钮过热	①环境温度过高 ②通过触点的电流过大 ③带灯按钮的灯泡电压过高,使灯罩过热变形	①改善环境条件,加强通风散热 ②重新设计电路,降低负载电流 ③降低灯泡上的电压,如增大灯泡所串联限流电阻的阻值
3	触头烧毛甚至粘连	①触点接触不良,接触电阻大 ②同第2条②项 ③线路有短路故障	①用刀刃或细锉修平,不可用砂纸研磨 ②按第2条②项处理 ③查明并消除短路故障,检修触点或更换触点
4	按下按钮,动合触点不通	①触点污垢,氧化 ②机械卡阻,如按钮装配不良或内部有杂物 ③触点受热变形,动触桥不能接触静触桥	①清洁触点,修刮触点 ②清除杂物,重新装配 ③更换触点或按钮

序号	故障现象	可 能 原 因	处 理 方 法
5	松开按钮,动合触点不断开	①动合触点熔连,其原因同第2条②项和第3条③项 ②按钮胶木烧焦变形 ③复位弹簧弹力不足	①按第2条②项和第3条③项处理 ②更换按钮 ③拉长弹簧试试或更换弹簧
6	按下按钮,动断触点不断开	①动断触点熔连 ②同第5条②项	①按第5条①项处理 ②按第5条②项处理
7	松开按钮,动断触点不通	①触点脏污,氧化 ②弹簧弹力不足 ③同第5条②项	①清洁触点,修刮触点 ②拉长弹簧试试或更换弹簧 ③按第5条②项处理

第10章

启动器和制动器

277. 怎样选择磁力启动器?

磁力启动器即电磁启动器,由交流接触器、热继电器、按钮等元器件组成,是直接启动电动机的电器。它具有失压和过载保护功能。磁力启动器按其用途可分为可逆的和不可逆的;按其外壳防护形式可分为开启式和防护式。

磁力启动器的选择应符合其主要技术性能的要求,即以下几方面。

① 机械寿命　在额定条件下机械寿命不低于 300 万次,电寿命不低于 60 万次,其热继电器的寿命不低于 1000 次过载动作。

表 10-1　塑料外壳不可逆 MSBB 系列磁力启动器技术数据

分类	启动器型号	配装主要元件			启动器额定工作电流/A		可控笼型电动机功率/kW		保护等级
		交流接触器		热继电器型号					
		型号	额定电流/A		380V	660V	380V	660V	
带按钮	MSBB9	B9	16	T16	8.5	3.5	4	3	IP40
	MSBB12	B12	20	T16	11.5	4.9	5.5	4	
	MSBB16	B16	25	T16	15.5	6.7	7.5	5.5	
不带按钮(但能装按钮)		B9	16	T16	8.5	3.5	4	3	IP40
		B12	20	T16	11.5	4.9	5.5	4	
		B16	25	T16	15.5	6.7	7.5	5.5	
		B25	40	T16、T25	22	13	11	11	
		B30	45	T25、T45	30	17.5	15	15	
		B37	45	T25、T45	37	21	18.5	18.5	
		B45	60	T45	45	25	22	22	
		B65	80	T85	65	44	33	40	
		B85	100	T85	85	53	45	50	
		B105	140	T85、T105、T170	105	82	55	75	
		B170	230	T105、T170	170	118	90	110	
		B250	300	T250	250	170	132	160	
		B370	410	T370	370	286	200	250	
		B460	600	T370	475	337	250	315	

注:1. 不带按钮启动器的型号待定;

2. 保护等级是指按德国《外壳防护等级的分类》DIN40050-80 划分的。

② 操作频率

a. 在额定条件下控制笼型异步电动机,正常启动功率因数为0.35~0.4,负载持续率为40%,额定电压时接通6倍额定电流,17%额定电压下分断额定电流,其操作频率不低于600次/小时(不带热继电器),在减负载时可提高到1200次/小时。

b. 一般在带热继电器时,操作频率不应超过60次/小时。

③ 启动器的接通和分断能力 与组成启动器的交流接触器相同;在工作环境恶劣的场合,宜适当降低。

④ 具有过载保护特性 带热继电器的启动器,允许过载不超过5%(视电动机过载能力而定),一般过载20%时,在20min内即动作。

塑料外壳 MSBB 系列磁力启动器技术数据见表 10-1,QC20 系列磁力启动器技术数据见表 10-2。

表 10-2 QC20 系列磁力启动器技术数据

型号	额定电流/A	结构形式	控制电动机最大功率/kW		启动器等级	继电器整定电流调节范围/A
			220V	380V		
QC20-1H/1 QC20-2H/1 QC20-3H/1 QC20-4H/1	15	保护式	4	7.5	1	0.25~0.35 0.32~0.5 0.45~0.72 0.68~1.1 1.0~1.6 1.5~2.4 2.2~3.5 3.2~5.0 4.5~7.2 6.8~11 10~16
QC20-1H/2 QC20-2H/2 QC20-3H/2 QC20-4H/2	32	保护式	10	17	2	10~16 14~32 22~35

续表

型号	额定电流/A	结构形式	控制电动机最大功率/kW		启动器等级	继电器整定电流调节范围/A
			220V	380V		
QC20-1K/3 QC20-2K/3 QC20-3K/3 QC20-4K/3	63	开启式	17	30	3	20～32 28～45 40～63
QC20-1K/4 QC20-2K/4 QC20-3K/4 QC20-4K/4	80	开启式	22	40	4	40～63 53～85

不可逆磁力启动器内部电路如图 10-1 所示；可逆磁力启动器内部电路如图 10-2 所示。

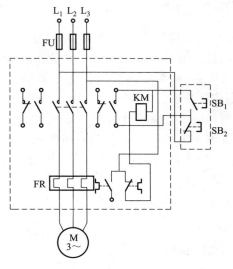

图 10-1　不可逆磁力启动器内部电路

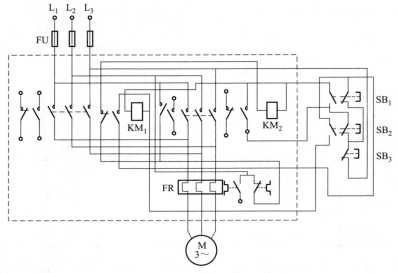

图 10-2　可逆磁力启动器内部电路

278. 怎样安装磁力启动器?

磁力启动器的安装应符合以下要求。

① 磁力启动器热元件的规格应与电动机的保护特性匹配;热继电器的电流调节指示位置应调整在电动机的额定电流值上,并应按设计要求进行定值校验。

② 低压接触器的安装要求及检查见交流接触器有关内容。

③ 可逆启动器除有电气联锁外还有机械联锁,要求这两种联锁动作均应可靠,防止正、反向同时动作。同时吸合将会造成电源短路,烧毁电器及设备。

④ 金属外壳的磁力启动器,其外壳必须可靠接地(接零),以确保人身安全。

279. 怎样检查和维护磁力启动器?

磁力启动器的日常检查和维护内容如下。

① 检查使用环境是否符合所用启动器的结构形式，如在多尘场所应选用保护式（有外壳）磁力启动器。

② 检查并调整热继电器整定值，使其等于被保护电动机的额定电流。

③ 检查并拧紧所有接线螺钉及固定螺钉。

④ 检查外壳保护接地（接零）是否牢靠。

⑤ 检查接触器的主触头、辅助触头及线圈等情况，具体内容见交流接触器部分。

⑥ 检查热继电器是否正常，具体内容见热继电器部分。

⑦ 检查灭弧罩有无损伤，内部接线是否牢固，内部是否清洁。清除灰尘和油垢。

⑧ 如有漏电现象或怀疑受潮，可用 500V 兆欧表测量各部位间的绝缘电阻，应不低于 10MΩ，否则应作烘燥处理。同时检查外壳保护接地（接零）是否良好。

磁力启动器的常见故障及处理方法见交流接触器（第 199 问）和热继电器（第 271 问）部分。

280. 怎样选择星-三角启动器

星-三角（Y-△）启动器实际上是一个降压启动器，启动器在启动时将电动机的定子绕组接成星形，待电动机转速接近额定转速时，再改接成三角形，以减小启动电流。这种启动方法可使每相定子绕组所受的电压在启动时降低到额定电压的 $1/\sqrt{3}$，其电流为直接启动的 $1/3$。由于启动电流的减小，启动转矩也同时减小到直接启动的 $1/3$，所以星-三角启动方法只能工作在空载或轻载启动的场合。

星-三角降压启动有手动控制、按钮控制和自动控制三种方式。

常用的星-三角启动器有以下几种。

① QX1 系列凸轮式星-三角启动器　如 QX1-13 型为开启式自然灭弧，不带灭弧罩，只适用于在空载或轻载的情况下启动电动机。所控制三相异步电动机的功率为 13kW 以下。

② QX2 系列手动星-三角启动器 它可代替 QX1 系列，所控制三相异步电动机的功率为 13kW 和 30kW。

③ QJ₃X 系列手动油浸式星-三角启动器 启动器附有欠压脱扣器和热继电器，供所控制电动机作失压及过载保护用。所控制三相异步电动机的功率为 30kW、55kW 和 125kW。

④ QX3、QX4 系列启动器 当电动机为三角形接法时，启动器的热继电器是接在三角形内，热元件选择及整定应以被控制电动机额定线电流的 $1/\sqrt{3}$ 为依据；启动器的最高操作频率为 30 次/小时，两次连续启动的时间间隔不得少于 90s。

QX3 系列启动器所控制的三相异步电动机的功率为 13kW 和 30kW，QX4 系列启动器所控制的三相异步电动机的功率为 13kW、17kW、22kW、30kW、40kW、55kW、75kW 和 125kW。

QX2 系列和 QX4 系列启动器的技术数据见表 10-3 和表 10-4。

表 10-3　QX2 系列手动星-三角启动器技术数据

启动器容量	13kW		30kW	
所控制电动机最大功率	13kW		30kW	
额定电压 U_e	380V	500V	380V	500V
触头工作电流 I_e	16A	12A	40A	26A

表 10-4　QX4 系列自动星-三角启动器技术数据

启动器型号	所控制电动机最大功率/kW	额定电压/V	额定电流/A	热元件整定电流/A	延时调节范围/s	反复短时工作操作频率/(次/小时)
QX4-17	13	500	26	15	11	30
	17	380	33	19	13	30
QX4-30	20	500	42.5	25	15	30
	30	380	58	34	17	30
QX4-55	40	500	77	45	20	30
	55	380	105	61	24	30
QX4-75	75	380	142	85	30	30
QX4-125	125	380	260	100~160	14~60	30

注：表中热元件的整定应以被控制电动机线电流的 $1/\sqrt{3}$ 为依据。

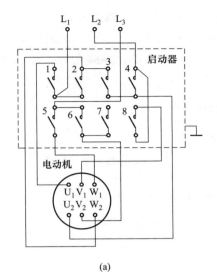

触头标号	手柄位置		
	Y	0	△
1	×		×
2			×
3	×		
4	×		×
5			×
6	×		×
7	×		
8			×

(a)   (b)

图 10-3 手动星-三角启动器控制电路

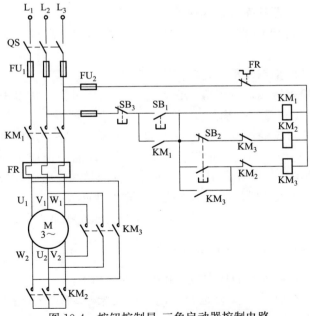

图 10-4 按钮控制星-三角启动器控制电路

手动星-三角启动器由触头组件、油箱、热继电器、操作手柄、定位装置和防护外壳等部分组成，其控制电路如图 10-3 所示。

按钮控制星-三角启动器由交流接触器、热继电器、按钮等元件组成，其控制电路如图 10-4 所示。

281. 怎样安装星-三角启动器？

星-三角启动器的安装应符合以下要求。

① 星-三角启动器外壳的顶部设有敲落孔，安装时需将其敲开，按需要选择进、出线方向。

② 启动器应垂直安装在基础型钢或角铁预埋构件上。型钢或角铁支架可预埋在地面上或墙上。预埋必须坚固。

③ 安装位置要便于操作和维修。操作手动操作杆时，无建筑物妨碍。

④ 安装处应明亮，以便于监视电流表指示和操作。

⑤ 启动器外壳应采取保护接地（接零）。

⑥ 多台启动器一起安装时，应安装端正，高低一致，成排就位。

⑦ 基础型钢或角铁支架应涂刷防腐漆。

⑧ 检查接线，应正确无误，各接线连接可靠。热继电器根据所控制电动机整定正确。

⑨ 新安装的油浸式星-三角启动器要灌入合格的绝缘油。在灌油前，应将启动器内及油槽内都清扫干净，油槽内应干燥、无水分。线圈绝缘应良好，用 500V 兆欧表测量其绝缘电阻，应不小于 $0.5M\Omega$。灌入油后，油面不得低于标定的油面线。

⑩ 安装完毕，需进行试验，并检查欠压脱扣是否良好。

282. 怎样检查和维护星-三角启动器？

星-三角启动器的日常检查和维护内容如下。

① 检查启动器安装是否牢固，如支架松动，应用水泥浇固，并拧紧固定螺钉。

② 检查外壳是否漏电，保护接地（接零）是否良好，接地（接零）处外壳油漆是否已刮除。

③ 检查电流表指示是否正常，是否超出电动机额定电流值。如超出，应查明原因，使电流恢复正常。

④ 检查油槽的油位是否正常。油槽中的绝缘油主要起熄灭触头电弧火花及冷却作用，一旦启动器油槽缺油，触头暴露在空气中，切断电流时就会发出很大的电弧火花，甚至引起短路事故。因此，一旦发现缺油，应及时补油。

⑤ 检查热继电器整定值是否与被控制电动机相配。如不配，应及时调整。

⑥ 检查触头有无被电弧灼伤，磨损程度如何，接触是否良好；检查凸轮机构是否正常，有无损坏现象，并定期检修、保养触头和凸轮机构。

⑦ 检查操作机构是否灵活，有无锈蚀。必要时在转动部分涂润滑油。如发现有卡阻现象，不要硬扳，应先检查操作机构本身是否有问题，如正常，再拆开检查启动器内部有无机械卡阻或杂物。

⑧ 检查欠压脱扣是否良好。

⑨ 检查各接线是否牢靠，拧紧各接线螺钉。

⑩ 如果发现油槽中的油发黑，有水侵入，应及时更换绝缘油。在灌油前，应将启动器内部及油槽清扫干净，油槽内应干燥、无水分。

283. 星-三角启动器有哪些常见故障？怎样处理？

星-三角启动器的常见故障及处理方法见表 10-5。

表 10-5　星-三角启动器的常见故障及处理方法

故障现象	可能原因	处理方法
触头过热或烧毁	①负荷过重,电流过大 ②触头压力不足 ③触头表面污脏 ④触头超行程过大	①更换较大容量的启动器 ②调整或更换触头弹簧 ③清洁触头 ④调整超行程,无法调整时,更换启动器

续表

故障现象	可能原因	处理方法
触头过热或烧毁	⑤操作频率太高或操作时间过长 ⑥油槽缺油或油质劣化	⑤按规定要求操作,操作动作要正确 ⑥补油或更换绝缘油
开关手把转动失灵(手动)	①定位机构损坏 ②静触头的固定螺钉松脱 ③启动器内部落入杂物	①修理或更换 ②拧紧固定螺钉 ③清除杂物
星-三角接线的切换时间不正确(自动)	时间继电器延时动作时间整定欠妥	重新整定时间继电器延时动作时间,避免过早切换引起电动机冲击电流大;也不必过迟切换,以免延迟电动机投入运行
漏电	相线碰壳、严重受潮及保护接地(接零)不良	查明漏电原因并排除,连接好保护接地(接零)

284. 怎样选择自耦降压启动器?

自耦降压启动器又称自耦补偿器,它利用自耦变压器降低电源电压以减小启动电流,同时还能通过选择自耦变压器的不同抽头改变启动电流并达到改变启动转矩的目的。通常用于控制 320kW 以下的三相异步电动机作不频繁启动、停止之用,具有过载和欠压保护功能。

自耦降压启动器的自耦变压器一般有 $80\%U_e$、$65\%U_e$ 的抽头。选择不同抽头时,启动转矩也不同,如选用 $80\%U_e$ 抽头时,启动转矩为直接启动时的 64%;选用 $65\%U_e$ 抽头时,启动转矩为直接启动时的 38.5%。

自耦降压启动器有手动控制、按钮控制和自动控制三种方式。

自耦降压启动器应按以下要求选择。

① 启动器的接通和分断能力。主触头的通断能力,在电压为额定值的 105%、功率因数不大于 0.4 时,能承受 8 倍额定电流 20 次接通与分断,每次时间间隔为 30s,通电时间不大于 $0.5s$,之后仍能继续工作。

② 启动自耦变压器为短时工作制，当电动机接在 65％或 80％额定电压抽头上时，其连续承载时间应符合表 10-6 的规定。如再次承受负荷时，需冷却 4h 以上。

表 10-6 自耦降压启动器承载时间

可供启动的电动机 额定功率/kW	一次或数次连续 负荷时间的总和/s	可供启动的电动机 额定功率/kW	一次或数次连续 负荷时间的总和/s
10～13	30	100～120	80
17～30	40	132～320	100
40～75	60		

自耦降压启动器的机械寿命，手动式和自动式为 1 万次，电磁式可能 10 万次；电寿命在规定操作条件下不少于上述机械寿命的 1/2。其通电间隔为 60s，通电时间不超过 0.3s。

手动自耦降压启动器电路如图 10-5 所示，按钮控制自耦降压启动器电路如图 10-6 所示。

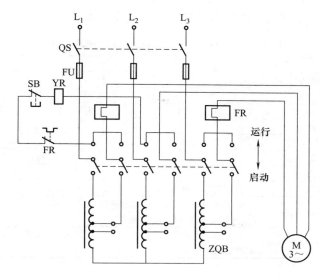

图 10-5 手动自耦降压启动器电路

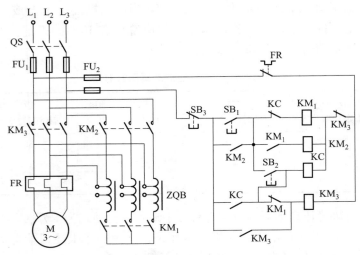

图 10-6 按钮控制自耦降压启动器电路

285. 常用自耦降压启动器的技术数据如何?

QJ10 系列自耦降压启动器技术数据见表 10-7。

表 10-7 QJ10 系列自耦降压启动器技术数据

额定电压 U_e/V	380							
控制电动机功率/kW	10	13	17	22	30	40	55	75
通断能力	$1.05U_e$,$\cos\varphi=0.4$,在 $8I_e$ 时为 20 次							
过载保护整定电流/A	20.5	25.7	34	43	58	77	105	142
最大启动时间/s	30		40			60		
电寿命/万次	0.5(条件:接通 U_e,$4.5I_e$,$\cos\varphi=0.4$;分断 $1/6U_e$,I_e,$\cos\varphi=0.4$)							
机械寿命/万次	1							
操作力/N	147				245			
接线	自耦变压器有 65%U_e 及 80%U_e 两挡抽头							
失压保护特性	大于或等于 75%U_e 时启动器能可靠工作,小于或等于 35%U_e 时启动器保证脱扣,切断电源							
过载及断相保护	120%I_e,不大于 20min 动作,断相时,另两相电流达 115%I_e 时在 20min 内动作							

XJ01 系列自耦降压启动器技术数据见表 10-8。

表 10-8　XJ01 系列自耦降压启动器技术数据

型号	控制电动机功率/kW	最大工作电流/A	自耦变压器功率/kW	电流互感器变化	热继电器整定电流/A
XJ01-14	14	28	14	—	32
XJ01-20	20	40	20	—	40
XJ01-28	28	58	28	—	63
XJ01-40	40	77	40	—	85
XJ01-55	55	110	55	—	120
XJ01-75	75	142	75	—	142
XJ01-80	80	152	115	300/5	2.8
XJ01-95	95	180	115	300/5	3.3
XJ01-100	100	190	115	300/5	3.5
XJ01-110	110	209	115	300/5	3.8
XJ01-115	115	218	115	300/5	4
XJ01-125	125	238	135	400/5	3.3
XJ01-130	130	248	135	400/5	3.4
XJ01-135	135	256	135	400/5	3.5
XJ01-150	150	285	190	400/5	4
XJ01-155	155	294	190	400/5	4.1
XJ01-160	160	304	190	400/5	4.2
XJ01-180	180	342	190	400/5	4.7
XJ01-190	190	350	190	400/5	4.8
XJ01-200	200	370	225	600/5	3.4
XJ01-210	210	385	225	600/5	3.5
XJ01-220	220	400	225	600/5	3.7
XJ01-225	225	410	225	600/5	3.8
XJ01-260	260	480	260	800/5	4.4
XJ01-280	280	497	280	800/5	4.6
XJ01-300	300	530	300	800/5	4.8

286. 怎样安装自耦降压启动器?

自耦降压启动器的安装应符合以下要求。

① 启动器应垂直安装，安装方式和要求与油浸式星-三角启动器大致相同，可参见第 281 问。

② 油浸式启动器的油槽不得倾斜，以防止绝缘油溢出。

③ 启动器各部分的接触应良好，触头接触紧密，以不能通过0.05mm 塞尺为合格。

④ 三相触头应同时接触，触头的断开距离应符合制造厂的规定。若无制造厂规定，可参考表 10-9。

⑤ 降压抽头（65%～80%额定电压）应按电动机负荷的要求进行调整，但启动时间不得超过自耦降压启动器的最大允许启动时间。

⑥ 热继电器根据所控制电动机整定正确，并检查欠压脱扣是否良好。

对于修复后的自耦降压启动器，安装使用前应做以下试验。

① 测量绝缘电阻。用 1000V 兆欧表测量线圈及导电部分对地的绝缘电阻，一般在室温为 20℃±5℃，相对湿度为 50%～70%时，应不小于 5MΩ。

② 自耦变压器空载试验。先拆除变压器次级输出接至电动机的接线，初级输入端三相串接电流表，当接入电源后，将手柄推至"启动"位置，测得的空载电流应不大于自耦变压器额定工作电流的 20%，并用电压表测量次级抽头各挡的输出电压比，其误差应不大于±3%。

③ 保护装置中的失压脱扣器及热脱扣器的试验与自动开关中的脱扣器相同。

④ 手柄操作力的试验。自耦降压启动器的额定功率为 40kW或以下时，操作力不大于 147N；为 55～225kW 时，操作力不大于 245N。

287. 怎样检查和维护自耦降压启动器？

自耦降压启动器的日常检查和维护内容除可参照星-三角启动器外，还有以下内容。

① 检查操作机构是否灵活，检查分、合闸的可靠性；先用手按住脱扣衔铁，将手柄推向"启动"位置，再立即扳向"运转"位

置，然后放开衔铁，应立即跳闸而无迟缓或卡阻现象。

② 检查动、静触头接触是否良好，表面有无毛刺或凹凸不平的现象。如有，可用细锉锉平。

③ 检查三相触头动作的同时性（可调整各触头弹簧压力，使之一致）。

④ 检查触头开距、超行程和触头终压力，应符合表 10-9 的规定。

表 10-9 自耦降压启动器的触头参数

容量/kW	开距/mm	超行距/mm	终压力/N
20	不少于 17	3.5 ± 0.5	6.87 ± 0.69
40	不少于 17	3.5 ± 0.5	14.2 ± 1.42
75	不少于 20	4 ± 0.5	31.4 ± 3.14

⑤ 如果发现接在 $65\%U_e$ 抽头上的电动机启动困难、启动时间过长，可改接至 $80\%U_e$ 抽头。

⑥ 电动机启动时间的整定。

电动机的启动时间应根据其功率的大小进行整定。为了保证自耦变压器的负载特性与电动机及负载的启动特性相匹配，对于手动控制，整定的启动时间以电动机启动电流降到 1.5 倍额定电流所需的时间较为合适；对于自动控制，可根据电动机的额定功率，按下式整定时间继电器的动作时间。

a. 用 $65\%U_e$ 抽头启动时：

$$t_s=8+P_e/8$$

b. 用 $80\%U_e$ 抽头启动时：

$$t_s=6+P_e/15$$

式中　t_s——时间继电器的整定动作时间，s；

　　　P_e——电动机额定功率，kW。

288. 自耦降压启动器有哪些常见故障？怎样处理？

自耦降压启动器的常见故障及处理方法见表 10-10。

表 10-10　自耦降压启动器的常见故障及处理方法

序号	故障现象	可能原因	处理方法
1	电动机良好,启动器能合上,但不能启动	①启动电压过低,转矩不够 ②熔丝熔断 ③连接导线接错或断线	①检查电源电压,将启动器抽头提高一级或改变供电变压器分接头 ②更换熔丝 ③检查线路,并修复故障线路
2	电动机启动太快	①自耦变压器抽头电压太高 ②自耦变压器有匝间短路 ③接线错误	①降低抽头等级 ②检查短路线圈,重绕或更换线圈 ③检查电动机和启动器之间的接线,核对接线图,纠正错误处
3	电动机未过载,但自耦变压器过热	①油槽缺油或油质劣化 ②同第2条②项 ③触头接触不良 ④大型电动机启动电流很大,合闸时燃弧次数过多	①补加绝缘油或更换之 ②按第2条②项处理 ③检查触头开距、超行程、接触压力和触头表面有无损伤,并作适当处理 ④按正确要求操作
4	自耦变压器发出"嗡嗡"声	①变压器铁芯未夹紧 ②变压器线圈接地	①夹紧变压器的铁芯片 ②用兆欧表检查接地线圈,拆开加强绝缘或重绕线圈
5	油槽内发出异常的"吱吱"声	触头接触不良,跳火花	检查油面高度是否符合规定,用锉刀修整或更换触头
6	油槽发热	油内有水分	更换绝缘油
7	启动器里发出爆炸声,同时油槽里冒烟	①触头有火花 ②开关的机械部分与导线间的绝缘损坏接地或接触器接地	①修整或更换触头 ②查出接地点并予以消除

序号	故障现象	可 能 原 因	处 理 方 法
8	欠压脱扣器不动作	①欠压脱扣器线圈烧坏 ②欠压脱扣器线圈接线端松脱 ③接线错误 ④电磁机构卡住	①更换线圈 ②将接线接牢固 ③查出错误处并纠正 ④查明原因并加以排除
9	电动机未过载,但启动器的握柄却不能在运行位置上停留	①欠压继电器吸不上或热继电器之间的触头接触不良 ②过载继电器整定值太低,机械机构卡死或被移动,或弹簧里的油太薄	①检查欠压继电器电源和接线是否错误,是否有卡住现象;检查过载继电器触头,并予以修整 ②调整继电器整定值,检查撞针使其灵活,或把弹簧里的油加浓一些
10	启动后不能投入运行并自动停机	①时间继电器延时闭合触头磨损较大,弹簧压力不足或断裂 ②中间继电器触头接触不良或接线松动 ③接触器 KM_1 的铁芯有剩磁,在整定的启动时间到达时延缓释放,使其常闭辅助触头不能及时复位,使 KM_3 不能吸合(图10-6)	①检修或更换触头及弹簧 ②检修中间继电器触头,接好接线 ③更换带有剩磁的接触器
11	运行中自动停机	①控制电源的熔断器在运行中熔断 ②热继电器过载动作 ③中间继电器或运行接触器 KM_2 的线圈损坏或接线不良	①更换熔芯 ②查明电动机过载原因,正确调整热继电器电流 ③更换中间继电器或接触器,接好接线

续表

序号	故障现象	可能原因	处理方法
11	运行中自动停机	④接线端头氧化严重，接触电阻大	④刮除接线端头氧化膜，吃紧螺钉
12	联锁机构不动作	锁片锈死或磨损	用锉刀修整或局部更换

289. 什么是频敏变阻器？它有哪些系列？

频敏变阻器是一种无触点电磁元件，在电动机启动过程中，转子电流的频率逐渐减小，频敏变阻器的等值阻抗随转子电流频率的降低而自动减小，正好符合启动过程电阻的要求，所以只要用一级频敏变阻器就可以使绕线型异步电动机的转速连续、平滑地上升。

频敏变阻器常用于大中型绕线型异步电动机的启动。频敏启动控制箱、柜常用型号有 XQP 系列和 GTT6121 系列等。控制箱、柜均有短路及过载保护功能。

频敏变阻器的分类见表 10-11。

表 10-11　频敏变阻器系列概况

频敏变阻器系列	BP1	BP2	BP3	BP4	BP6
结构	铁芯由 12mm E 字形厚钢板制成	铁芯由 50mm×50mm 方钢制成的 E 字形铁片组成	铁芯由 6～8mm E 字形钢板叠成，片间有 6～10mm 的间隙	铁芯由 10mm 厚钢管外套铝环组成	铁芯由两层钢管和两层铝环组成
铁芯功率因数	0.6～0.75	0.7～0.75	0.5～0.7	0.75～0.85	0.8～0.9
典型用途	启动带轻负荷和重负荷的偶尔启动的电动机	启动带轻负荷和重负荷的偶尔启动的电动机	启动反复短时工作制的电动机	启动带90%以下负荷的偶尔启动的电动机	启动带100%负荷的偶尔启动的电动机

续表

频敏变阻器系列	BP1	BP2	BP3	BP4	BP6
控制绕线转子异步电动机的功率范围/kW	2.2~2240	10~1120	0.6~125	14~1000	75~315

频敏变阻器主要由铁芯和绕组两部分组成，铁芯采用特厚的普通钢板或方钢等，以获得较大的涡流损耗，达到理想的频敏特性。频敏变阻器的结构如图 10-7 所示。

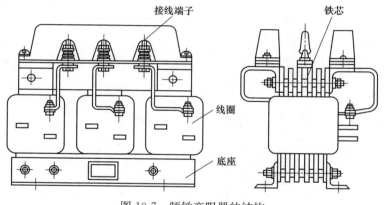

图 10-7　频敏变阻器的结构

290. XQP 系列频敏启动控制箱的技术数据如何？

XQP 系列频敏启动控制箱用于 380V 绕线型异步电动机的启动、运行和停止控制。其启动过程是在电动机转子回路中接入频敏变阻器，启动时阻抗较大，从而达到限制启动电流和增大启动转矩的作用，转速上升后阻抗降低，电动机可减少电能损耗和提高效率。

使用时从冷态开始，允许连续启动三次，但时间总和不得超过 2min。若连续启动已达 2min，则应保证有 4h 以上的冷却时间，方能允许再启动。每次启动时间可在 0.4~180s 内选择调节。

表 10-12 XQP系列频敏启动控制箱技术数据

型号	被控制电动机 功率/kW	被控制电动机 定子电流/A	动力回路数×接触器容量/A	控制回路电压/V	频敏变阻器 型号	频敏变阻器 功率/kW	电流互感器变化	热继电器额定电流/A
XQP□-14~40	14~17	29~35	1×100(定子)+1×100(转子)			14~17		29~35
	20~22	40~45				20~22		40~45
	28~30	55~60				28~30		55~60
	40	80~85				40		80~85
XQP□-45~60	45	99	1×150(定子)+1×150(转子)	380	BP□	45	200/5	2.4
	55~60	108~121				55~60		2.7~3.0
XQP□-65~115	65~75	140~150	1×250(定子)+1×250(转子)			65~75	200/5	3.5
	80	158~169				80	300/5	2.6~2.8
	95~100	182~197				95~100	400/5	3.0~3.3
	110~115	211~238				110~115	400/5	2.6~3.0
XQP□-130~185	130~135	246~267	1×400(定子)+1×400(转子)			130~135	600/5	3.1~3.3
	155	288~304				155	600/5	2.4~2.5
	180~185	327~350				180~185		2.7~2.9
XQP□-210~300	210~225	399~405	1×600(定子)+1×600(转子)			210~225	800/5	3.3~3.4
	240	436				240		2.7
	245~260	466				245~260		2.9
	280	510				280		3.2
	300	535				300		3.3

注：型号 XQP 后面的框内数字表示负载分类，"1"、"2" 代表轻载启动，"4" 代表重载启动。

表10-13 XQP系列频敏启动控制箱主要元件规格、数量

数量	名称	型号 XQP□-14~17	XQP□-20~22	XQP□-28~30	XQP□-40	XQP□-45	XQP□-55~60	XQP□-65~75	XQP□-80~100	XQP□-110~115	XQP□-130~135	XQP□-155	XQP□-180~185	XQP□-210~225	XQP□-240~300
1	频敏变阻器	BP-□ 14~17	BP-□ 20~22	BP-□ 28~30	BP-□40	BP-□45	BP-□ 55~60	BP-□ 65~75	BP-□ 80~100	BP-□ 110~115	BP-□ 130~135	BP-□ 155	BP-□ 180~185	BP-□ 210~225	BP-□ 240~300
1	断路器	DZ10-250/320 电磁脱扣器额定电流250A								DZ10-600/320 电磁脱扣器 电磁脱扣器额定电流400A			DZ10-600/320 电磁脱扣器 电磁脱扣器额定电流600A		
2	熔断器	RL1-15/6									RL1-15/10				
1	交流接触器	CJ8-100/3 380V,100A			CJ8-150/3 380V,150A		CJ12-250/3 380V,250A			CJ12-400/3 380V,400A			CJ12-600/3 380V,600A		
1	中间继电器	JZ7-44													
1	时间继电器	JJSK2-1 0.4~180s													
1	热继电器	JR15-40 33A	JR 15-40 45A	JR 15-100 72A	JR 15-100 100A	JR15 -10/2 2.4A				JR15-10/2 3.5A					
1	信号灯	XD11-12 12V 1.2W(红色)													
1	信号灯	XD11-12 12V 1.2W(黄色)													
1	信号灯	XD11-12 12V 1.2W(绿色)													
1	启动按钮	LA19-11													
1	停止按钮	LA19-11													
2	电流互感器	LMK1-0.5 200/5			LMK1-0.5 300/5			LMK1-0.5 400/5			LMK1-0.5 600/5			LMK1-0.5 800/5	
1	电流表	59L1-A 0~200			59L1-A 0~300			59L1-A 0~400			59L1-A 0~600			59L1-A 0~800	
1	电阻	RXYC-50 50W 3.9kΩ													

常用 XQP 系列频敏启动控制箱技术数据见表 10-12；箱内主要元件规格、数量见表 10-13。

291. 怎样选择、安装和调整频敏变阻器？

（1）频敏变阻器的选择

频敏变阻器产品系列主要是根据电动机功率、负荷特性、启动运行方式等设计的。对于不同启动方式和不同启动负荷的频敏变阻器，应按表 10-11 正确选择，启动时应满足一定的转矩和一定的转子启动电流。频敏变阻器选用得当时，就可以得到恒转矩的启动特性；反之，则会出现特性过硬或过软而导致变阻器线圈过热、电动机长时间受大电流冲击以及启动困难等问题。

（2）频敏变阻器的安装

① 如果安装基础为铁磁物质，应在频敏变阻器与基础之间垫放 10mm 以上的非磁性垫片，以防影响频敏变阻器的特性。

② 测量线圈对地的绝缘电阻，应不小于 $1M\Omega$，否则应进行干燥处理。

③ 如发现线圈松动或绝缘损坏，应将线圈撑紧，并进行加强绝缘处理。

（3）频敏变阻器的调整

由于频敏变阻器是针对一般使用要求设计的，因使用场合不同、负载不同以及电动机参数的差异，其启动特性往往不太理想，这时需结合现场做某些必要的调整，满足生产的需要。

若发现下列情况，应调整频敏变阻器的匝数和气隙。

① 电动机启动电流过大，启动太快，应进行如下调整。

a. 改用匝数较多的抽头（频敏变阻器一般有 100％、90％、80％和 30％匝数抽头）。

b. 如果绕组有几组并联，可拆去一组，或者改为串联。

c. 如果绕组仅有一组，且已用到最多匝数，启动电流仍过大，则可用相应规格的导线再绕几圈，以增加匝数（若铁芯窗口有富余空间）。

② 合闸后电动机不启动，启动电流太小，或者虽启动，但稳定转速不高，应进行以下调整。

a. 调整线圈抽头或改用匝数较少的抽头。

b. 如果绕组有几组串联，可以拆去一组，或者改为并联。

c. 将绕组由 Y 接法改为△接法。

d. 如果绕组仅有一组，且匝数已用到最少，启动力矩仍偏小，而 Y 接法改为△接法后，启动力矩又偏大，此时可增大上、下铁芯气隙。

③ 刚启动时启动转矩偏大，对机械构件有冲击，但启动完毕后稳定转速又偏低。此时应增加匝数和增大上、下铁芯气隙，或调节钢管的厚度，使启动电流不致过大，但这种方法只能起到微调作用。

④ 频敏变阻器串电阻。在某些特定场合（如负载转矩大、启制动频繁）启动不正常时，可在转子回路中再串接较小阻值的电阻器，以增大频敏变阻器绕组的电阻，从而起到既限制启动电流、改善初启动性能，又满足电动机原有的启动运行特性等多重作用。串接电阻器的阻值和功率应根据电动机的实际运行参数确定，阻值一般以频敏变阻器线圈直流电阻值为参考。

⑤ 频敏变阻器的串并联与 Y/△连接。当电动机功率较大或现有的频敏变阻器在使用中遇到电源电压低、负载转矩大、启制动性能差等情况时，应考虑频敏变阻器的串并联使用。频敏变阻器串并联后线圈的等效匝数和导线截面积变为

$$W_C = \frac{1}{2}W_L, S_C = 2S_L$$

$$W_B = 2W_L, S_B = \frac{1}{2}S_L$$

式中　W_C、S_C——串联后每相线圈匝数和导线截面积；

　　　　W_B、S_B——并联后每相线圈匝数和导线截面积；

　　　　W_L、S_L——原频敏变阻器每相线圈匝数和导线截面积。

把同一台频敏变阻器由星形（Y）接法改为三角形（△）接法或由△接法改为 Y 接法时，线圈的等效匝数 W_Y、$W_△$ 和导线截面积 S_Y、$S_△$ 的关系为

$$W_△ = \frac{1}{\sqrt{3}} W_Y, S_△ = \sqrt{3} S_Y$$

292. 怎样检查和维护频敏变阻器？

频敏变阻器的日常检查和维护内容如下。

① 检查安装是否妥当。如果基础为铁磁物质，应在频敏变阻器与基础之间垫放 10mm 以上的非磁性垫片，以防影响频敏变阻器的特性。

② 检查外观有无灰尘，并定期清扫灰尘。

③ 检查线圈有无松动，若松动，应将线圈撑紧；检查线圈绝缘有无损伤，若有损伤，应加强绝缘处理。

④ 若怀疑线圈绝缘受潮，可用 500V 兆欧表测量线圈对地绝缘电阻，其值应不小于 1MΩ，否则应进行烘燥处理。

⑤ 检查接线是否牢靠，并拧紧螺钉。

⑥ 使用时，若发现不启动；启动电流太小，启动太慢；启动电流过大，启动太快；及刚启动时启动转矩偏大，对机械有冲击，应及时调整。调整方法见第 291 问。

293. 启动变阻器有哪些常见故障？怎样处理？

绕线型异步电动机定子绕组串电阻降压启动电路如图 10-8 所示，其中的电阻 R 即为启动电阻。

启动时，定子绕组串入电阻降压启动；启动完毕，自动（通过时间继电器 KT）切除电阻，全压运行。

绕线型异步电动机启动变阻器的常见故障及处理方法见表 10-14。

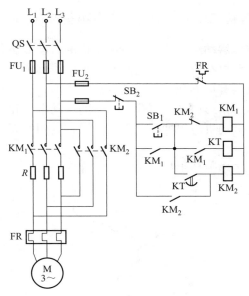

图 10-8　定子绕组串电阻降压启动电路

表 10-14　启动变阻器的常见故障及处理方法

故障现象	可能原因	处理方法
启动时有过热现象	①环境温度过高,通风不良 ②启动时间过长,变阻器长时间不能退出 ③启动完毕,变阻器未被短接 ④变阻器容量偏小	①检查环境温度,改善通风条件,或在启动时加开风扇散热 ②调整启动时间,使电动机启动完毕后,变阻器能迅速退出 ③检查控制电路及短接用触头,使其恢复正常 ④增大变阻器容量
启动挡次不明显或电动机转速突然升高	①变阻器控制器动、静触头接触不良 ②变阻器的电阻片烧坏 ③接线错误 ④电路中有接触不良之处或因启动电流大,触头被烧坏	①调整触头弹簧压力,用细锉修整触头,重新装配 ②更换烧坏的电阻片 ③检查并纠正接线 ④检查电路中接触不良之处及触头,并修复

294. 什么叫延边三角形启动法？它有哪些特点？

延边三角形启动法是笼型异步电动机的启动方法。电动机绕组与普通异步电动机有所不同，它共有 9 个出线端子。启动时，电动机的绕组接成兼有星形和三角形的延边三角形；运行时，接成三角形。采用延边三角形启动，可获得较小的启动电流和较大的启动力矩，而且由于电动机绕组抽头比例的不同，这两方面的因素更可得到恰当的兼顾。

电动机定子绕组抽头如图 10-9 所示。

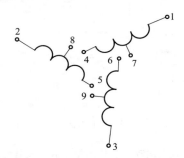

图 10-9　电动机定子绕组抽头

延边三角形启动省去了电阻和自耦变压器，节约费用，并克服了自耦降压启动器不允许频繁启动的缺陷。

不同抽头下，延边三角形接法和三角形接法的电压、电流和启动转矩的关系为

$$1 : 1 时 : U'_x \approx \frac{2}{3} U_x, I'_q \approx 0.5 I_q, M'_q \approx 0.25 M_q$$

$$1 : 2 时 : U'_x \approx \frac{3}{4} U_x, I'_q \approx 0.6 I_q, M'_q \approx 0.36 M_q$$

$$1 : 3 时 : U'_x \approx \frac{4}{5} U_x, I'_q \approx 0.68 I_q, M'_q \approx 0.46 M_q$$

式中　U'_x、I'_q、M'_q——延边三角形接法的相电压、启动电流和启动转矩；

U_x、I_q、M_q——三角形接法的相电压、启动电流和启动
转矩。

延边三角形启动的设备有 XJ1 系列降压启动器控制箱。它有
"手动"和"自动"两种工作状态，其技术数据见表 10-15。

表 10-15　XJ1 系列降压启动器控制箱技术数据

型号	电动机额定功率/kW	型号	电动机额定功率/kW
XJ1-11	11	XJ1-55	55
XJ1-15	15	XJ1-75	75
XJ1-18.5	18.5	XJ1-90	90
XJ1-22	22	XJ1-110	110
XJ1-30	30	XJ1-125	125
XJ1-37	37	XJ1-132	132
XJ1-45	45	XJ1-190	190

手动控制延边三角形降压启动电路如图 10-10 所示，自动控制
延边三角形降压启动电路如图 10-11 所示。

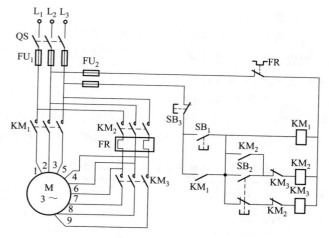

图 10-10　手动控制延边三角形降压启动电路

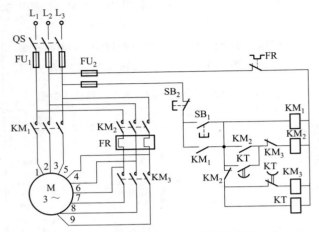

图 10-11　自动控制延边三角形降压启动电路

295. 什么是无触点启动器? 它有哪些产品?

无触点启动器采用晶闸管作为主回路通断元件,而不用交流接触器。它能实现软启动,可广泛应用于风机、水泵、油田抽油机、拔丝机、空压机、剪板机、冲床、车床、起重机、粉碎机、龙门刨床及传送带等设备。由于它不存在触点磨损及烧坏的问题,因此适合与启动频繁、负荷变化大的三相异步电动机配套使用。

常用的无触点启动器有以下几种。

① MS系列智能化节电型无触点启动器　该启动器具有过流、过压、欠压、断相等保护,以及轻载节电的功能。启动器能在−40~+80℃的环境下正常工作。产品型号及适用电动机功率见表10-16。

表 10-16　MS系列启动器与电动机的配套

型号	MS10	MS17	MS22	MS30	MS40	MS50	MS60	MS75
电动机功率/kW	10	17	22	30	40	50	60	75

② QJW6系列无触点降压启动器　其技术数据见表10-17。

表 10-17　QJW6 系列无触点降压启动器技术数据

型号	额定电压/V	额定电流/A	控制电动机功率/kW			最大允许启动电流/A
			笼型异步电动机	绕线型异步电动机	电阻负载	
QJW6	380	80	22	40	50	200

③ WGH 微功耗智能降压启动器　它具有数码显示功能，集电机保护、降压启动为一体，可自动监视电动机启动、运行、过载、断相情况。

额定电压为 380V；配用电动机功率为 10～132kW。

④ JR/YR 绕线转子电动机无刷自控电机（软）启动器　它具有启动电流小、启动转矩大、启动功率因数高、使用寿命长等特点。省去滑环、碳刷、刷盒等易损件及复杂的二次回路控制系统。一次安装，长期使用，不用备件，减少维修。

额定电压为 380V、6kV、10kV；配用电动机功率为 5.5～2000kW。技术数据见表 10-18。

表 10-18　无刷自控电机（软）启动器技术数据

型号	适用电机功率/kW	启动转矩倍率 M_q/M_e	启动电流倍率 I_q/I_e	启动时间/s
WZQ	5.5～125	1.5～4.5	1.5～2.5	＞5
WZR	130～2000	0.8～3.5	0.8～2.5	＞5

296. 什么是软启动器？它适用于哪些场合？

软启动器是一种集电动机软启动、软停车、轻载节能和多种保护功能于一体的新颖笼型异步电动机控制装置。软启动器具有无冲击电流、恒流启动、可自由地无级调压至最佳启动电流及节能等优点。

在软启动器中三相交流电源与被控电动机之间串有三相反并联晶闸管及其电子控制电路，通过移相触发电路，启动时使晶闸管的导通角从 0°开始逐渐增大，电动机的端电压便从零电压开始逐渐上升，直至克服阻力矩，保证启动成功。

软启动器适用于以下场合。

① 要求大大降低电动机启动电流。

② 防止启动时产生力矩冲击，造成机械断轴或产生废品。

③ 避免电动机启动时供电线路产生瞬间电压跌落现象。

④ 可以较频繁地启动电动机（软启动器允许 10 次/小时，而不致电动机过热）。

⑤ 对泵类负载可以防止水锤效应，防止管道破裂。

⑥ 平方转矩负载，如离心风机、泵类负载。

⑦ 适用于对启动、制动、工作均有要求的场合，例如控制泵启动、减速时产生的不良影响；让电动机快速停车，提高生产率等。

⑧ 适用于需要方便地调节电动机启动特性的场合。

297. 什么是制动器？它有哪些种类？

对于诸如电梯、起重机、提升机、机床等设备，为防止电动机停机后由于设备机械的惯性作用而产生滑行，需采用制动器加以制动，以便使电动机迅速而准确地停机。常用制动器的制动方式有机械制动（包括电磁抱闸）、反接制动、发电制动以及能耗制动等。

机械制动是利用摩擦阻力来达到制动目的的，其中应用最多的是电磁制动器和电磁及电力液压制动器。前者制动的特点是：行程小，机械部分的冲击小，能承受频繁动作。后者的特点是：制动时的冲击小，通过调节液缸行程可用于缓慢停机。制动器就其类型而言，分为短行程和长行程两大类。所谓短行程是指动作行程一般为数毫米，所谓长行程是指动作行程为几十毫米至百余毫米。一般短行程制动器具有"硬"的特性，长行程制动器具有"软"的特性。电磁制动器的控制电源有交流和直流两种。目前国内较常用的是带闸瓦式电磁制动器，其性能比较见表 10-19。

表 10-19 带闸瓦式电磁制动器性能比较

型号	行程	机械寿命	吸持电流	噪声	控制电源
MZD1	短	短	大	大	交流
MZZ1	短	长	大	小	直流
MZS1	长	短	大	大	交流
MZZ2	长	长	大	小	直流
MYT1	长	长	小	小	交流

目前最先进的电磁制动器为盘式电磁制动器，如国产的 DPB 型、日本的 QBSP 型、美国的 EMX 系列等。在电动机轴端装着一个不太厚的由 45 钢制成的圆盘，盘式电磁制动器的制动钳块与圆盘表面（径向）的卡住与离开实现着对电动机的制动和释放的相应动作。每种规格的盘式电磁制动器与不同尺寸的圆盘配合，圆盘直径越大，制动力矩也越大。

盘式电磁制动器采用经桥式整流的直流电源供电。它的工作电流仅约为 0.3A，运作时几乎没有噪声。其吸引线圈用环氧树脂密封于壳体内，这样既能防止在工作时线圈产生窜动，更适宜在露天或多尘等恶劣环境中工作。

盘式电磁制动器的制动力矩为 $22 \sim 5200N \cdot m$，与其所匹配的 $150 \sim 800mm$ 圆盘的直径有 6 种规格，足以满足各种生产机械所需的制动力矩，是目前各种系列短行程电磁制动器的取代产品。由于它的零部件较少，制动钳块又将传统的制动层与瓦块间采用多个铆钉铆合的方式改为插入式组装方式，因而维护、检修都较方便，寿命长，可靠性高。盘式电磁制动器的机械寿命是老式电磁制动器（如 MZD1 型）的 5 倍，操作频率是其 4 倍，吸持电流约是其 1/27。

298. 常用制动器有哪些？其技术数据如何？

常用国产制动器的型号及技术数据见表 10-20。

350 高低压电器实用技术300问

表 10-20　国产制动器的型号及技术数据

结构类型	制动器名称	型号	制动力矩 等级数	力矩/N·m	制动轮径 等级数	轮径/mm	操作频率（次/小时）	通电持续率	寿命/万次	防护形式	配套推动器或电磁铁
外抱式	交流短行程电磁制动器	JWZ	3	19.6~493	3	100~300	300	40%	100	开启	配MZD1型电磁铁
外抱式	直流短行程电磁制动器	ZWZ	3	19.6~493	3	100~300	300	25%/40%		保护	配MZZ1A型电磁铁
外抱式	直流长行程电磁制动器	ZCZ₂	3	19.6~493	3	100~300	1200	25%/40%	300	防尘	配MZZ2型电磁铁
外抱式	直流短行程电磁制动器	ZWZ	5	1471~12257	5	400~800	720		100	开启	配ZWZ线圈
外抱式	交流长行程电磁制动器	JCZ	5	196~4930	5	200~600	150~600	25%/40%	100	保护	配MZS1型电磁铁
外抱式	直流长行程电磁制动器	ZCZ	2	1471~2465	2	400~500	300	25%/40%	100	开启	配MZZ2型电磁铁
电磁液压式	电磁液压制动器	YDWZ	7	196~12257	7	200~800	720~900		300	防尘	配MY1型电磁铁
电力液压式	电力液压制动器	YWZ	5	推力 176~3780N	5	200~600	720		100	防尘	配MT1型推动器
电力液压式	电力液压制动器	YWZ₂	7	推力 196~12257N	7	200~800	600~1200	40%/60%	300	防尘	配新型电力液压推动器

299. 怎样检查和维护制动器？

制动器由电磁铁、摩擦片、闸瓦、机械机构和电子元件等组成。制动器的日常检查和维护内容如下。

① 检查并清除制动器上的灰尘、污垢。

② 检查衔铁有无机械卡阻，元件有无损坏。

③ 定期检查衔铁行程的大小。由于使用日久，制动面（闸瓦）会磨损，从而使衔铁行程变大，引起吸力显著降低，因此当衔铁行程达到正常值时，即进行调整，不让行程增加到正常值以上。

④ 检查闸瓦磨损情况，及时调整；对磨损严重或损坏的闸瓦，应更换。

⑤ 检查控制电路及电子元件，及时更换损坏的电子元件。

300. 制动器有哪些常见故障？怎样处理？

制动器的常见故障及处理方法见表10-21。

表 10-21　制动器的常见故障及处理方法

故障现象	可能原因	处理方法
制动器中的电磁铁故障	详见表 8-25 中的故障原因	详见表 8-25 中的处理方法
制动器衔铁动作失灵	①制动弹簧太硬或太软 ②衔铁铁芯松散、变形，工作面灼伤或铁芯短路 ③摩擦片过热变形或烧坏 ④启、制动次数超过极限而使铁芯过热、机构不灵活 ⑤励磁线圈匝数不对（匝数多或过少） ⑥整流电路内的电子元件损坏	①更换压力适中的弹簧，或将过软的弹簧淬火、过硬的弹簧回火至压力适中后再用 ②修整铁芯，叠压紧固，故障严重时则更换铁芯 ③更换摩擦片，调整好间隙 ④按规定进行启、制动操作，防止频繁操作 ⑤用匝数测定仪测定，将多的匝数拆掉，将少的匝数加绕上 ⑥修复及更换电子元件
其他故障	①衔铁等间隙、气隙增大，吸力减小 ②摩擦力矩变小，调节不当 ③闸瓦损坏或调节不当 ④接线有误，影响制动时间或产生制动误动作	①重新调整间隙、气隙，使之符合要求 ②调节螺钉，使其力矩符合要求，一般调至额定值的 1.1～1.3 倍 ③修理或更换闸瓦并调整好 ④按图正确接线，快、慢速两种制动接线不可混淆

参 考 文 献

[1] 方大千等. 高低压电器实用技术问答. 北京：人民邮电出版社，2007.
[2] 方大千，方成，方立. 高低压电器维修技术手册. 北京：化学工业出版社，2013.
[3] 方大千等. 电工计算应用 280 例. 南京：江苏科学技术出版社，2008.
[4] 刘光启，于立涛. 电工手册：高低压电器卷. 北京：化学工业出版社，2015.
[5] 《工厂常用电气设备手册》编写组. 工厂常用电气设备手册. 北京：中国电力出版社，2003.